思维力与创造力

张雪萍 吴少海◎著

THINKING CAPACITY & CREATIVITY

内容提要

本书结合胡塞尔、笛卡尔、杜威、伽达默尔等哲学家在思维方法的显著贡献，首次提出了思维力矢量模型和创造力矢量链模型。尝试基于新的思维视角模型以开启读者内心本真单纯的思维张力和思维更新，将读者变成一个能提出真实问题的人，即对真实问题富有敏感直觉的人；引导读者成为一个能够随时随地进行“提问→回应→推进思考”、有批判性思维的人。激发读者发现自我，即那个“是其所是”的单纯直观、既富有理性、又充满情感体验的真我；促发读者创造自我，即那个“是其所不是”的丰富深刻、充满自由灵性、向无限敞开的新我。使置身现实生活的读者可以重新感受真实境遇和人际关系，重新认识自我、他人和周遭的世界，实现自我理解过程的不断开启、突破、超越和持续更新。本书适合作为高等院校开设思维力与创造力相关课程的教材使用，而且对热爱并致力于提高思维力与创造力的一般读者也有参考价值。

图书在版编目(CIP)数据

思维力与创造力 / 张雪萍，吴少海著. —上海：上海交通大学出版社，2023.12(2025.4 重印)
ISBN 978-7-313-30071-3

Ⅰ. ①思… Ⅱ. ①张… ②吴… Ⅲ. ①创造性思维—高等学校—教材 Ⅳ. ①B804.4

中国国家版本馆 CIP 数据核字(2024)第 016347 号

思维力与创造力
SIWEILI YU CHUANGZAOLI

著　　者：张雪萍　吴少海
出版发行：上海交通大学出版社
地　　址：上海市番禺路 951 号
邮政编码：200030
电　　话：021-64071208
印　　制：上海万卷印刷股份有限公司
经　　销：全国新华书店
开　　本：710 mm×1000 mm　1/16
印　　张：16.5
字　　数：244 千字
版　　次：2023 年 12 月第 1 版
印　　次：2025 年 4 月第 2 次印刷
书　　号：ISBN 978-7-313-30071-3
定　　价：49.80 元

前言 | Foreword

2017 年，“思维力和创造力”作为上海交通大学本科生暑期课程公开课开设，该课程由吴少海博士讲授，张雪萍博士担任助教。课程以引导和培养学生具有严谨的理性思维力和活泼的创造力为教学目标，提出“思维力矢量模型”概念，系统探讨了什么是思维力，什么是创造力，创造力有哪些要素，什么是意识的意向性，我们为什么渴求知识，什么是知识的心智功能和效用功能，为什么说知识是第三者，它与创造力的关系是什么，我们如何建立清晰可靠的思维方式等等，受到了选课学生的欢迎和好评。

此后，该课程作为上海交通大学的公共选修课由张雪萍博士讲授，授课模式依然采用真实问题导入、提问、对答、讨论、点评、回应等多层次对话方式展开。通过课堂教学，授课教师与学生探讨并系统拓展了有关“创造力”的对话，诸如什么是自我更新，如何克服主客二元分裂思维模式，什么是游戏的媒介结构，何为艺术的体验，如何开启创造力等等。这些对话使得原有的授课内容不断地丰富深化升华，思维结构更加清晰，表达更加丰富灵动。作者的体验是，上课过程就是学生和老师共同经历“游戏的媒介结构”模式的思维力与表达力的提升更新过程。这几年，体验过思维力与创造力课程的学生，分享了他们自己在参与讨论过程中，原本的好奇心、创造力和生命力被逐渐开启和被唤醒的奇妙过程：像冬天深埋的种子在春天一点点复苏，拨开遮蔽，破土而出，沐浴阳光，开始重新体验新生命成长的那份久违的欣喜与激动。

事实上，置身于这个缤纷多变世界中的每一个人都渴慕思维力与创造力。因此，作者觉得有必要把这本书撰写出来，分享给更多渴慕的心灵，激发我们对思维力与创造力的单纯、直观和丰富的思考，使我们能够更真实深刻地理解他人、理解世界、理解我们自己。产生活泼灵动的好奇和单纯专注的探索，帮助我们打开心扉，向世界敞开，走进并融入精彩的人生。我们可以真实地感受“有限的自我”向“无限可能性”开放过程中那份永恒萌动的生命张力，并在反思中不断突破，不断更新，思维不断向无限自由之生命境界拓展的过程。

本书共包括9章，主要内容和组织结构安排如下：

第1章，思维前见与自我认知：本章以探讨思维的形成机制为问题导向，提出了与思维相关的问题，诸如思维有什么本质特征、思维是如何形成的、影响思维的因素有哪些等等。然后基于约哈里窗口理论揭示的自我认知的公共区、隐私区、盲区和暗区，提出思维的视域模型。基于该模型探讨了什么是思维盲点，什么是思维前见，什么是思维张力，如何松动思维边界，如何突破原有思维，如何让思维更加灵动、深刻和包容等等。基于元素法提出读书动力学CEBIS模型，最后总结结构性思维如何推进的三部曲：① 真问题导向；② 寻求解决；③ 问题悬置与突破。本章兼论创造力和思维力的学习方法，指出该学习过程要经历真实的思维张力、内心的冲击、纠结和痛苦，在此过程中读者能体验并感受到突破自我认知的挑战和超越原有思维捆绑的欣喜与快乐。

第2章，思维力矢量模型：本章以对青少年的英才教育为例，探讨了什么是精英教育，什么是类比思维，什么是理性思维以及我们的完整思维过程。然后借用“力的矢量”概念提出思维力矢量模型，即思维力是有起点、有长度、有方向的客观存在和表达，进而提出创造力的矢量链模型。并结合我们的教育经历，分析了英才是如何变为庸才的，我们是如何失去思维力和创造力的，初步提出重拾创造力的原则和方法。

第3章，创造力：本章借助胡塞尔的“意识的意向性结构”理论继续探讨什么是创造力。本章许多相关的概念是“思维力矢量模型”与“创造力矢量链模型”的拓展、深入、丰富和延伸。以中华民族的创造力强弱为引导性问题，基于现有教育架构的演变，采用元素法探讨了什么是创造力，从而提出创造力的五要素：① 创造；② 自由；③ 思维；④ 学习；⑤ 共同体。然后着重探讨了创造力的第3个要素，即思维。基于结构性思维，将创造力表达为C＝StEP模型，即创造力(C)＝看见(S)＋操作(E)＋表达(P)。继而指出提问和好奇同样具备“意识的意向性结构”,并介绍了海德格尔的“问之所问的结构”,讨论了储备知识的来源,指出原初真实的创造力自问号开启。最后分析了研究“提问结构”的苏格拉底的贡献。

第4章,创造力就是“看见力”: 本章基于胡塞尔的“意识的反思性结构”和笛卡尔的方法论指出创造力就是“看见力”。创造力就是我们内在心灵和悟性开启后拥有的洞察力,以及在思维上穿越表层后的探索与发现的潜能与眼光。本章首先探讨了正确的思维模式,然后提出引导性问题:什么是知识,知识有哪些特点,我们为什么喜欢知识,提问时,我们到底渴望什么等等。随后,基于元素法,探求了知识的5个特征:① 意向性;② 两栖性;③ 非原创性;④ 洞见性;⑤ 能动性。随后探讨了什么是知识的心智功能和效用功能,什么是第一性对象和第二性对象,为什么说知识是第三者,它与创造力的关系是什么,人类意识意向性的两类迷失与回归。并基于意识的反思性结构,分析了笛卡尔提出的三层次的全面怀疑法对理性思维的巨大贡献。最后总结了笛卡尔提出的如何建立清晰可靠思维的五原则:① 单纯原则;② 直觉原则;③ 解构原则;④ 建构原则;⑤ 系统原则。在此基础上区分了第一性思维和第二性思维,并对创造力公式进行了再表达。

第5章,创造力就是“经验力”: 本章沿着原有思维框架向前推进的同时,继续采用“模糊原点”的思维学习方法,对前4章的内容进行再表达。然后基于思维矢量模型的逻辑线,分析了杜威哲学的切入问题,以及我们对创造力的思考是如何从笛卡尔的理论过渡到杜威的理论,并基于杜威的实践理论提出了创造力就是“经验力”的表达形式。作者把人类创造力的原动力分为3类:第1类是笛卡尔理论启示的原动力,即单纯好奇追求真相;第2类是杜威理论揭示的原动力,即突破困境,通过行动解决问题;第3类是最深刻的原动力,即突破自身。概括了杜威激发和培养创造力的5个步骤:① 寻找对象;② 给出假说;③ 考察与分析;④ 精细化的假说;⑤ 采取行动。随后分析了认识论的二元分裂,以及杜威对“经验”概念的改造、对认识论的贡献和对美国人“存在”的塑造。基于杜威的理论,作者分析了创造力思维的纠偏机制,提出了第一性书籍和第一性学习的概念。

第6章,创造力就是"表达力": 本章继续沿着创造力矢量链模型和创造力模型 C=StEP 这个框架往前推进,聚焦创造力公式中的"P"部分,借助伽达默尔的解释学(也称为诠释学),揭示了表达力与模糊原点、第一性对象、语言媒介之间的深层关系,以及"表达"对创造力的本质意义。首先提出引导性问题:什么是表达,表达什么,为什么表达,如何表达。然后探讨了表达的4种典型结构:① 意志与表象关联的"双层结构";② 表达渐近清晰的"套娃结构";③ 自然界启示的"果-根-干"三级关联的"树模结构";④ 表达的媒介结构,即对话。作者借用类比式思维,提出了表达力的矢量模型,揭示了表达力和创造力之间的本质关联。然后分析了伽达默尔的诠释学对领悟和理解创造力的贡献,揭示了对话与认知更新、理解在生活"遭遇中"发生的真理性。基于对话的媒介结构,清晰揭示了创造力就是表达力的深层的思维结构,显现出贯穿自然世界、人文世界、科学世界、工程世界、艺术世界等无所不在的表达及其展示的丰富多彩、活泼生动、充满创造性的表达力在思维结构上的一致性。

第7章,什么是批判性思维: 本章采用理性思维矢量模型推进的方法,通过提问和张力质疑进行理性思维推进,当思维遇到挫折时尝试把个人经历和体验放进来,识别并找到思维困境中的真实思维张力,同时把在前几章已学习到的概念、知识、方法结合起来,继续推进理性思考,进行思维力和创造力探索过程的实战演练,直至抵达某个比较清晰的思维节点。探讨的问题包括:批判性思维经常出现(作案)的场景有哪些,有哪些伪装的批判性思维,什么是真正的批判性思维,批判性思维的真实动机是什么,批判性思维是有罪还是无罪,我们为什么需要批判性思维等等。基于约翰·洛克的白板理论,我们首先分析了思维的3个明显特征:① 不完整的思维训练,② 脉冲式思维,③ 白板式思维。然后,采用外部观察批判性思维的作案场景和对个人内心真实体验和反应的追问,作者提出了批判性思维的三种动机,并通过对三种动机的严密逻辑推理,揭示了有关批判性思维的3个事实性真相:① 所有外向的、进攻性的批判性思维行为都是"伪装的批判性思维";② 真正的批判性思维是自我批判和自我警惕,当我们内心在开启白板机制的同时也开启了独立思考的机制;

③ 我们在共同体的讨论和表达中要学习欣赏和尊重“知识”这个第三者。基于元素法,作者提出了批判性思维的PB(琵琶、枇杷、批吧)模型。并沿着对批判性思维的有关问题追问,进一步推进了对批判性思维的思考。

第8章,创造力就是“更新力”:本章继续沿着思维力和创造力的整体思维框架推进直指人在“存在(being)”层面的创造力,即指人内在的心智成长、内在的认知更新、自我更新和自我创造,而不是仅仅指“存在者(doing)”层面上的知识增长和能力提高。这里提出的引导性问题包括:一个有创造力生命的“存在”和“存在者”是什么样的关系,是分裂、疏离和毫不相关,还是相互联合、水乳交融的存在,具有创造力的生命是如何孕育出来的,具有创造力的生命不会萎缩或中途夭折,而是茁壮成长,那它又是如何茁壮成长的,阻碍人的心智成长的因素是什么,阻碍自我更新的认知模式是什么,促进自我更新的思维结构是什么,如何进行自我更新,自我更新的有效途径有哪些,等等。

作者分析了人被异化的三种模式及其对抗机制,探讨了哲学思考、个人经历、体验和反思对我们认知更新和心智成长的本质意义。探讨了人心智成长的两种认知结构,即“主客二元认知结构”和“一元认知的媒介结构”。然后基于伽达默尔的游戏媒介结构理论,对创造力进行了再表达,借助于理解的结构,揭示出真正的创造力就是人与第一性对象的融合,就是与真实真相真理的融合,即主体借着“解释和理解”与非主体“对象”(真理的事实性)的遭遇与融合,在体验中共同让人的存在“被改变”的事实发生,即创造力就是人的持续更新力。本章还探讨了体验是如何发生的,克尔凯郭尔人生体验的3个层面以及艺术的体验对创造力的本真贡献。

第9章,创造力就是“生命力”:本章基于思维力与创造力的整体逻辑、在前面章节提出的思维力矢量模型、元素法和多种思维表达模型对这些问题进行结构性的再表达,使已有的“模糊原点式”的理解和思维越来越清晰。作者尝试将这些结构性的思维表达与我们的心智成长进行挂钩和关联,并扩展至哲学、科学、工程、生活中大大小小的境遇,或宏大,或琐碎,或激烈,或缓慢地正发生在我们生命中的各种经历,使我们的思维可以在更开阔、更自由、更包容的角度、深度、维度、层次上理解和领悟,从而开启我们生命本然创造力的正确思维方法。

作者基于本书探讨的有关创造力的知识、概念、理论、要点等，采用元素法浓缩本书提出的有关创造力表达为达·芬奇密码模型和“创造力金三角”模型。基于该模型，人的内在认知、理解、领悟和更新的看见力、思维力和经验力交互碰撞中，自然而然地融合为自我突破、拓展、穿越和超越的表达力。

本章提出了自我创造和心智成长的“第一性”三原理，即第一性学习、第一性对象、第一性思维，使读者能够在真实的处境中体验和反思，时刻警惕和反思惯性思维，解开蒙蔽，看见自己的思维前见，进入真实的人生经历，与真实的对象、真实的问题、真实的场景互动交融。这需要读者调动意识的意向性，尝试穿越事情层面的肤浅理解，逐步进入持续链条式的思维推进过程：一层层地去遮蔽，一层层地接近和进入第一性对象；发现和识别真实环境中的冲突与张力，借助思维力矢量模型，具象与抽象分析工具等“第三者”知识，坚持与真实处境实时互动。真实地感受我们与处境之间的张力、需求和压力，并且尝试站在张力中面对压力，面对责任，不逃跑，不装假，不僵化，思维要尽力单纯，直冲要害，更要有意识地真实体验解决问题的过程中自我更新和成长的快乐。

作者在此首先衷心感谢中华人民共和国教育部哲学社会科学繁荣计划专项资助项目工程科技人才培养研究专项（18JDGC026）、上海交通大学机械与动力工程学院教材出版专项基金（AO020K01）和国家自然科学基金委员会的资助项目（No.52075335）的支持和帮助。

另外，非常感谢以丰富多彩的形式积极参与本书主题对话的老师、同学、朋友和家人，以及所有注册、学习、经历，并用心感受过《思维力与创造力》课程的上海交通大学的大学生。

张雪萍　吴少海

2023 年 6 月于上海

目录 | Contents

第1章

思维前见与自我认知

本章首先探讨思维力和创造力的学习方法，在该学习过程中我们要经历真实思维张力的冲击，内心直面对话的纠结和痛苦，体验突破自我认知的挑战，感受摆脱原有思维捆绑的欣喜。

一、引论

“思维是什么”是一个看似老生常谈又有点不着边际的问题。我们似乎知道，又似乎无法确切回答；似乎模糊知道，又难以明确定义和表达。那么我们该如何开始和推进对这个问题由浅入深的思考过程呢？首先，让我们借助网络搜索引擎查看一下其他人是如何回答这个问题的；然后，基于这些表达涉及的概念，让我们调动自己内心有关思维的“模模糊糊的直觉感受”，尝试表达“思维是什么”，并思考相关问题，逐步展开对这个话题的讨论。

“思维”概念描述 1：思维是人类认识活动的最高形式，它使人们不仅能反映由感觉器官直接感知的事物，还能够反映事物间的内在联系。这是通过对事物的分析、比较、综合、抽象和概括来进行的，是一种用推理或判断间接地反映事物本质的认识活动，它是凭记忆、想象以处理抽象事物从而理解其意义的过程。

“思维”概念描述 2：思维最初是人脑借助语言对事物的概括和间接的反映过程。思维以感知为基础又超越感知的界限。通常意义上的思维，涉及所有的认知或智力活动。它探索与发现事物的本质联系和规律性，是认识过程的高级阶段。

“思维”概念描述3：思维对事物的间接反映，是指它通过其他媒介作用认识客观事物，以及借助已有的知识和经验、已知的条件推测未知的事物。思维的概括性表现在它对一类事物的非本质属性的摒弃和对其共同本质特征的反映。

“思维”概念描述4：思维是指具有意识的人脑对客观现实的本质属性和内在规律自觉的、间接的、概括的反映。语言是思维的载体，思维是依靠内在语言进行的，外在语言就是思维的表达。

亚里士多德说，思维自疑问和惊奇开始。

从以上这些对思维的描述和表达中，我们会对思维产生一些或直观、或感性、或理性、或模模糊糊的认知，包括：① 思维和人的意识有关；② 思维和客观世界存在交互作用；③ 思维对人的认知至关重要；④ 思维需要借助语言进行表达。其实，作为一个有意识、能说话、需要交流、拥有正常生活的人，我们每一天都离不开思维。所以我们对自己的思维过程应该都有直观、朴素，或深刻、或肤浅的切身体验和感受。这里就让我们的思维从这个“模模糊糊的起点”起航，尝试通过新的探索方法使我们对思维的理解更加清晰、明白和丰富。作者把“思维是什么”转化为与思维相关的三组问题：

(1) 思维有哪些影响因素？思维有什么本质特征？思维的结构是什么？

(2) 我们现在的思维是如何形成的？我们的思维和别人的思维有何异同？塑造我们思维底线/边界的因素是什么？

(3) 我们能否触碰到自己的思维边界？我们能否突破自己的思维边界？如何突破我们目前思维的局限？我们的思维如何不断扩展和进一步深化？

探讨这些问题之前，作者首先引入“约哈里窗口模型”，并将该模型作为提高我们思维力和创造力的一个基本认知前提。这是因为如果我们对思维和自我意识没有一个基本的认知前提，就很容易陷入无意义的辩论争吵、积极抗辩或消极对抗，以至不能进入有效的对话和交流，因此也就无助于提高思维力和创造力。

二、约哈里窗口模型

“约哈里窗口模型”是心理学家约瑟夫·勒夫特(Joseph Luft)与哈灵顿·英格汉姆(Harrington Ingham)于 1955 年联名提出的进行自我认知分析的理论框架,如图 1-1 所示。“窗口”是指一个人的心灵就像一扇窗。约哈里窗口揭示了关于自我认知、个人行为模式和他人对自己认知之间有意识或无意识形成的、客观存在的差异。基于该认知差异,自我认知可分割为 4 个范畴: ① 公共区,面对公众的自我塑造范畴;② 隐私区,自我有意识在公众面前保留的范畴;③ 盲区,被公众获知,但是自我无意识范畴;④ 暗区,公众及自我两者都无意识的范畴。

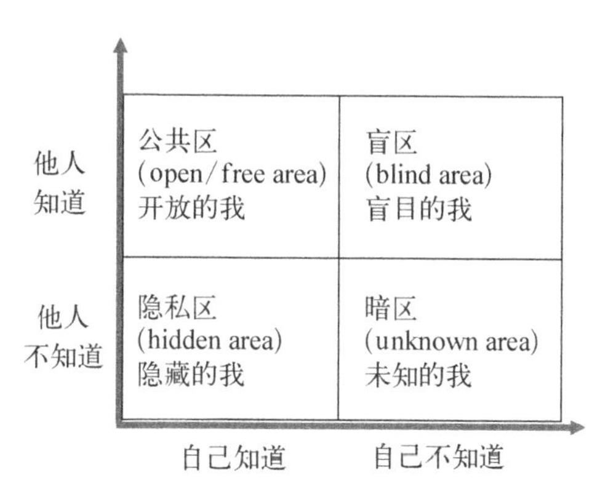

图 1-1　约哈里窗口(Johari window)

基于约哈里窗口模型,可以把人的内在自我认知状态相应分成 4 个: ① 开放的我;② 隐藏的我;③ 盲目的我;④ 未知的我。由此,我们就可以开始探讨个人内在的思维意识、自我认知和自我理解的丰富内涵了。

(一) 公共区

公共区就是个人自然而然,或心甘情愿,或主动显露,或不得不显露给公众的部分。公共区大致包括: ① 人的外在信息,如肤色、服饰、身材、言谈举止等;② 基本客观信息,如性别、年龄、国籍、出生地、家庭成员、学历、专业、工作经历、婚姻状况等；③ 公众形象，指个人非常愿意展现在公众视野里的正面形象，如才艺、作品、慈善服务、成绩成就、社会贡献等；④ 社会标签，即作为社会人物的公众标签，如职业、职位、专家学者、单位领导、公司经理、哲学家、科学家、工程师、诺贝尔奖获得者等各种光明正大的社会头衔；⑤ 负面信息，如通过第三方或自己有意或无意暴露给公众的个人信息，如财政危机、感情纠结、官司纠纷、家庭离异等。

需要指出的是，公共区的信息大部分是客观真实的，但是也有相当多的信息是扭曲、遮蔽、夸大或虚假的，例如，由签约公司包装出来的公众人物的形象不可避免地包含一些人为的虚假成分。基于我们自己的真实体验，个人愿意显露在公众场合的形象和信息也会被不同程度地粉饰或美化。事实上，我们稍微反思一下自己的公共区，就很容易知道这是客观存在的、难以完全避免的事实。作者将与公共区对应的关键词概括为“表象与敞开”。

（二）隐私区

隐私区里的信息是个人不愿意，或羞于，或不屑于，或认为没有必要让公众知道的有关个人的隐蔽信息。公众知道这部分信息对个人可能会有不同程度的心理伤害，而对公众却没有丝毫益处。所以，个人会竭力保护、掩盖、藏匿这部分信息。其实，每个人都有自己不愿为人所知的东西。譬如，我们通常会羡慕、嫉妒或者痛恨竞争对手。作为隐私，个人也许会选择羡慕和嫉妒，但是很少有人愿意让别人知道或者分享自己内心对“痛恨”的隐私感受和体验。当然，还有很多关乎“真实”“虚假”“友善”“丑恶”“公正”“爱恋”“担忧”“失落”“荣耀”“羞愧”等丰富、深刻、细腻的内在隐私体验，这些个人隐私大都应该被隐藏。

需要强调的是，这个隐私区对个人和他人都是真实客观存在的，虽然他人可能对我们内心深处暗流涌动、刻骨铭心、波澜翻腾的隐私体验一无所知，但是，稍微深刻一点的人都会对自己的隐私区有很丰富、复杂、充满张力和矛盾的真切体验，并且在隐私区会发生很多关于我们自己隐私感受的内心对话和交流，是非之心相互较量，或以为是，或以为非。事实上，个人对隐私的体验常常诉诸文学作品，因此，很多人能够与文学作品中的人物隐私体验产生强烈的情感共鸣。作者将与隐私区对应的关键词浓缩表达为“隐藏与体验”。

（三）盲区

盲区是真实存在的，而个人却对此一无所知，或者个人根本没有意识到的这部分含有关于自己的真实信息，因此这部分也被称为个人的“脊背区”。“脊背区”的客观真实存在意味着在某种意义上，他人比我们自己更了解自己！看到这一点对个人的自我认识和自我理解意义非凡。例如，当他人诚实地指正、指教甚至指责我们的错误时，如果我们知道自己存在“脊背区”，就不会火冒三丈，就不会认为他人是故意挑刺为难，就能够由衷地谦卑下来，平心静气地聆听他人的不同意见，并能够客观地、真实地反思他人透过不同意见提出的有关我们自己的、真实的，却被我们忽略或者我们根本看不到的方面。所谓“背上的灰，自己瞧不见”，有些东西对他人是显露的，而对我们自己却是遮蔽的。

作者认为这也是我们每个人有必要结交真心朋友的原因之一。真朋友能够诚实地指出和提醒我们未知的盲区，照亮我们的认知盲区。事实上，我们需要非常认真对待家人、亲人和朋友的建议和意见，因为他们和我们朝夕相处，能够更加清楚地看到我们真实的盲区，更有意愿真诚地帮助我们认识和了解自我。前提条件是，我们需要知道自己存在真实的盲区，这样我们才愿意真心实意地聆听他们的建议和意见，认真反思与他们对话中揭示的有关我们认知的真实信息，从而照亮我们原本看不见的自我认知盲区。作者将与盲区对应的关键词概括为“遮蔽与显露”。

（四）暗区

暗区是我们完全未知，同时对他人可能也是完全未知的，很可能迄今为止对全人类而言都是未知的领域和完全黑暗的区域。其实关于人类，关于自然世界，关于浩瀚宇宙，还有许多的未知未解之谜，对我们个人而言都是暗区。

那么哪些暗区中的东西是与自我认知有关呢？对此，大家可以进行开放式的思考和讨论，会想到很多有趣的、未知的、全人类正在探索的领域。例如，超能力、第六感、暗物质、暗能量、量子纠缠、宇宙的起源、生命的源头、灵魂、神迹、死亡……包括哲学的经典问题：我们从哪里来？到哪里去？为什么活着？其实，这都是关乎暗区的提问。这也是为什么人本能会对寓言、童话、传说、神话故事、科幻小说等充满了好奇。因为人类对一切未知的领域充满好奇，探索不息，例如，近几十年信息科学、生命科学等领域不断发展，使人类思维边界不断被新探索启示的亮光突破，从而使人类的暗区被不断地照亮。这里作者把与暗区关联的关键词概括为好奇心驱使下的“启示与探索”。

暗区限定了人的认知边界，面对暗区，人类似乎也触摸到了自己思维的边界，那些关乎自我、他人、生命、命运、世界本相、宇宙起源等诸多未知的领域。随着人类不断地探索与发现，人类的思维意识正在不断地被照亮、被突破、被拓展……正如康德所言，有两样东西，人们越是经常持久地对之凝神思索，它们就越使内心充满常新而日增的惊奇和敬畏：我们头上的星空和我们心中的道德定律。这是关于宇宙空间、时间和人类命运共同体的未解之谜，已在探索途中，似乎不着边际，却正通向更深刻的未知和永恒的好奇……

本书尝试探寻和触摸我们的思维边界，尝试松动和打开我们原有的、相对封闭的思维边界，从而使我们的思维更加开放、开阔、灵动和自由。同时，本书尝试探索纷繁复杂思维面纱遮蔽下的人类共有的、相通的、同构的意识意向性，从而使我们的思维具有深刻性、超越性、包容性和灵动性，充满造就生命品质的洞察力、创造力和表达力。

三、思维的视域模型

约哈里窗口模型揭示出人的思维意识的起始点、终止点、广度、强度、深度、拓展的可能性等都会受到某种思维边界的影响、制约，即人的思维意识在很大程度上是“被塑造的”，所以人的思维意识可以表示为受出生时间、所在空间、所学文化等纷繁复杂各种影响因素影响的函数，即我们的思维意识都是毫无例外被这些因素影响和塑造的。叔本华在《作为意志与表象的世界》中将世界的基本形式，包括其中发生的所有事情，表述为“时间、空间和因果律”。该描述相当于把本节提到的所有因素进行了高度的抽象概括，用简单的方式进行了表达。作者借用叔本华的这个表达，把思维意识简洁地表示为时间、空间和因果律的函数：

$$\text{思维意识} = f(\text{时间}, \text{空间}, \text{因果律}) \tag{1-1}$$

即作为个体的人的思维意识必然受限于其所经历的“时间”和“空间”，而其所属的语言、民族、文化、制度、风俗、习惯、经历、体验、反思等诸多因素都可以归入“因果律”的影响，三者联袂实现对个体思维意识、认知模式和理解进程等特性的塑造、构建。基于该表述，我们把约哈里窗口模型进行转化，将思维意识表达为视域模型，以便更简洁形象地描述、分析和探索人内在思维意识的起点、视角、边界和疆域。作者提出的思维意识的视域模型包括“思维起点”“思维视角”“思维边界”和“思维疆域”，也可以用亮区、盲区、暗区来进行表达，如图1-2所示。

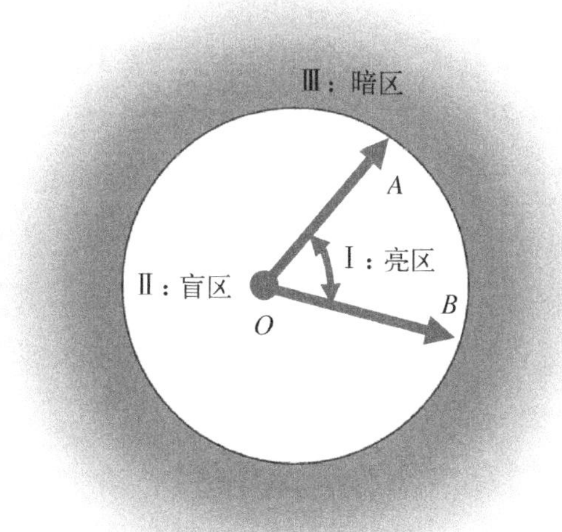

Ⅰ—亮区；Ⅱ—盲区；Ⅲ—暗区；AB—暗区边界；
($OA-OB$)—被塑造的思维意识/认知边界。

图1-2　人的思维视域模型

该思维视域模型包含3个区域：亮区、盲区和暗区。O 是人类在“时间-空间-因果律”约束下的思维意识起点。$OA-OB$ 边界模糊限定了在人类已有的知识积累和自我理解的范围，即面对所有当下世纪难题人类能给出的最完备的解决方案。AB 边界将人的思维限制或者拘囿在了至今人类没有触摸过的领域。例如，人类不能准确描述超越语言的存在。以 AB 为边界，人类的思维视域被划分为3个区域。

（一）亮区

该思维领域是指个体拥有的相关知识和能力，使人们能够理解且能够基于这些知识和能力进行理性思考，可以自由灵活地找到相关的解决线索和思路的认知领域。该区的大小与个体的生存环境、生活经历以及在成长过程中不断反思自己的成功经验和失败教训相关联。这部分“有关个体思维的”亮区只是人类全部知识、经验、学科领域里非常狭小、非常有限、非常粗浅的一个思维领域。这是因为作为个体而言，我们的精力、时间、经历、兴趣非常有限，以至于没有任何一个人此生可以触摸到现有人类已知的所有领域和全部知识。相对于目前人类作为整体掌握的信息、知识和能力，探索的领域、空间和事件，领略的思想、情感和想象疆域，个体的思维意识必然具有“选择性(selected)”“过滤性(filtered)”和“不完全性(incompleteness)”。这是由人在“时间-空间-因果律”辖制下本质的“有限性”，由纷繁复杂现实世界的信息和知识的“无限性”的真实人生困境和张力决定的客观事实性真相。人的思维有限性直接由个体的经历有限性决定，个体的思维意识模式也与其经历直接相互关联。意识到这个事实，对于理解我们自己的思维意识和学习模式非常有启发和帮助。

理查德·梅耶在《应用学习科学》中探讨了人类学习的3个基本原理：① 双重通道原理，即人拥有用于加工言语材料和图示材料的单独通道。大脑中的不同部分将分别完成言语的加工和图示加工，而后产生不同的心理表征和思维结构。② 容量有限原理，每一个通道一次只能加工一小部分材料，因此个体只能对经历到的、看到的、感受到的材料进行选择性关注和学习。③ 主动加工原理，对思维有深刻影响、有意义的学习只发生于学习者在学习过程中完成三个恰当的认知加工过程，即选择相关的材料；组织选择的材料并形成连贯的表征以及将选择的材料与原有记忆激活的知识进行整合。这3个学习原理从学术的角度揭示了面对无限世界/信息的人的认知学习模式。

在此意义上，被 *OA*－*OB* 边界限定的亮区是被塑造的，也可以称之为人的思维意识“前见”，即每一个人都不可避免地、客观地被原生家庭、生活环境、个人经历、文化背景、社会制度、所在时代、宗教信仰等影响和塑造，并自然而然地形成我们各自的思维意识、认知结构、学习模式的前见。这个前见既是我们赖以生存的常识、知识、智慧和理解力，也融合在我们生命中、如影随形地成为我们生命中不可分割的一部分。当我们开始思考、判断和尝试新的领域时，这个思维前见，就是我们的思维意识、眼光、理解、认知和个人观点，就是我们内在思维意识结构的直观表达和显露。

（二）盲区

该区域可以看作全人类的信息、知识、经验、能力、工具、方法，已经被探索清楚明白的空间和思想领域，其是客观存在的。但是，作为个体却总是对某个领域的很多知识、经验、技能、思想方法等完全无知，如同陌生人和盲人。因此，该领域就构成了个体认知和理解的思维意识盲区。

那么该盲区是如何体现在人的个体生命中呢？最有可能的情况是，作为个体的人从来没有机会接触过、听说过，甚至没有意识到这个领域的存在，所以该思维领域对某个体而言是完全未知的。但是对其他人而言，该领域却很可能就是他们习以为常的生活环境、从事的研究领域，甚至是他们生命的一部分，因此对他们而言，这部分是“亮区”。这是因为他们在过去的或现在的生活经历接触过、了解过、学习过、理解过。但是每个人因为自己生存的时间、空间和精力的有限性，故此不可能完全知道、掌握和理解人类目前探索过的所有领域和知识。由此可见，某个人的盲区，可能是另外一个人的亮区，反之亦然。那么如何消除和减小这部分盲区呢？这很可能就是人愿意阅读、旅游、跨文化交流的一个很重要的深层次原因，即通过学习和交流，相互点亮对方的盲区或暗区。正所谓读万卷书，行万里路，还要阅人无数。另一种可能是，虽然我们曾有机会、时间、空间和精力理解和明白盲区的部分区域，但是由于我们自己没有意识到，或者疏忽大意，或者因为其 $OA-OB$ 边界非常僵硬甚至固化，不容易松动和打开，因此这部分还是其盲区。那么如何减少这份遗憾呢？首要的一点就是我们要充分意识到自己存在思维盲点和盲区，这是照亮自己的思维边界，并能不断突破思维边界前见，进而持续扩张认知理解疆域的关键认知前提。

（三）暗区

暗区在整个边界圆的外侧，这说明有关该思维领域的、客观存在的知识、规律、认知等，都是迄今为止人类还没有能力、没有精力、没有办法或者尚且没有思维意识可以接触、了解、理解和完全明白的部分。如前面提到的超能力、第六感、暗物质、暗能量、我从哪里来、到哪里去、宇宙的起源等诸多的未知领域都属于人类的暗区，可以形象地表达为“眼睛未曾看见，耳朵未曾听见，心也未曾想到”的领域。但是限定暗区领域的整体思维边界是随着全人类的共同努力而改变的。人类在好奇心的驱动下，在“时间-空间”的维度上正在逐渐地探索、拓展，扩张、突破、尝试进入更加高深的甚至因果律被超越的疆域。因此暗区还可以表达为“时间-空间-超因果律”的函数，即

$$\text{暗区}=f(t,\Omega,Oc) \qquad (1-2)$$

式中，t 代表时间；Ω 代表空间；Oc 代表超因果律；$(t,\ \Omega)$趋于无穷。人类作为整体，依然受制于所经历的时间和所处的空间，能够探索的空间和生存的时间都是有限的。而未知似乎永远向无限延伸和展开，表现在时间和空间上也是趋向于无穷远、无穷大、无穷多。到目前为止，人类存在的已知空间和时间是有限的，已知的信息、知识和规律都是可以圈定的，因此对人类整体而言暗区是客观存在，这毫无疑问。但是随着时间推移、空间拓展、知识演进、认知更新，原本完全黑暗的、遮蔽的领域正在被人类逐渐发现、探究、认识、

揭示，进而转化为人类的已知领域而进入圆的内部，即在全人类的不断探索过程中，认知圆的边界正逐渐地向外拓展。因此，作为体现全人类的最高认知和理解水平的边界是动态扩展的、逐渐突破的、不断超越的、永恒探索的、不会止息的。

四、被塑造的思维与前见

基于思维意识的视域模型，我们就可以尝试回答前面提出的问题：思维是什么、思维是如何进行的、思维受到什么样的影响、思维受到什么样的限制、思维是如何被更新和改变的。

（一）漏斗型思维的动态演进

基于思维视域模型，可以把个体的思维形成、扩展、推进的过程形象地称为漏斗型思维的动态演进过程。它直观地表达了个体思维的有限性和选择性，本质地拥有被塑造的前见起点、视角方向、视角范围、认知边界，以及被时间、空间、语言、不可见的、不可知的、生死存亡、非语言等暗区限制的思维边界。思维意识的动态演进过程还表明：个体的思维具有自我更新“前见”、改变视角、扩展视域、打破认知边界、突破原有认知、不断提高理解力的多种可能性。该思维模型能够帮助我们有意识地、不断地进行思维拓展、加深、突破、超越原有的思维边界，更新自我认知、重构理解结构，使人们有信心更深刻地理解他人和自我。

基于思维模式的动态演进过程，尝试思考和探索本章起始提出的问题。个体的思维在人类认知大范围（圈）的边界上是空白的，或者说是无能为力的，因为这是至今人类尚且不能逾越的边界。例如宇宙的起源、未来的演进等，基于目前的实证经验知识和仿真工具都是无法进行重复实验的。即便如此，人类对这些领域依然有不可遏制的好奇心，充满了丰富的猜测、思考、推断、假设和预言。这些基于人类已有的信息、知识、理解和思考能力进行的大胆探索和尝试，对拓展人类整体的思维边界有着不可低估的思维价值。人类的整体挑战就是勇敢地面对“有限与无限”之间的巨大困境和张力。正是该困境和张力构成了人类思维意识边界拓展的永恒驱动力。

就 AB 边界而言，我的、你的和他的思维应该具有人类共有的、最大可能的、相同的认知边界，因为这是人类共同分享的边界。但是就个体而言，AB 边界的差异很大，这依然是由个体的有限性和整体人类的海量数据、信息、知识的无限性之间决定的。即个体因为拥有的时间和精力、所在的空间、能够经历的事情、遇见的人、从事的职业等都具有客观的选择性和有限性，因此个体之间无法拥有完全相同的 AB 边界。例如，有的人受教育程度高一点，可能其能够欣赏的领域要更加丰富和深刻。可是即便个体受的教育程度一样，有的人好奇心强一些，其 AB 边界就会多拓展一些；而有些人好奇心弱一些，思维麻木一些，其 AB 边界就会比较固化，难以松动和突破。再者，即便个体间的好奇心一样强烈，有的人因为所在职位的优势，对 AB 边界有更多的了解机会，而有的人却毫无接触的可能性，其 AB 边界就很难有机会被突破。但是，作为关注人类命运的精英团体，整体而言其会对此边界的探索和突破充满好奇心和求知欲。

《庄子集释》卷六下《外篇 · 秋水》中北海若曰：“井蛙不可以语于海者，拘于虚也；夏虫不可以语于冰者，笃于时也；曲士不可以语于道者，束于教也。”非常有趣的是，庄子在这里分析了不同生物种类的思维短板和理解局限，即因为“时间-空间-因果律”造成的自然界中不同生物的思维前见，和作者这里提到的漏斗型思维模式有异曲同工之妙。

（二）被塑造的思维前见

在认知的 $OA-OB$ 边界，个体之间是否有相似的想法呢？例如，我们的同事、同学、兄弟姐妹、好朋友在某些问题上会有相同或相似的想法吗？是不是有时对很多问题甚至会说出完全相同的观点呢？这是偶然的吗？如果这是偶然的，那么这种“偶然性”为什么很难存在于生活中从来没有交集、文化背景迥乎不同、生活阅历大相径庭的人之间呢？我们可以用图 1-3 中展示的人的思维视角和边界模型来解释这个有趣的现象。

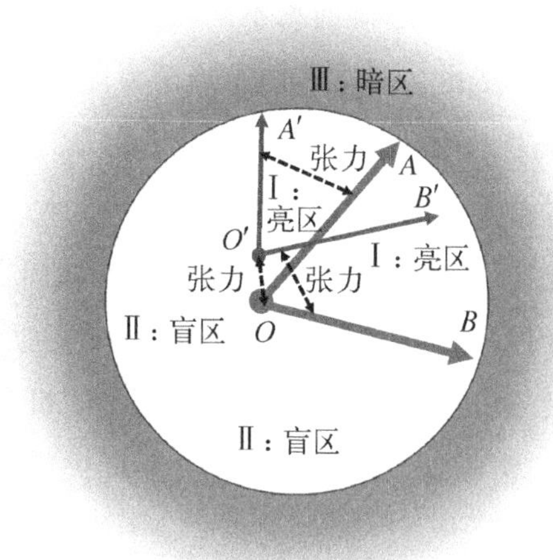

Ⅰ—亮区；Ⅱ—盲区；Ⅲ—暗区；
AB—暗区边界；(OA−OB)—被塑造的认知边界。

图1-3　人的思维视角和边界模型

由图1-3可见，O 和 O' 可以代表两个人的认知起点；而 $OA-OB$ 和 $O'A'-O'B'$ 分别是两者的认知思维边界；AB 和 $A'B'$ 则分别是两者对人类暗区的认知思维边界。

如果两个人具有共同的出生地、经历、语言和文化背景等，那就意味着两者的起点和边界有很好的重合度，因此当两者面对一个具体场景或问题时，可能会有非常相似的认知、经历、感受、体验，包括思维和反思模式。甚至两者的身体特征、面部表情和性格特点都会表现出惊人的相似。从这些外在表达出来的思维意识中可以清楚地揭示出人的思维意识是被其所处的时代、所在的地域、经历的事情、读过的书、见过的人、使用的语言、所在文化背景等诸多因素"塑造"过的，我们称之为思维前见。"前见"是由伽达默尔提出的哲学解释学中一个相当重要的概念，用于解释主体在理解对象之前已经存在于头脑中的思维意识结构。我们借用这个概念，是为了直观地表达个体的思维意识和理解结构是"被塑造的"这个事实性真相。

如果两个人的出生地、所处时代、经历、语言、文化背景等大相径庭，那就意味着两者的起点和边界之间将存在迥异之处和认知张力。他们生命中被

“照亮”的思维区域不同，两者的思维前见不同，因而对相同问题的认知、思维视角和采用的解决方式方法也会非常不同。当两者面对同样问题时，会自然而然地出现理解上的张力、矛盾、争端，甚至有诉诸武力的冲突。例如，学习儒家文化的人和学习基督教文化的人之间，对于“是否有神？是否有独一真神？人是否有永生？是否存在天堂和地狱？”等此类问题的认知之间就存在巨大的思维张力和认知冲突。但是，随着全球范围内的交通日益便捷、通信网络日益发达、人际交往、文化交流等越来越频繁，我们有更多的机会能够真实地感受和体验到这些思维张力，清晰地看到全球范围内不同民族、不同国家、不同个体之间的认知和理解的差异。

那么意识到、感受到、体验到这些认知的不同、思维的张力对促进人类的自我理解和保护地球的安全有帮助吗？还是更容易导致关系紧张，矛盾冲突，引发全球生存危机呢？当我们冷静地面对这些真实的问题时，我们会清楚地意识到，有效地突破和超越思维前见，动态更新思维意识结构，提高思维力和创造力，无论对于个体的自我理解和认知，还是对于全球范围内日益密切的合作交流，都是意义非凡的。

（三）基于张力触摸思维前见

在具体论述之前，为了帮助理解，这里首先分享一个“三季虫”的典故。

有一天，孔子的一个学生在外边扫地。有来客，问他是否是孔子的学生，学生说是。于是来客就向他请教一个问题，他问：“一年有几季？”学生一听，不假思索地说：“有四季啊。”那人说：“不对，只有三季。”学生又说：“怎会不对呢？春夏秋冬，当然是四季。”来客还是摇头说：“不对，只有三季。”两人最后约定去问老师——孔子，如果有四季，那么来客向学生磕三个头，要是有三季，那么自然学生就得向来客磕三个头。

两人来到孔子跟前，把事情说明了。孔子看了看他们俩，说：“一年有三季。”学生在师傅面前不敢造次，于是乖乖地向来客磕了三个头，来客欢欢喜喜地走了。学生很不解，问孔子。孔子说：“你没有看到来客全身是绿色的吗？他是蚱蜢啊，蚱蜢春天生秋天死，他的生命只有三季。他从来没有经历过冬天，你跟他说四季，他能明白吗？你先吃个亏，说三季，他满意地走了。你要是继续跟他说四季，哪怕是吵到晚上也没有结果啊。”

由此可见，自我认知与自我理解的第一步就是要能够清醒地意识到自己已有的思维是被塑造过的，客观地存在着思维前见，包括思维起点、思维边界、思维视域都存在局限性和有限性，即存在认知盲区。这是个体实现思维突破与超越的重要认知前提。那么如何能够看到这一点呢？有什么方法可以帮助我们看到自己的思维前见呢？作者先提出如下的简单观点，详细的讨论将在本书后续章节中逐步展开。

首先，个人需要具有思维意识，即能够意识到自己的思维中有盲区，即现有的思维意识模式和结构是被塑造形成的，自然而然地受到了自己经历过程中的所有因素不同程度的影响，具有特定的立足点、投射方向、视域范围和思维边界。如果个人能够意识到这一点，就为“看见”自己的思维前见奠定了真实、客观、理性的认知基础。

其次，能够客观理性地对待别人的观点和意见，特别是当别人的观点和意见与自己的不相符、不一致，有矛盾和张力时，不要一概否定和奋起抵抗。反而要尝试进行换位思考和碰撞交流，为拓展自己原有的思维视域奠定心理基础。客观理性的认知态度可以帮助个人克服唯我独尊的认知惯性，并打破正在不断强化、不断固化的认知边界，有利于克服原有的思维惯性，拓展受塑于原有经历的固有思维视域。

再次，能够主动调动直观感受和理性思维进行自我反思和反省，尝试看到自己的思维盲区和暗区，并尝试变换原有的思维立足点，从多基点、多角度、多层次、多维度反思原有的思维前见和局限性，进而能够调整思维基点，松动思维边界，拓展认知疆域。

最后，要坚持拓展自己的人生经历，并在人生丰富多彩的经历中体验、感受、学习和思考，还要尝试把自己的人生经历的直观感受和体验与理性思维意识和认知边界的动态扩展相关联，使思维意识和自我认知能够更加丰富、灵活、开放、包容、自由，充满自我更新的生命力。

五、思维突破与超越

基于本章提出的漏斗型思维的动态演进过程，很容易理解每个人成长的过程就是思维意识被塑造的过程。因此每个人的思维都有自己独有的意识着眼点、思维向度、思维视域和思维边界。那么如何才能实现思维边界的突破与超越，更新思维意识和内在的理解结构呢？基于思维形成机制分析模型，作者尝试探讨思维突破和超越的内在机理和实践方法。旨在打破个体原有的、僵化的思维边界，拓宽相对固化的思维视域，改变和丰富思维向度，帮助我们的思维从原来比较封闭的状态一点点打开，从封闭到开放，能够有意识地主动进行自我更新，使思维意识越来越自由和灵动。正所谓：流水不腐，户枢不蠹；问渠那得清如许，为有源头活水来。

（一）如何突破思维的前见

在每天的各种经历中，个体积极面对张力，主动尝试开启与更新思维意识和理解结构有关的有效对话，是突破思维前见的最重要途径。例如，与知心朋友对话，与家人对话，与老师对话，与同学对话，与艺术作品的作者对话，与书籍的作者对话，与书中的主人公对话等等，特别重要的是与自己的内心对话。事实上，真正意义上具有更新的、隐蔽的、深刻的、真实的对话大都是在自己内心深处通过“自我对话”的形式展开。在对话中要敏感地抓住真实感受到的思维“张力”，那些让自己感到陌生、新奇、激动、不舒服、刺激的张力，能够让自己清晰地感受到我们原有的思维边界和视域，这正是反思自己思维意识前见的绝佳时机。

面对张力，我们要警惕和克服平常的思维惯性冲动、做法和选择，例如：① 掩面不看，忽视张力。即我们对这些张力不敏感、不重视、不以为意。这样就会让这个有可能打开我们思维的宝贵的张力从我们的感受经历中溜走。② 选择从张力面前逃跑。因为张力总是让我们离开自己的思维舒适地带，所以当我们感受到张力时，通常会以最快的速度回到自己原来的思维惯性空间中，而不能承受站立在张力基点的挣扎思考中。③ 无视让自己产生张力的事实性真相。这相当于否认与自己思维产生张力的对方思维中包含的真理性，自信地认为和自己不一样的观点和看法都是错误的。因此，固守自己的观点，拒绝改变自己原来的思维，特别喜欢和自己的观点、想法、思维和意识一致或者一样的人。这样，我们的思维可能会出现信息茧房（information cocoons）效应，即我们的思维前见会更加根深蒂固，惯性思维使我们更顽固地、盲目地被囚禁在自己的前见中，而对此我们浑然不觉，从而将自己的生活拘囿于像蚕茧一般的“茧房”中，根本无法实现对原有思维的突破和超越。④ 不愿意深度反思。当感受到思维张力时，特别是一些资历、学历、经历等不如自己的人时，我们很难反思自己的思维前见，而是总能清楚地指出晚辈们的思维、观点、看法的幼稚之处、有限性、偏见或缺陷。因此，这样真实的感受和体验常常能使人成功完成“自欺”的闭环思维，进而沉浸在自我欣赏和自鸣得意的思维模式中难以自拔。

如此看来，我们需要对思维张力非常敏感，并且要主动对自己的思维进行反思和突破。生活中经历的每一场遭遇，读过的每一本书，见过的每一个人，做过的每一件事，都会成为开拓我们思维前见的“钥匙”，使我们的思维能够从闭合状态逐步打开。对话就是每个人带着自己的前见、观点、看法、思维意识在思维张力的驱动下相互碰撞并展开。正如《荀子·劝学》所言：故木受绳则直，金就砺则利，君子博学而日参省乎己，则知明而行无过矣。

（二）如何松动思维的边界

我们在过去的学习训练中，无论是语文、历史、地理，还是数学、物理、化学，绝大多数采用“定义法”进行概念定义、说明和推导。这样有利于形成严谨清晰的思维模式，是解决理论问题、哲学问题、科学问题，甚至工程问题的重要思维方法。但是“定义法”的这个优点，同时也是其缺点，即使学科思维边界非常严格，弹性不足，不易产生松动、跳跃和突破的可能性。那么，如果我们不采用“定义法”进行思维和因果逻辑推导，还有其他更灵活的方法可以采用吗？答案是肯定的，即“元素法”，该方法在实际生活中被广泛采用，灵活多变，无处不在。

本书将采用“元素法”进行思维训练，这与我们传统学习熟知的“定义法”思维模式迥然不同，可以作为思维训练方面的补充和丰富。元素法的优势在于客观上能使思维视域变得比较宽松有弹性，思维边界比较模糊，容错性和容忍度高，有利于原有思维被更新，原有思维边界被跨越，为思维拓展和超越提供驱动力和灵动性。基于元素法界定的宽松思维讨论和交流过程，有助于个体的思维边界松动和跳跃，从而打开思维边界，开拓思维视域。

1. 定义法 VS 元素法

“定义法”是给词语或者概念下定义，使其本质内涵和外延特征可以被清晰准确地界定。这是传统中经常采用的学习方法，对科学概念的理解非常有帮助，但是在描述和表达具有隐性、模糊的思维、思想、意识和观点方面显得力不从心。这里节选一篇童话故事《蛇的屁股》帮助我们生动地看到“定义法”的局限性。

一条蛇去悬崖上摘果子，不小心摔了下来，受了重伤。有动物看见了，赶紧把它送去了森林医院。啄木鸟医生检查过后，让蚊子护士给他打针。可是蚊子找了半天都没找到蛇的屁股。蚊子急坏了，赶紧去向森林里的其他动物请教。她遇见的第一只动物是青蛙。青蛙懒洋洋地说：“这有什么难找的，屁股就在两腿根上啊！”一条蜈蚣恰好爬过，轻蔑地笑道：“照你这么说，我岂不是有上百个屁股了？我看啊，屁股当然是长在身体的最末端。”壁虎听了叹息道：“真是太无知了！按照你说的，我难道经常丢屁股？屁股应该在尾巴下面。”蚂蚁气愤地跳出来说：“照你说的，我没有尾巴岂不是没有屁股？亏你们经常笑话我有个大屁股。我看啊，身体的后半段都可以被认作屁股！”乌龟怒了，说：“嘿，幼稚！这样说来，我除了头，整个身体都是屁股了？屁股应该在壳的下面！”猴子从树上爬下来，不满意了，说：“我没壳难道也没屁股了？身体最红的地方才是屁股嘛！”一只瓢虫刚好飞过，怒斥猴子：“你的意思是我飞起来的时候没有屁股，一落地就全身是屁股吗？屁股嘛，就应该长在打褶的地方才对！”老虎不知何时凑过来，听了瓢虫的话便冷笑：“混账东西，打褶的那是扇子，不能摸的才是屁股！”黄鼠狼说：“能放屁的才是屁股！”马说：“被人拍的才是屁股！”蚊子哭笑不得，说：“我整天被人拍，难道我就是屁股？”……众说纷纭，蚊子也不知道该相信谁。这时候啄木鸟医生来找蚊子护士，大声呵斥道："你还不去给病人打针，在这问什么屁股，蛇根本就没有屁股嘛！"

什么是元素法呢？这里用实例说明。例如，什么是"爱"。我们虽然给不出严格的定义，但是我们内心里对"爱"是有感受和体验的，即我们内心对"爱"这个概念有感觉。我们通过对这个体验进行思辨和讨论，辨析出我们认为的本质的几个要素是什么，然后把这几个要素凑在一起就能形成对"爱"的理解和领悟。随着我们对爱的理解深化，随着对爱的经历和经验积累，我们可能对这个概念就越挖越深、越挖越多，概念线条也越来越清晰，这其实是人文概念的学习方法。依此类推，什么是"良心"呢？什么是"善"呢？什么是"美"呢？也许很难给出明确的定义，那么我们该如何领悟和思考这些概念呢？该如何采用这些概念进一步思考呢？该如何基于这些概念在群体里进行有效的讨论和思辨呢？我们也许在这方面有困难，因为我们很少进行文科思辨训练，或者说我们在这方面的教育有所缺失。如果概念只能通过被定义的方法描述，那么这里提到的这些人文概念基本上就不能被有效地理解和领悟。

事实上，哈佛大学教授迈克尔·桑德尔的著作《公正：该如何做是好？》就是教育这种人文概念思维方法的，因此这本书很受欢迎。什么是公正？我们虽然不能严格定义"公正"这个概念，但是心里面的确对"公正"有感觉。以此类推，我们通过对内心的"这个感觉"进行思辨、讨论，逐渐辨析出我们认为很本质的几个要素；然后把这几个要素凑在一起，我们对公正的认识就开始变得清晰和丰富；再后来，随着我们的理解逐步深化，随着生活经验积累，我们可能对这个概念理解越来越深刻，越来越丰富，越来越清晰。这个过程就是人文概念的学习方法。最常见的人文概念往往是看不见、摸不着、形而上的，因此这些人文概念基本上都是通过"思辨"被逐步揭示和展现出来的。很多人文概念其实是很灵活的，不能被定义，而是通过思辨、比较、体验这样的过程提出来的。这种人文教育的思维方式和思辨能力可以从小学、初中、高中、大学进行不断地训练得到培养和塑造。

西方文明的两个源头，一个是古希腊文明，另一个是希伯来文明。古希腊文明擅长提出概念、定义、逻辑、理论、构造，定义法实际上遵循的是古希腊文明的走向。即使如此，概念源头的定义也是不证自明，即还是由原初模模糊糊的概念提出来的。我们教育系统中的传统学习和思维训练通常采用定义法，其源头是古希腊文明。古希腊文明中，在两千五百年前确立的欧几里得几何学是其非常高、非常典型的文明成就。几何学把理性思考、概念定义、逻辑关系这套方法推向了非常高的高峰，对人类贡献重大。另一个对人类精神文明有着重要贡献的是希伯来文明。希伯来文明关注经历、感受、体验和见证，见证是用个人实际看到、听到、感受到的经验来证明事实真相。因此，希伯来文明构造出来的不是理论框架，而是一个信念信仰体系，需要人在自己的经历、感受、体验中进行认知、反思、理解、更新和超越。元素法遵循的是希伯来文明的走向，它是通过我们的直观感受、经历体验和反思，在学习过程中一点点形成宽松的、开放式的、近似定义概念。这个定义概念可能是不完全的，不是一成不变的，也不是经得起全部经验事实考验的，但是它是开放式的、接受挑战的、动态的、有点模糊的并正在经历更新的、逐步丰富和清晰过程的概念。创造力和思维力课程就采用这种授课方法，即把我们思维里面模糊的东西变得越来越清晰，越来越单纯，越来越丰富，越来越生动有趣。

2. 读书动力学 CEBIS 模型

这里以一个基于元素法的课堂实例为例，具体展示如何采用元素法进行思维训练。课堂上给出的引导性问题是，我们为什么读书？请同学直观地反问自己：此刻正值暑期，天气如此晴朗，阳光如此灿烂，我为什么不愿意出去打球、旅游或闲逛，却愿意到教室里来听课、学习和读书呢？读书学习到底能给我带来什么好处呢？在同学们发言、交流和讨论的过程中，老师和学生一起创造出了这个基于元素法的“为什么读书”的分析模型，并将其形象地称为“希博士读书动力学模型”(CEBIS，5 个元素首字母的缩写)。该模型包含了 5 个元素：

(1) 好奇(curiosity)：通过读书满足自己的好奇心，通过读书可以欣赏不同的文化、民族、人物、风情、故事，这些是我们自己过去、现在或将来都没有机会去经历的。通过读书，我们可以满足自己的好奇心，同时也开阔自己的心胸和视野。

(2) 娱乐(entertainment)：我们需要寻找一些放松、不太动脑的消遣方式，读一些使我们感到轻松、愉快的书，以缓解、转移日常重复的、枯燥的生活学习工作带来的巨大心理压力，使精神轻松、愉悦和快乐。

(3) 利益(benefit)：作为在读学生，通过读书我们可以获得好成绩，得到奖学金，得到研究生的推免资格，获得出国交流的机会等。作为未来将走入社会工作的学生，读书可以提升我们的工作能力，能给我们带来高薪、升职和业绩。这些都属于看得见、感受得到的，通过读书可以获得丰厚回报的利益。其他相关的好处和利益都可以归于此。

(4) 自我投资或自我成长(investment or growth)：这是指通过读书可以提升自己的理解能力、认知层次、精神境界等，促进和实现自己内在的成长，正所谓：粗缯大布裹生涯，腹有诗书气自华。这与外在的好处和利益没有直接关系，是一种纯粹内在的心灵升华。

(5) 提高表达力，满足虚荣心(show off)：因为读书增长见识、学识和表达能力，可以增加谈资和表现机会，这的确可以让一个人在公众场合表现才华，妙语连珠，能言善辩，正所谓：三寸之舌强于百万之师。重要公共场合的侃侃而谈能让人的虚荣心得到极大满足，这也是我们自己可以感受到的人之常情。

基于 CEBIS 模型，我们可以对自己、同学和朋友的读书动力和动机进行分析，看看我们从小学、初中、高中、大学、研究生的各个阶段，这五个元素所占的比例是不是一直在发生变化呢？单纯的好奇心是不是越来越少了呢？我们是不是越来越注重读书带来的各种利益了呢？这样分析很有趣，这样的思维方式很宽松，很灵活，很开放，但是却可以帮助我们理解自己、他人和这个世界。

思维力和创造力的课程学习会自始至终采用这种方法，帮助我们跳出原有的、严谨的、缜密的、刻板的思维模式和思维结构，尝试主动重构思维边界，灵活突破思维边界，轻松拓展思维视域，在有趣的对话和交流中让思维更加灵动、开放和包容。

（三）如何让思维更加灵动

我们在过去的正规教育学习和思维训练过程中，比较注重归纳法和演绎法。这些训练有助于形成严谨的理性思维，有利于思维逻辑的有序推进，丝丝入扣，可以清楚地追溯、重复和推演，是科学技术可以持续发展的理论基石。但是，在思维的边界和尽头，归纳法和演绎法很难实现思维的跳跃推进、灵活转向。因此，我们除了采用归纳和演绎的严格逻辑思维训练方法，还将尝试采用形象思维类比法，帮助我们在思维过程中实现思维火花闪现与开放拓展。维特根斯坦在《逻辑哲学论》中提出，“可以言说的”和“可以思考的”是语言的界限，而且他认为语言的界限也就是思想的界限。作者在这里提出“类比法”，尝试拓展可以言说和可以思考的语言边界，这可以使我们的思维更加灵动和富有创造力。类比和想象使思维闪现火花，驱动思维跳跃，实现思维的非线性推进，完成对原有思维的突破、超越、更新和重构，使思维向着无限的可能性敞开。

类比法最早可追溯到阿奎那的逻辑类比理论。阿奎那注意到语言的描绘可以划分为 3 种形式：单义的、模棱两可的和类比的。单义的词汇用以形容两个基本一样的事物。模棱两可的词汇则用以形容两个并不相同的东西，并且属于逻辑上的谬误。而类比则是用以形容有一些相同特征但又非完全相同的事物。当我们谈到无形的、未知的、不可见的事物时一定会用到类比法。作者借用阿奎那的类比法，对思维意识进行类比性描述：人的思维意识是无形的、看不见的，也是向着无限敞开的。它与我们看得见的、摸得着的、有形有体的世界相比是如此不同，以至于我们很难用有限的理性与语言正确表达其全部的本质与属性。因此，我们关于思维意识的思考与言说可以通过类比展开。

广义的类比式语言包括了人类所有的学科语言，例如，哲学、数学、科学，以及诗歌、音乐、绘画、文学等所有的艺术语言。只不过对这些非语言类表达的最终诠释和理解，仍然离不开以词汇概念为基础的日常语言。形象类比式语言表达具有近似意义上的真理性，总是起到了对思维意识真相的部分彰显和去遮蔽的作用。

类比法的着眼点在于事物之间的相似特征，这个相似特征可以帮助我们超越和突破其他一切无关的不同、差异、约束和限制，让思维可以自由地穿越、超越、飞翔，充满灵感和想象。事实上，类比思维在设计领域更加深入人心，仿生设计师可以类比生物的形态、结构、表面机理、质感、功能、色彩、意象等特征，并恰当地运用到设计中，类比可以帮助设计师打破思维定式，开拓思路，在大自然中触发思维和创造灵感。例如，潜水艇的外形设计可以类比鲨鱼；飞机设计可以类比鸟类；自清洁宇航服材料可以类比荷叶的微纳米双重结构的乳突特征，实现不浸润功效；汽车的材料轻量化可以类比马的骨骼结构……这样充满类比思维和想象的工程实例在现实生活中不胜枚举。

（四）如何让思维更加深刻和包容

作者借助思维视域模型在“时间-空间-因果律”中的拓展形式，如图1-4所示，尝试探讨如何让我们的思维更加深刻，触及本质，直指问题的核心，有步骤地、系统地拓展思维格局、深层结构。

如果我们把全人类的思维视域模型沿着时间轴展开，也就是打开历史的画卷，我们会清晰看到人类借助原有的思维亮光正不断地将思维边界向暗区推进，使亮区不断地拓展。在这个过程中，人类对于空间的探索更广阔，对因果律的认识更丰富，对人的本质理解更深刻。

例如，目前提倡的人类命运共同体概念，是指超越种族、民族、文化、制度、国家与意识形态的鸿沟与界限，思考全人类共同关注的问题和未来共同的命运。当今世界已经实现了经济全球化，互联网和科技发展催生了瞬间万里、天涯咫尺的全球化传导机制，把人类居住的空间缩小为地球村，曾经遥不可及的各国紧密地连在一起，蝴蝶效应和寒蝉效应成为影响世界的因果律。

思维视域模型在“时间-空间-因果律”的拓展指向了思维的发散和收敛两个向度。

发散指向“不同”，强调差异造成的多样性、丰富性、表面性，也指向冲突、摩擦、张力和竞争。例如，强调种族、民族、制度、文化、服装、肤色、兴趣、爱好等的差异和界限。我们容易观察到的往往是浮于表面的、直观感性的多样性，例如，不同国家的文化具有多样性，不同民族的历史命运具有多样性，不同人的性格和经历具有多样性，这些肉眼可见的事实充满了眼花缭乱的差异。

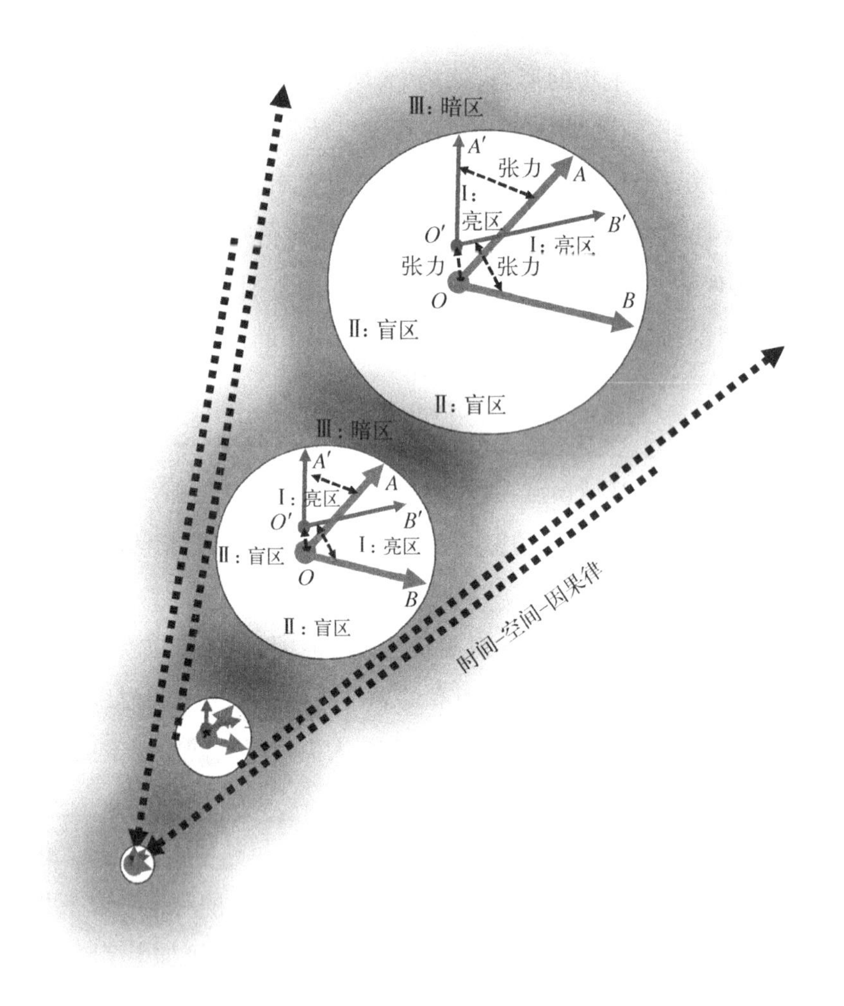

图 1-4 思维视域模型在“时间-空间-因果律”的拓展

收敛指向“相同”，强调穿越表层指向的同一性、单纯性、本质性，也指向认同、理解、合作和共赢。例如，超越民族的差异，看到作为人的本质需求、情感、向往和面临难题的心理是本质相似的、同构的。需要穿越表面深入到人性的内层和深层结构才可以洞察明白这些同一性。例如，穿越不同国家的文化多样性，看到的是历史上各个国家的文化折射出的人类共同、共通的人性，对自由、爱情、美善、公正、公义的追求及对奴役、邪恶、不公的争辩与抗争。

《马斯洛人本哲学》的内容就能够穿越历史云烟中国家、民族、地域、文化、肤色、兴趣爱好等诸多的不同，直达人存在的本质需求。马斯洛说，人是一种不断需求的动物，除短暂的时间外，极少达到完全满足的状况，一个欲望满足后，往往又会迅速地被另一个欲望占领。人几乎一生中都总是在希望着什么，因而也引发了一切……明朝朱载堉的《山坡羊·十不足》同样揭示了人永不止息的欲望。“终日奔忙只为饥，才得有食又思衣。置下绫罗身上穿，抬头却嫌房屋低。盖下高楼并大厦，床前却少美貌妻。娇妻美妾都娶下，又虑出门没马骑。将钱买下高头马，马前马后少跟随。家人招下十数个，有钱没势被人欺。一铨铨到知县位，又说官小职位卑。一攀攀到阁老位，每日思想要登基。一日南面坐天下，又想神仙下象棋。洞宾与他把棋下，又问哪是上天梯。上天梯子未坐下，阎王发牌鬼来催。若非此人大限到，上到天上还嫌低。”马斯洛洞察到的人类“同一性”需求是真实的、深刻的，因此能够跨越时代、民族和国家，震撼人的灵魂。

从类比意义上而言，引导思维发散指向“多样性”的问题大多是流于表面和细枝末节的思维方式，而引导思维收敛指向“同一性”的问题却是可以把思维带入深层和本质的思考过程。因此，思维的深刻性需要沿着收敛向度展开，聚焦和探索引起纷繁复杂问题的相似性和同一性，带动思维发现更深层的本质问题，如此反复穿越表面问题的差异性，就能够逐层逼近更本质和更核心的问题，使思维思考能够更加单纯和深刻。例如，基础科学是在“同一性”的认知上构建起来的，重大的科学原理、规律都非常简单，简单到让人诧异和惊讶，具有穿透纷繁复杂多样性面具的深刻性和单纯性。思维的包容性训练需要沿着发散的向度展开，着眼于问题的差异性。特别是在触及问题的核心本质之后，再有意识地进行发散思维，可以提出丰富多彩的问题和解决方案，训练思维意识的包容性。例如，基于科学发现的科学技术和工程应用能够精彩地呈现出产品和服务的多样性与丰富性。

（五）跨文化的经历与思考

当我们讨论跨文化挑战时，我们都会不假思索地从各自的切身经历中，举出一个又一个不同(即差异)的例子,每一个不同的例子都会带出一段令人印象深刻的记忆,我们也学到了过去不曾有过的关于"不同"的知识。不过,过分地把眼睛盯在各种"不同"上,除了开眼界的正面意义以外,也有相当严重的遮蔽效应和误导效果。

事实上,每一个文化都是复杂的,在不同程度上都是开放的,是处在演变过程中的。变化的速度往往超出了我们的想象。这时候,我们对"不同"的观察,在他人看来,很可能因为太过局限而闹笑话,反而让我们在不自觉中成了思维偏见者。而对于"不同"的诸多观察,在大多数情况下往往是流于表面的、属于非本质的现象。一个外来者若对"不同"过于敏感和聚焦,反而会看不清深层次的"相同相似"的事实性真相。

跨文化交流的价值并不是让"相同"变成"不同"。认识不同文化之间的差异,并不是跨文化交流的真正目的,因此也不是最可取、最有效的学习方法。它只是旅游式的猎奇,不是真正的学习。认识不到这一点,会让我们的跨文化学习事倍功半。那么跨文化交流的真正价值是什么呢?

跨文化交流的真正挑战,不是看见"不同",而是在差异的表面现象里,发现深层次思维意识的"相同",然后通过意识到这些人性本质上的"相同",从而建立起共识,达到相互之间深层次的理解、互信和默契,实现对思维表面不同和偏见的深层次超越。

(六)有效心灵对话的思考

如果说开启思维需要对话,那么本书的目的就是开启一场心灵的对话。在学习过程中,我们希望读者和这本书的作者对话,和书中提到的哲学家对话,和同读这本书的同学对话,和传授这本书的老师对话,和感受到张力的那个隐秘的、内在的、真实的自我对话……如果这是一场可以激发、开启、突破和超越原有思维的一场有效的对话,那么这个对话就必须是诚实的、真实的、心灵和心灵之间的对话。它需要遵循以下5个基本原则。

(1) 对话者有一个共同感兴趣的话题。这个话题应该与所有参加对话者的思维开启和心智成长有关,而不是一些生活中的琐事,也不是流于表面评价而对思维没有启发的相关话题。若没有一个共同感兴趣的、与心智成长有关的话题,即便人和人之间有对话,也不是真正意义上的有效对话,即不能在深层次上改变和启发我们的思考。例如,生活在一起的人每天讨论的大都是重复性的、枯燥的柴米油盐的生活琐事,即便每天都就这些话题进行反复交流,也不可能对心智成长有实质性的帮助。

(2) **对话的参与者是自愿的**。若对话不是自愿的,而是被迫的,就很难让我们坦露心声,很难自然地表达自己内心真实的想法,很难做到坦诚相见,即不符合“真诚原则”。因此,即便在这样的场合有对话发生,这样的对话也是无效的。

(3) **对话者要始终力求心思单纯,真诚专注,理性冷静**。这需要对话者能够聚焦共同感兴趣的话题,直观专注地表达自己的真实想法,不先入为主,做到尽量客观理性地表述自己的观点。若不是这样,则对话是无效的。例如,对话者心思杂乱,无法集中注意力,总是引入不相关的话题,或者总把对话者带出对话的逻辑流等。这样的对话很难深入和推进,因此对改变思维和认知通常是无效的。

(4) **对话者要各自履行自己的角色**。对话的发起者自愿履行“说者”的角色与责任,在对话中的“听者”自愿履行听者的角色和责任。在对话过程中“说者”与“听者”的角色可以互换。若没有负责任的“说者”或负责任的“听者”,对话就是无足重轻的自说自话,而不能进行有效的交流和沟通,无法照亮“说者”和“听者”的思维盲区,无法达成共识,因此是无效的对话。

(5) **对话者有一个共同感兴趣的“对象”**。所有对话的参与者都已经预先同意,在对话发生以前,存在一个对话者共同感兴趣的可解释的对象。例如,讨论文本时,我们原先同意有一个隐藏在语言里的“意思”是什么?它既不属于说者,也不属于听者,而是属于对话共同体的。就如思维力和创造力是什么,它既不属于听者,也不属于说者,而是属于我们共同感兴趣的话题,其是客观存在的。我们的目的是要通过全体对话者的有效的对话,一起努力,一层一层地逐步逼近和理解这个客观存在。若没有这个共同的信念作为前提,任何有效的对话都是不可能的。

六、结构性思维

在日常生活和工作中，我们可能经常会面对一些情况，如：当你滔滔不绝地发表演讲时，听众却一脸懵懂；或者有人向你汇报工作时，你认真听了半天，却不知他想表达什么。通过观察这个现象，我们会发现这些看似语言表达不清的问题反映出来的实际上是思维混乱，而要克服思维混乱最有效的方式就是思维的结构化。

事实上，思维是有结构的，有结构的思维可称为"结构性思维"。结构性思维是指人们在认识世界的过程中，从逻辑结构的层次或角度出发，有序地思考问题、认识世界、翻译世界和解读世界。结构性思维可以帮助我们清晰地表达和有效地解决问题。它区别于康德提出的人的思维结构，它是指主体能动认识世界建立的概念、判断、推理的框架及其相互联结、转换和互动的形式，是人认识结构的一部分。由于人的观察、记忆与人的思维是密不可分的，一定的思维结构赋予人一定的观察能力、记忆能力、理解和创造性解决问题的能力。在这个意义上，思维结构也可称作认知结构。结构性思维表达的认知结构精练简洁，思维过程简洁清晰、形象流畅，反映了人类认识复杂对象和问题的本质能力。

正是基于人的思维是有结构的(或图式、图形、架构、格局等)这一事实，形成结构性思维是清晰表达、有效对话、提高思维力和创造力的必由之路。作者尝试把创造力的结构性思维简洁地表达为三层结构，如图 1-5 所示。

(1) **第 1 层：真问题导向思维**，准确识别问题，找到核心冲突，清晰表达问题；

(2) **第 2 层：如何解决问题冲突**，寻求解决方案的基本途径和思维结构；

(3) **第 3 层：突破原有问题的结论**，识别新问题和新冲突，把新的思维张力代入原有问题，导向新问题，把原有问题代入更高或更深刻层次的思维循环中。如此反复推进，可以把思维力和创造力向纵深处推进。作者将结合课程目标，给出问题导向、寻求解决、问题突破的基本思维方法。

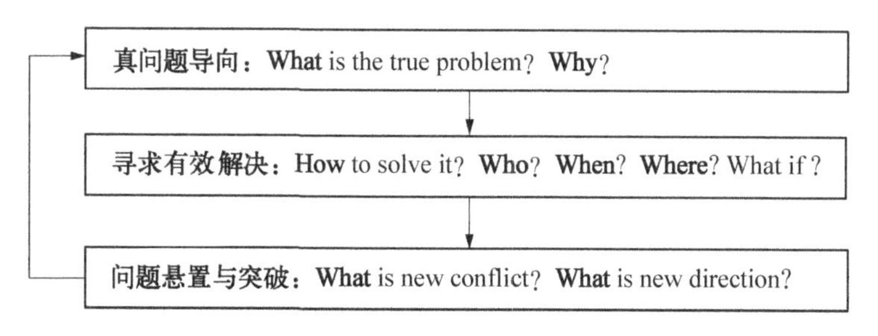

图1-5　创造力的结构性思维

（一）真问题导向

真问题导向思维训练的是问题意识，即在看似毫无问题的地方能够感受、发现、识别、辨别出真实问题的思维意识。当我们身处任何具体环境和场景中，思考我们面临的真正问题到底是什么？哪些是重要问题？哪些是不重要的问题？哪些是表层的问题？哪些是核心的问题？哪些是虚假的伪问题？哪些是切中要害的真问题？哪些问题把我们带入歧途？哪些问题带领我们回归问题的本质？如何逐层剥离表面问题？如何逐层逼近问题症结和核心？这些都是面对具体场景时需要激活的问题意识。

从宏观层面来看，每个历史时代都有当时面临的真实问题，每个民族都有面临生死存亡的重大抉择，每个国家都有自己的政策方针，每种文化、每种行业、每个学科领域、每个机构组织等，都有各自迫切需要解决的问题。从微观层面来看，每个家庭、每个人、每个成长阶段、每年、每月、每日甚至每个时刻，随时随地都可能面临决定其前途命运或生死攸关的真实问题。只有训练有素的问题导向思维意识才能洞察并识别当时面临的真实问题，进而有可能带领个人、家庭、组织、行业、民族、国家或当时整个时代突出重围，获得新生。所以，思维力和创造力训练特别看重"真问题导向"思维，即发现真实问题和提出核心问题的思维意识：发现真问题，提出真问题；发现好问题，提出好问题；真问题开启新问题，真问题带出更本质的问题……问题像开拓者和探索者的利剑，永不停止地指向我们未知的领域，指向我们的认知盲区和暗区，带领我们在浩瀚无边的思维海洋中乘风破浪。事实上，思维、思考、思想就意味着提问、提问、再提问。

（二）寻求有效解决

如果我们可以把一个问题描述和表达得非常明白清楚时，就意味着我们可以逐步找到问题的有效解决方案或者途径。这是因为问题被清晰表达本身就界定了问题涉及的大致领域、可能的原因、思考的方向和可能的解决方案等。本节不涉及具体问题陈述，重点探讨当我们面对提出的真实问题时，如何形成自己的观点，或者如何能够寻求有效解决方案的思维结构，即3个典型步骤：

1. 广泛咨询

第1步，进行网络搜索，这里的关键词是“**搜索(search)**”。例如当你看到“什么是思维”时，你会先到网络上搜一搜，看看关于这个概念，别人是怎么说的。这是思维意识的第一个动作，很省力，虽然检索到的相关信息可能是乱七八糟的，但是这些信息与你关注的问题有关系。而且你会对这些信息有反应，你会发现有些信息你从来没有想到过，很有趣，很有启发性。然后你的思维就开始活跃起来了，启动这个过程非常重要。

2. 焦点访谈

第2步，筛选出网络上对这个问题的权威性观点，或者权威专家的观点，或者你认为非常独特的，让你眼睛一亮，觉得很生动，有点新意，很有启发性的文章，这里的关键词是“**研究(research)**”。因为这个过程与做研究的过程是一样的，即 search and search again(搜索、搜索、再搜索)。通过这个过程就可以找到一些经典的、具有影响力的、开创性的或系统综述性的文章，这些文章的作者在该问题上的思考通常比较系统、独到和深刻。

到达这个阶段，你的思考和思维就已经超越时空了。因为文章的作者可能在国外，或者已经去世了，但是你却可以分享他的观点和看法。你可以很认真地和他的文章对话，和他的书对话，透过他的文章和文字，你可以和他进行跨越时空的相遇和交流。此时，你不用找到他本人和他预约时间，不用专程过去。而且即使你见到他本人，他也不可能在两个小时内讲那么多他在书中撰写的内容。所以最好还是买他的书，慢慢地研读，读书是开启我们的思维非常有效的方法。

3. 自我开启

第3步，自我开启，这里的关键词是“**对话**(dialogue)”。通过对问题的对答式、探索式自我对话，我们就可以逐渐清晰地形成自己的观点和具体问题的解决方案。因为广泛咨询和焦点访谈式的专家咨询获得的数据信息、知识理论、意见观点等都不是我们自己的观点。但是前两个步骤可以帮助我们开启自我对话。一般的信息知识和观点、有趣的理论方法和观点、专家的深刻分析和观点都可以唤起我们原有的思维意识，启发我们开始新的思考和探索，直至最后形成我们自己的新观点，能够解决当前面临的真实问题或帮助自己和朋友脱离当时的窘境。

自我开启是如何进行的呢？就是需要自我对话，自问自答。例如，面对“我们为什么要读书”这个真实的问题时，当我们快速地进行了广泛咨询和专家咨询两个步骤以后，我们还需要快速地进入第三步，即自我开启。那么如何开启自我对话呢？就凭直觉！这一点非常重要。凭直觉自我对话的过程就可以开启：我应该读书吗？我应该学习吗？其实当我们在思考这个问题时，我们是在问“为什么”。譬如此刻我们为什么不去旅游、不去打球、不去打游戏，却愿意花时间和精力来这里上课呢？是什么东西促使我们来学习呢？我们读书、上课的真实动机到底是什么呢？这样的自我对话之旅就开始了。如果我们的内心足够真实和诚实，自我对话足够坦诚，在这个过程中我们一定会有意料不到的收获。这场自我开启的自我对话在寻求问题的解决方案时显得如此举足轻重，独一无二，神奇无比。这个课程将引导你开启自我对话之旅！

（三）问题悬置与突破

发现新问题，发现真问题，提出新的真实的问题会带动我们的思维意识指向一个新方向，转换一个新角度，开启一个新领域，达到一个新层次。想要突破原有的认知，需要看到我们固有的很多认知盲区和暗区，这是对原有思维意识的一个挑战，很多时候不会一蹴而就，或者马上找到解决的方案或者途径，这时特别需要的一个思维意识就是“问题悬置”。它是指要把这个真实的问题暂且悬挂在我们自己的“后脑”中，不忘记、不放弃对这个问题的持续思考。这是一种轻松、有弹性、有忍耐力的思维意识，如此这样，生活中的每件事情、每个经历、每次阅读或者每次对话都可能对寻求这个问题的解决方案有启发。

当“踏破铁鞋无觅处，得来全不费工夫”的突破性时刻到来时，解决该真实问题的亮光就会在我们的思维空间里打开新方向、确立新领域、创造出新理论和新知识，并使我们对他人的理解和自我理解攀登上了新高度、新层次和新境界。然后，我们可以驻足欣赏这块自己新开拓的思想疆域，还可以心安理得地享受我们创造的知识成果，会觉得我们可以坦然面对所有的未知。当提出真问题时，我们要意识到，寻求问题的解决并不可能一劳永逸地消除前面所提问题指向的未知，人类至今或者永远也无法企及的暗区和无知。因此，问题解决开拓的新领域和新层次一定不是停滞和享受，而是指向更加广阔高深的思维疆域、更加深刻的新问题。

那么思维疆域到底有多宽阔呢？语言是思想的媒介，语言涉及的领域有多宽，就界定了人的思想疆域可以有多么宽阔高深。一种语言或话语系统就是一个思想领域，没有话语是孤立的，也没有话语是完整的。在历史长河中，话语在一种持续运动的界面中相互交叉、关联和动态发展。因此，人类正常的思维、思想和思考也是在经历中、自我反思中、交流对话中不断地崩溃和突破、坍塌和重建、僵化和更新。在这个过程中，真正的问题永远不会消失，而是带着我们的思维不断突破。

思考题

1. 影响你的思维的因素有哪些呢？

2. 你的思维是如何被塑造的呢？请尝试用元素法进行思考和表达。

3. 你能够意识到你的思维“前见”吗？是什么让你意识到了自己的思维“前见”呢？

4. 当你清楚地意识到你和别人的不同时，你的感受是什么呢？你能够回想起当时的感受吗？

5. 你想突破原有的思维模式或者原有的思维框架吗？为什么？

6. 什么方法可以帮助你有效打破原来的思维边界，进行思维的突破和超越呢？

7. 你能很好地理解自己的家人吗？你能很好地和朋友进行交流吗？你是怎么做到的？你为什么做不到？

8. 你认为你了解自己吗？你可以觉察自己内心的很多想法吗？你曾就此和自己对话过吗？

9. 生活中你体验过什么样的信息茧房效应？如何突破思维的“信息茧房”束缚，化蛹成蝶？

10. 生活中你有“化蛹成蝶”，突出重围的体验和经历吗？你是如何做到的呢？

11. 你平时是如何读书的呢？什么是精读？为什么要精读呢？什么是研读？为什么要研读呢？

12. 什么是泛读？为什么要泛读呢？什么是速读？为什么要速读呢？

13. 读书时，你撰写读书笔记吗？你是如何撰写笔记的呢？

14. 在遇到问题时，你是如何扩展自己的思维和思想疆域的？

15. 面对问题，你通常如何开始思考并形成自己的初步观点呢？

16. 基于形成自己观点的三个逻辑步骤，尝试思考如下问题，并表达自己形成的观点：

(1) 我们为什么读书呢？

(2) 我们为什么想上大学呢？

(3) 我们为什么实习呢？

(4) 我们为什么需要工作呢？

(5) 我们为什么交朋友呢？

(6) 我们为什么旅游呢？

(7) 我们为什么喜欢阅读小说呢？

(8) 我们为什么看电影呢？

(9) 我们为什么喜欢看画展呢？

(10) 我们为什么喜欢思考呢？

(11) 我们为什么喜欢创造力呢？

(12) 我们为什么喜欢《思维力与创造力》这门课呢？

第2章

思维力矢量模型

本章借用“力的矢量”概念，提出思维力矢量模型，即思维是有起点、有长度、有方向的矢量。借用思维力矢量概念，将理性思维和类比思维进行融合，提出了创造力矢量链模型。

一、引论

这里作者从一个非常功利的目标出发，提出我们要探讨的问题：今天的青少年英才，一定会成为未来的社会精英吗？这个问题也可以用其他更加尖锐的方式提出：

第一，如果你认为目前你是一个英才学生，你能保证成为未来的社会精英吗？

第二，如果你不认为目前你是一个英才学生，你还有希望成为未来的社会精英吗？

第三，如果在未来你有可能变得平庸，那这个过程将是怎样发生的呢？

第四，你如何才能避免一步一步变得平庸呢？

为回答上述几个问题，我们首先要搞清楚“英才”和“精英”这两个概念，然后再进入第二对概念：“思维力”和“创造力”，最后我们一起讨论这两对概念与你们的未来有什么关系。

二、什么是精英教育

（一）英才：人类学概念

英才在英语中对应的单词是 talent，在英语中还有一个有趣的单词，与 talent 经常放在一起使用，叫作 gifted，就是 gift（礼品）加 ed，可以翻译成“有天赋的”。比如，美国中学的英才班，就叫作 GT 班，也就是 gifted and talented；英才课叫作 GT 课。

“英才”这一概念的出现，意味着人的天赋先天是有区别的，有些人聪明一些，有些人愚钝一些。这里的特质不仅仅是聪明，还包括一些其他的素质，例如，好奇心强、主动性高、热情、心态积极、记忆力强等。升学时老师给你们写的推荐信，那些用来描述你们身上的优秀特质和潜能，都可能与天赋有关。因此可以把“英才”理解成一个人类学的概念，因为它与人的天赋差异性有关联。

（二）精英：社会学概念

那么“精英”是不是一样的意思呢？很不一样！“精英”的英文是 elite。与“英才”不一样，“精英”是一个社会学的概念，不是一个人类学的概念，我们可以用生活实例对此进行说明。例如，作者在生活中观察到，许多人天赋并不优越，但是通过自身努力，后来却成了社会精英。例如，美国总统小布什在上大学时是一个成绩为 C 的学生，甚至爱因斯坦在青少年时期还不能算是英才学生。另外，有些人在儿童时期特别聪明，长大以后却不了了之，变得平庸，这样的例子也很多，譬如《伤仲永》，就是江郎才尽的例子。

“精英”之所以作为一个社会学的概念是因为它与社会学中的一个统计学规律有关。这个规律叫作二八定律，是由意大利经济学者帕累托于 1897 年提出，它表述为，在一个群体的社会实践中，总是 20%的人做 80%的事情（或者效益），而另外 80%的人只产生 20%的效益。由于同样的原因，20%的人也往往享受80%的财富(包括资源、注意力、机遇等),另外80%的人只享受20%的财富。这是关于精英的广泛接受的定义。这个创造80%效益和享受80%财富的20%的群体,就是所谓的精英团体。精英是一个社会学概念,只有当人融入社会群体中时,这个统计学规律才开始起作用。

统计学规律是一个事实性或者经验性的规律。虽然人们甚至不知道如何去解释它,它确实客观地在产生影响和作用。这个规律应用非常广,比如在商业里的市场营销方面,以及在管理学上都经常被提起。这个"二八定律"在教育学方面也有很大的影响。

作者还观察到,随着年龄和学龄的增加,一个学龄儿童在学校里会越变越笨。这里的笨是相对的,不是相对于周围其他同学,而是相对于他自己而言。比如说,他在三四岁的时候,非常聪明,很有灵气。到了小学,还非常聪明。到了初中,虽然还不错,已经差了一点。但是越到后面,他的那份灵气就越来越少,从他的眼睛里就可以感觉到。例如,他过去总是对周围充满好奇,喜欢提许多稀奇古怪的问题,喜欢问为什么,喜欢观察。现在,他对未知的问题越来越没有兴趣,甚至对思考也没有兴趣。他甚至会说,问这些问题有什么意义呢?老师又不会考这些问题,或者这些问题老师自己也说不清楚。为什么会这样呢?其实,没有人愿意变成这样。但是人就会一点点地变成这样,这到底是为什么呢?

这种现象我们就可以用"二八定律"进行解释。因为当儿童在生活早期作为个体没有融入社会团体时,"二八定律"还不起作用。每个人的天资虽然有区别,但是社会统计学规律还没有在他身上发挥作用,儿童个体的天资都有待开发。但是随着年龄的增加,与群体接触越多,社会性越强,统计学规律就开始在他的身上起作用,开始影响他的成长。最后,精英"二八定律"开始显现。由于教育资源(包括老师的注意力)分配不均,部分即便是有天赋(其实大多数人都是有天赋的)的学生,可能也开始被"挤出"幸运的圈子。比如夏令营的英才选拔,有很多同学没有被选上。难道他们不优秀吗?当然不见得!只不过因为名额有限,还有很多其他偶然的因素,他们才没有被选上。

（三）类比思维：思维的灵动跳跃

提到创造力，人们总是强调创造力与思维（特别是逻辑思维）的区别，认为创造力最主要来源于非逻辑思维，包括形象思维、想象力、发散性思维、逆向思维、非常规思维等。所以，为了训练创造力，我们就要多做脑筋急转弯一类的题目。例如，1+1 等于几？等于 2，不行！这是常规思维。1+1 可能等于 3，4，5……这才是非常规思维。8+8 等于几？等于 16？不对！而是等于 88。作者承认这些观点有一定的道理，例如，培养类比思维和想象力是实现思维灵动跳跃的重要方法，是思维绝处逢生的火花。

另外，还有一种普遍的观点认为，之所以我们中国人的创造力不如西方人，是因为中国人的逻辑思维或理性思维太强，非理性思维不够。但是，根据作者对东西方文化的观察却发现：中国文化中的非理性思维和类比思维非常强，中国文学（或者文字）中的比喻特别多，充满了类比的精义和想象力。例如，我们的语文或文学作品中特别喜欢用形容词：用苹果比喻姑娘的脸；用火盆比喻高悬在天空的太阳；用大海比喻宽广的胸怀；李白的诗词中充满了奇特夸张的想象和类比。日常语言中，我们的想象力也是非常丰富。而且在中国传统哲学中，也非常习惯用类比思维。例如，在老子哲学里，借用类比思维，用一对阴阳概念描述其他概念，如天与地、刚与弱、太阳与月亮、男与女等等，这些都属于类比、联想、想象和比喻。所以，中国人的思维非常灵活、灵动、充满想象力。

这一点还可以用一个现象进行佐证：外国人看不懂中国人的菜单，因为里面充满了比喻、联想和想象。香港有一道菜，叫作金银满地。这个菜其实就是炒鸡蛋，其中蛋黄为金，蛋白为银。这是中国人用类比的思维方法，联想到的名字，为求大吉大利。许多关于数字谐音的习俗，近年来更是热门。相较而言，“8”和“6”这两个数字更受大家的喜爱。所以，中国人的非理性思维其实非常发达，这可以表现为聪明和智慧，与此对应的创造力也很发达。当然，这种类比和联想型的创造力，在大多数情形下只能算是“脉冲式创造力”（可称之为“短程小创造力”）。

（四）理性思维：思维的有序推进

“大创造力”不是指简单地写一句漂亮俏皮的广告语，或者现在流行的写手写文之类的创造力。作者指的大创造力特指“理论创造力”，即对人类的思维和思想、理解和认知、科学和实践具有开创性、奠基性、跨时代、深刻和重大影响的理论创造能力。例如，我们今天在中学和大学里学习的大部分课程，背后都有相关的理论在支撑。以数理化为例，数学中就有几何学、代数学、三角、解析几何、微积分、函数、概率学、群论、极限等，物理学中仅力学就有经典力学、电磁学、热力学、统计力学、量子力学等，化学理论中有元素周期理论、原子结构理论、分子键理论、有机分子的表达理论、表面化学理论、固态化学理论、气体热力学理论等。在工程学中，有更多的各种各样的近似理论和模型，用来解释、预测和模拟现实生活中的经验观察。

这里讨论的所谓“大创造力”，就是创造这些理论需要的人类的聪明才智。需要指出的是，所谓的“大创造力”不一定指“思维规模上的宏大”，而主要指“思维纬度上的独特和深刻”。因为这些规模宏大的理论并不是任何一个人能完成的，而是众多天才人物和许多普通的实践者的智慧结晶。特别要指出的是，这些非凡的理论创造，全部是人类社会中几代的天才和普通的实践者的链条式理性思维的成果。没有严密的理性思维，不可能完成这些理论的系统创建。因此，作者认为“大创造力”不仅与非逻辑思维相关，更与理性思维密切相关。人类的创造力寓于理性思维之中，而绝对不是理性思维之外。下面作者再提及一些众所周知的事实，用以支持该观点。

德国人以理性、严谨、行为古板而闻名，普遍被认为逻辑思维非常强，但是德国人富有创造力，而且是拥有大创造力。在近代史和现代史上，相当多的大哲学家和思想家是德国人。例如黑格尔、马克思、康德、叔本华、尼采、海德格尔和莱布尼茨是德国人。另外，英国人也是西方民族中偏于古板严谨的民族，但是英国人对科学的贡献也是有目共睹。例如，牛顿、休谟、亚当·斯密、达尔文是英国人。这些实例同样深刻地表明创造力与思维力，特别是与理性思维力之间有着更密切、深刻的关系。

三、什么是思维力矢量模型

创造力与思维力是通过什么样的方式紧密联系呢？作者用一个非常简单的模型对思维力进行说明。中学物理课本写明，力有三要素：作用点、力的长度、力的方向，即可以用一个矢量箭头来表达。箭头有一个起点，代表力的作用点；矢量有一段具有长度的中间直线，直线的长度代表力的大小；在直线的终点有一个箭头，代表力的方向。作者要借用这个经典的力的矢量模型用以说明思维力和创造力的关系，如图 2－1 所示。

图 2－1　思维力矢量模型

事实上，一个完整的思维力模型也应该包含 3 部分：① 思维力的起点（也可以叫作问题的起点），② 思维力的强度（也可以叫作思维力的推进和思考程度），③ 思维力的终点（也可以叫作问题的答案或者探索方向）。在思维力和物理力的矢量模型的类比中，把思维力终点类比为物理力三要素中的力的方向，含义非常深刻，作者在后面的讨论中会进一步说明。

其实任何思维的终点，即问题的答案，都只有暂时的、相对的意义，没有一个问题的答案具有绝对的、终结性的意义。因此，思维力的终点更像是确立了思维力的推进方向。我们的思维通过这段思维力的推进，确立了一个看待问题或者思考问题的视角，获得了在这个视角下达到的新的认识视野。因此，不把思维力的终点看成是获得了一个答案，而是看成“确立了思维力的方向”，非常具有启示意义。试想，如果说“原因”和“结果”相对应，那么“问题”的对应词是什么呢？很多人会认为是“答案”。的确，提出问题后获得一个满意的答案是我们期待的，提供当下难题的合理解决方案，会让我们暂时心满意足。然后呢？好像又会出现新的问题，我们又会有新的期待。从更本质的意义上而言，作者认为“问题”的对应词不是“答案”，而是“探索”。即每一个问题都对应一个探索。对问题进行思维力的推进，使我们获得了一个新的探索方向，并拥有了新的视野。

（一）思维力与创造力

在一个完整的思维力矢量模型中，创造力如何与思维力联系呢？创造力直接与思维力相连接，两者是水乳交融的关系。创造力发生最密集、最活跃的地方应该是在思维力的起点和终点。

思维的起点是问题的提出，没有问题，思考就不会发生。众所周知，提出问题，特别是提出一个真实的、有意义的、新颖的、别人常常忽视或没有想到的好问题，非常不容易。那么提出问题需要什么条件呢？当然需要独创性、好奇心、观察力、直觉力、主动性、动手能力等。但是，单单拥有这些能力还不够，还要具有把直觉性的原始问题转化成可以应用思维力的理论问题，还需要把这些朦胧的、复杂的原始好奇和疑虑，通过抽象、概括、简化、定义等过程进行提炼。在这个基础上展开理性思维，并进一步推进，也就是要进入思维的中间部分。

思维的中间部分，就是思维力的拓展部分，最主要的思维形式就是归纳推理和演绎推理，也就是古希腊哲学家亚里士多德总结的形式逻辑三大定律：同一律、排中律、不矛盾律。有时候还包括第四条原则：充分理由律。形式逻辑对思维力和创造力的作用其实非常重大，大家有兴趣可以查阅相关的参考书籍。目前，中学时期的学术训练，对思维力的理解和训练常被局限于矢量模型的中间段，这一点作者会在后面的章节中继续进行深入讨论。

那么在思维力的终点，我们需要什么能力呢？应当至少需要具备 3 个能力：反思力、怀疑精神和超越意识。也就是说，即使问题的答案或结论出来了，我们还要不满足，还要能够不断地挑战现成的结论和权威，并通过反思、怀疑、批判、超越，让思维力继续向前推进，并要在新的层次、新的角度、新的体验、新的问题框架下继续推进，使理论不断地得到修正、突破、完善和创新。

（二）完整的思维训练

目前，大部分中学里提供的思维训练是有局限性的。清醒地认识到这一点，对学生、老师和家长都至关重要。由于应试教育制度对于教育实践的限制，在课堂内外，求解习题是学校对学生进行思维训练的最重要的手段。但是，我们必须认识到，求解习题中的思维与实际生活和科研中的思维非常不同。因为求解习题的思维模式，思维力矢量箭头的两端往往是明晰的。换言之，也就是说“问题的提出”和“问题的答案”是明确的。由于习题中“问题”和“答案”本身已经被预先确立和设定，学生只被要求在思维力矢量模型的中间部分进行思维推理。在这样的训练模式中，学生得到的思维训练只是一个“起点”和“终点”被切掉的思维训练，作者称之为“中间段训练”，这是不完整的思维训练。这样训练出来的学生，他们的解难题能力、考试能力也许很强，但是，当遇到实际问题时就可能无所适从，这是因为解决实际生活中的难题需要一个人具有完整的思维能力，而仅有“中间段训练”的人很难胜任实际生活中的开放式难题。

实际生活中的难题包括真实世界中的科学难题，如果用思维力矢量来表达，这些难题的两端是模糊的、有待界定的。在实际生活中，一个人能否敏锐、准确地洞见问题的端倪，并通过观察、直觉、分析、抽象、归纳等思维步骤，提出并确立问题的原始条件、边界限制、历史背景、前人的经验、对未来的意义等，是能否界定问题的第一步，这往往是关键、根本的步骤。完成这一过程往往是思维者的原创性、主动性、创造力的体现。现实中的问题其答案的正确与否，往往是不确定的，是与起始条件和边界条件有关的，是开放的，是有待证伪和修正完善的。

因此，这与解习题的思维模式，即两端明晰的矢量箭头是有明显区别的，现实中的完整的思维难题，可以用两端模糊的矢量箭头来表示，如图2-2所示。这个模型表明，一个完整的思维模式应当包括3个部分：① 发现问题，即问题的界定和识别；② 理性推进和展开问题；③ 答案的判断和反思。

图2-2　思维力矢量模型（两端模糊）

这里结合科学史、经济史中几个有名的例子对这个完整的思维意识进行阐述，以说明定义问题的起点对理论创造的重要性。特别是如何界定问题的边界条件、分析和确立问题的起始概念等，这需要极大的想象力、抽象力、原创性思维，也就是创造力。

1. 三等分角问题

这个例子属于经典几何学，也叫作欧几里得几何学，可以说它是人类文明发展史上的第一个具有数学层次、高度抽象和精确严密的理论。在几何学的发展史中，有三个著名的几何难题一直困扰着数学家们，其中的一个问题叫作“三等分角问题”。

这个问题可以表达为，“将一个角分成三等份”，无数的天才数学家被困扰了两千多年。你也许觉得奇怪，这个问题看起来不是太难呀！比如要把角三等分，用量角尺量一量，除以 3，不就把角三等分了吗？这当然可以。这是因为在你的问题界定中，你可以用量角尺，于是问题就解决了，后面的思维也就不存在了。但是困扰古希腊哲人的问题的起点是另一种界定条件：只能用直尺和圆规这两个工具来解题。这就是问题起点。

只能用直尺和圆规的前提，为什么那么重要呢？因为从这个界定出发进行思维拓展，最后拓展出了我们现在中学数学里的全部几何学。这个几何学体系在两千五百多年前由古希腊学者基本完成。所以说只能用直尺和圆规是一个非常伟大的前提界定。问题的界定决定了思维的方向、深度和规模。为什么古希腊的英才们当时会想出这样一个天才的界定，我们不知道。虽然我们的古人也知道如何丈量土地，但是我们没有以同样的方式提出问题，所以我们就没有提出几何理论。一直到 19 世纪，出生于上海的徐光启才第一次把古希腊人的《几何原本》翻译过来并引入到中国。我们在初中做的几何求证题，都是从那本书中来的。顺便提一下，这个难题后来被数学家陆续证明是无解的，即不是解不出来，而是证明无解。笛卡尔等数学家在求证无解以后，还是把这个问题的思维继续推进，结果后来又创造了另一种几何理论，就是我们在高中里学的解析几何。这个例子说明，问题的起点对于理论创造力而言十分重要。

2. 经济人与博弈论

经济学是研究人的经济行为。我们知道，中国人对人类的经济实践贡献很大，例如，中国人使用纸币的历史就比西方人早，世界上最早的国际商业交易会也是在中国开设的。但是最早的经济学理论是由亚当·斯密建立的。他是一个英国人，他写了一本经济学经典著作《国富论》。从此以后，人们才发现，原来经济行为也可以通过理论模型来描述。为什么原来人们不知道呢？这里又涉及一个重要的问题的起点，即"前提界定"。我们现在知道，几乎西方的全部经济学理论，都是建立在两个简单而且绝对的概念上：一个是"经济人"的概念，另一个是"效用"的概念。只有建立起来这两个概念，经济学理论才有了一个基点。

"经济人"是什么概念呢？我们可以用分蛋糕问题来说明。分蛋糕理论属于最简单的博弈论(game theory)。问题可以被这样表述：两个孩子分蛋糕，无论妈妈怎么切，都不可能均匀。孩子都要挑大的一块，要争闹。那么什么样的策略是最好的策略，可以让这两个孩子都没有意见呢？这个问题是一个非常有名的博弈论问题，后来从中推出了在博弈论和经济学中很重要的"极大极小原理"，即最好的策略是让一个孩子切蛋糕，另一个孩子挑蛋糕。这样两个孩子都会自觉自愿，不再争吵。这个策略的前提，其实就是整个经济学理论的前提。两者都建立在一个前提假定上，即两个孩子都要最大的蛋糕，都要在可能的情况下，把自己的利益最大化，这就是"经济人"的前提假定。我们知道，这个"经济人"的假定在实际生活中并不真实，许多情形下人的行为模式并不是那么自私。比如中国文化中的"孔融让梨"就不符合这个假定。但是，的确是有了这个前提假定才产生了现代经济学。

(三) 创造力矢量链模型

事实上，创造力不仅是发生在问题的起点和终点，而是融合在思维力的全部过程中，包括起点、中间和终点。如图2-3所示，创造力可以由许多连接的矢量链组成。

一个完整的思维力创造过程，是在理性推进的过程中包含很多创造性火花(这里用小星号表示)，所谓的非线性跳跃性思维贯穿在完整的理性思维链当中。如果将图2-3中的短线类比为思维力的脉冲，连接短线脉冲的就是创造力的火花。如果没有思维力作为背景，这些火花只是昙花一现而已，不会产生"大创造力",而只能是一些小灵感和小创意式的"小创造力"。例如,之所以从树上掉下来的苹果能够引发牛顿提出万有引力定律,是因为牛顿在伽利略"力"的概念基础上进行了大量的理性思考。终于有一天他顿悟了,其实发生在地上的力学原理,同样可以解释天上的事情,天体运行也遵守伽利略的力学原理。尽管牛顿不能理解引力的本质,但是通过数学描述,牛顿完成了整个古典力学理论的创建。爱因斯坦创建广义相对论也是类似的例子。在古典几何理论的框架下,爱因斯坦无法用数学描述他顿悟到的时间和空间的性质,一直等到采用了非欧几里得几何,爱因斯坦才完成了广义相对论的理论构建。

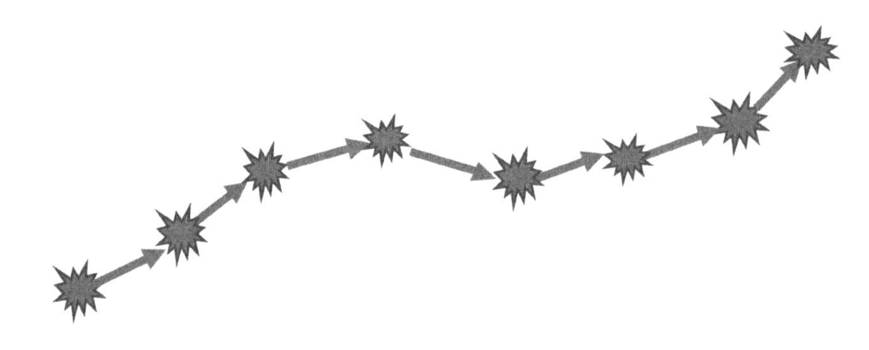

图 2-3 创造力矢量链模型

因此,"顿悟式"的创造力往往发生在理性思维的极端处。"众里寻他千百度,蓦然回首,那人却在,灯火阑珊处。"众里寻他千百度,就是理性思维在彻底展开后人们还是不放弃思考,于是一个顿悟,一道灵光,一个创造的火花适时出现了!没有"众里寻他千百度"的功夫,"灵光"是不会出现的。即便出现了,也只是无源之水,无果之花。由此可见,如果要成就"大创造力",这些非理性的思维火花必须要嵌入理性思维的链条中。类比与想象的跳跃思维必须与严谨的理性思维交融才能形成链式推进的、深刻的"大创造力"。

四、英才是如何变成庸才的

基于以上的基本概念和模型分析,我们再来探讨"思维力"和"创造力",以及"英才"和"精英"这些概念与我们之间的联系。现在回到起始问题:英才要如何避免一步一步地、无可奈何地变成庸才？这条路前面有 3 座大山：二八定律、他人和知识。

(1) 二八定律。前面已经探讨过，二八定律是一个社会学的统计规律。当你从家庭到学校竞争，再到社会竞争，一路走过来，这个社会学的规律在你身上的作用也就越来越大。你想要保证始终在 20%的群体内享有 80%的资源，你就要付出 80%的努力。由于其他人也想进入 20%的圈子，在这个过程中你可能会被“挤”出去。或者如果你偷懒，就会在不知不觉中滑进了 80%的群体，在这里你只能得到 20%的资源，因为你只产生 20%的效益。这是你在成才道路上的第一座山。因此，无论你多么聪明能干，你仍然必须有很强的警醒意识，并且愿意付出比别人更多的努力。

(2) 他人。在成才道路上的第二座山就是“他人”，就是那些 80%的人们对你的影响。“他人”的人生观、世界观、信念、审美、习惯、生存方式等，都会通过社会群体对你产生不可忽视的影响。英语里有个短语叫作 peer pressure，就是“同伴的压力”，这些压力，或者用更形象的语言表达就是“拉力”，会把你“拉出”20%的群体。这个过程可能会不知不觉地发生在你的身上。

(3) 知识。知识又是如何影响这个过程呢？众所周知，我们都热爱知识，对知识非常渴望。老师和家长也希望教给学生更多的知识。如果把思维力和创造力比喻成“肌肉”，那么知识就是提供给“肌肉”的养料。如果你的思维力和创造力的肌肉没有得到很好的训练，知识不但不能使肌肉发达，太多的知识反而使你的思维力和创造力的肌肉萎缩。因此，生吞活剥、未经过自己大脑思维消化的知识可能会起反作用。在应试教育中，急功近利的知识灌输往往会导致思维力和创造力的萎缩，就是这个道理。

上述 3 座大山对人的作用方式是不一样的。在二八定律的竞争中你很可能被“挤出去”，他人则把你“拉出来”，知识则会让你“掉进去”。一个“挤”，一个“拉”，一个“掉”，这个英才变成庸才的过程也就完成了。我们应该非常警惕，这个过程是否已经在我们身上发生了呢？

“思维力和创造力”与“英才和精英”有什么联系呢？我们可以想象下面这种情况。如果你作为一个英才学生，你得到的思维训练仅仅是解难题一类的

“中间段训练”，即对思维力的起点和终点的训练很少。因为你是英才，在这种情况下你会比其他同学更加聪明，所以你在解难题时也表现出特殊优势，比别人解得快，考试也得高分。父母和老师对你也很赞赏，你的自我感觉也非常好。虽然你也渐渐地发现，与自己以前相比，除了解题以外，你对许多事情的好奇心不如以前。除了题目和课本，你对生活、对世界已经没有兴趣，也提不出什么有趣的问题。生活中发现的一些矛盾现象，你也没有力气和兴趣去探究和思考。总而言之，你的好奇心、主动性、观察力、行动力、想象力都不如从前那么饱满和强烈。做功课累了，你更愿意沉默，打开电视或手机，看一些娱乐节目，放松一下紧张的神经。休息好了，继续做题目，继续考高分，继续受到老师和家长的赞赏，继续保持良好的自我感觉。

这种情况下，你还是一个非常被看好的英才学生。但是因为你的训练只是不完整的思维训练，你除了解难题，从来没有机会得到包括“起点、中间、终点”在内的完整的思维训练。当你进入社会后就可能不适应现实生活中遇到的各式各样的真实问题的思考方法，因为你的思维从来没有得到过有效的、完整的思维训练。你甚至连进入社会岗位的机会都没有，因为在面试阶段，你就可能被淘汰出局，因为你除了消极地回答问题，脑海里再也想不出任何相关的问题了，你眼神里的灵气已经消失殆尽了。如果觉得这个描述和自己的现状似曾相识，你就要警惕了！现在你也许还没有感觉，你虽然还是英才学生，但是离社会精英却是越来越远了。

这就回答了我们前面提出的问题，人就是这样一步一步变得平庸的！那么，我们的对策是什么？作者会在后续的章节中围绕这个问题继续展开和推进讨论。这里先简单提出英才教育的 3 个原则：

(1) 远大志向。所谓远大志向，就是你必须有强烈的愿望，有强大的意志力和竞争力的警醒意识。

(2) 严格的自我训练。这包括品格和意志训练、体魄和审美训练、思维和创造力训练。尝试从浅到深，从具体到普遍，从直接到间接，从一个命题引出一组命题，不断推进思维，尝试把思考的结论作为思考的起点，进行完整的思维力和创造力训练。

(3) **积极参与社会实践**。积极参与社会实践就是锻炼和培养解决实际问题的能力。这种锻炼可以弥补学校里只进行“中间段训练”的缺陷。

必须认识到单纯解难题的训练是不完整的思维训练。如果你是这种类型的好学生,从现在开始,你就要非常警觉。当你与接受过完整思维训练的人在一起工作时,你就会立即感到巨大的压力。弥补这种缺陷和不足的一个有效途径就是积极参与实践锻炼,包括思考和讨论实际生活中的问题,联系实际的科研题目,在实际的科研题目中,问题的起点往往是模糊的,需要你去体验、去试验、去挖掘、去鉴别、去定义、去简化。同时,在实际生活中,你会发现,没有唯一的、绝对正确的答案。事实上,在实际生活中遭遇的每一件事都可能引发你完整思维的需求。答案的正确性和有效性取决于前提条件。生活中的答案不是僵化不变的,总是导向新的问题,总是充满矛盾和疑惑,总是那么可疑,总是那么不牢靠。所以,实际问题总能引导你继续思考,不断反思。

思考题

1. 本章的基本思路与逻辑线是什么呢?

2. 本章是用什么问题展开讨论的呢? 又引出了哪些问题呢? 引起了你对什么问题的思考和兴趣呢?

3. 你在阅读的过程中有哪些启示的亮光呢? 你的直观的情绪反应是什么呢? 请你真实地记录下来,尝试与作者互动。

4. 本章提出的思维力模型包含哪些要素呢? 思维力是如何推进的呢?

5. 思维力和创造力之间是什么关系呢? 你可否尝试用形象或严谨的方式进行表达呢?

6. 你在生活中遇到过真实的难题或挑战吗? 你是如何解决的呢? 你能回忆一下当时的困境吗?

第3章
创造力

本章借助胡塞尔的“意识的意向性结构”理论继续探讨什么是创造力。本章的许多概念是“思维力矢量模型”与“创造力矢量链模型”相关概念的拓展、深入、丰富、延伸。

一、引论

作者在这里提出的关于创造力的引导性问题是，与其他民族相比，你认为中华民族的创造力是强还是弱呢？关于这个问题，有些人认为，在古代中华民族有很强的创造力，但是在近五百年创造力降低了。

这里我们可以稍微展开讨论一下这个观点。如果没有很强的创造力，按照达尔文的观点，中华文明早就被淘汰了。其实中国古代伟大的发明中非常重要的是中国文字，即象形方块字。汉字具有集形象、声音和辞义三者于一体的特性。这一特性在世界文字中是独一无二的，因此它具有独特的直观达意的魅力。中国文字当然是中国人自己创造的，中国文字展示了中国人活泼饱满的想象力和创造力。还有就是由中国文字派生出来的文明，包括诗中有画，画中有诗的唐诗宋词；通俗生动，可雅可俗的楚辞元曲；包罗万象，宏大精致的明清小说，以及烹调技术、中医理论、诸子百家等。因此，我们是很容易得出这样的结论，即中国古代文明的创造力非常强大。但是如果我们把眼光移到近代，就不得不说，中华民族的创造力有所下降。这有什么事实依据吗？事实上，我们现在能看得到的，使用的绝大部分发明是外来的。那么一个国家的现代文明架构里最大的创造力体现在哪里呢？作者认为，深层次的创造力应该体现在它的教育系统里。

二、教育结构的演变

我们今天的教育结构就是由学前教育、初等教育、中等教育和高等教育组成，这样一个整体的系统性架构。这个结构在中国的历史大概也就是一百多年，最多一百五十年。这个教育结构借鉴于西方国家。我们以前的教育机构是私塾，教育制度是科举制度。私塾和科举制度在中国延续了几千年。目前我们的学校里教授的内容，比如数学，我们学的代数、几何、三角、函数、微积分等，数学体系中的大部分是西方的科学家建立起来的。为什么会是这样的呢？这到底是怎么回事呢？我们平时不太想这个问题。

作者曾经仔细考察过美国孩子们的小学和初中课本，发现美国孩子的课本与我们的课本非常不一样。我们的课本很薄，他们的课本的厚度有一英寸，里面包括很多彩色图画，包括最初数学概念是怎么提出来的，比如"数"这个概念，包括实数、虚数、有理数、无理数、分数、对数……它们不是突然从天上掉下来的，而是被创造出来的。他们的数学课本里面讲了很多发现和创造最初"概念"的故事。作者曾仔细阅读过美国孩子的数学课本，惊奇地发现这基本就是人文历史课。此外，他们的物理、化学课本中基本上都是这样的组织结构。物理、化学里的那些最初的概念是怎么提出的？化学里边的许多概念，诸如原子结构、分子结构、分子表达式，几乎全都是外国人发明的，而且发明的时间地点等信息都讲得清清楚楚。现代教育的源头很大一部分来自西方。本章我们就思考和讨论这些问题。

三、什么是创造力

现在我们开始讨论：什么是创造力？有人说，"创造"就是无中生有的能力。这是一个非常好的观点，无中生有！还有其他特点吗？此时，你也许感觉很无奈，好像知道又说不出来。那么我们该如何思考这个问题呢？从哪里开始思考呢？这里我们可以参照第1章提出的3个步骤：广泛搜索、焦点访谈、自我开启。首先，我们在百度上搜索一下"什么是创造力"：

创造力是人类特有的一种综合本领。真正的创造活动总是为社会产生有价值的成果，人类的文明是实质的创造力的实现结果。对于创造力的研究逐渐受到重视。由于侧重点不同，出现两种倾向，一是不把创造力看作一种本领，认为它是……

今天我们不再满足于听别人怎么讲，而是要采用"元素法"，一起来讨论这个概念，一起思考和互动，进而形成我们自己的观点或模型。首先，我们想一想，本章的题目讲的是什么？讲的是创造力。这个题目很有意思，假如你根本不知道创造力是什么东西，你怎么会觉得有意思呢？可见当你听到"创造力"这个概念后，你心中应该隐隐约约地知道它是什么。"创造力"引出了一个模模糊糊的概念，你好像知道这个东西，但是如果让你讲出来，你却讲不清楚。你是不是有这样的体验和感受呢？

事实上，任何一个抽象概念，特别是重要的人文概念都具有这样的特征。譬如善良、公正、美德等。"这个人很善良。"那么什么叫善呢？这样善吗？那样不善吗？你好像知道，却又说不明白。你全然糊涂吗？好像也不是。所以关于"什么是创造力"其实我们是知道的，只是不那么清晰，但是有模模糊糊的认识。所以，让我们根据这个事实一起合作把自己心中已经知道的那个模模糊糊的东西逐渐清晰化。

四、创造力五要素

这里我们一起思考"创造力"这个概念应该具备哪些本质的特征，哪些本质特征元素是"创造力"必须具备的，基于这样的思考，让我们一起找出"创造力"的5个本质特征要素。

(一)创造

第1个要素就是“无中生有”,就是创造。创造力必须有“创造”的元素,因此这个可以算作“创造力”的第一个本质要素。

创造力的第一个元素是“创造”,也就是“无中生有”,或者“从无到有”。这里可以深化一下“无”的概念,这个“无”也许不是完全的“无”,不是说“巧妇难为无米之炊”吗?但是这个“无”一定是某种缺乏,或者是内容的缺乏,或者是形式的缺乏。即“无”是不具备、不完全、凌乱、分裂、分离、不可言说、难以表达、没有功能,甚至是虚空的状态。即这个“无”不一定是“完全无”,但一定是“某种缺乏”。

这里提到的如零散、混乱、分裂等,就是指这样的一种状态。然而,在这种状态下的“无”会逐渐变得清晰,变得完备,变得有功能,变得可被理解,变得可表达,甚至变得可以被看见、摸到、欣赏。这就是一个“无中生有”的机制,这就是一个产生创造力的过程。

在这个基础上,让我们沿着这个思路继续推进思考。生产线上的生产是不是创造呢?一边将原料倒进机器入口,原料原来是零乱的、分散的、分裂的,甚至是混沌的,到了机器出口那边,一个个产品就生产出来了。这个过程是不是我们一般意义上指的创造力呢?这不是创造!这只是批量生产而已。批量生产的起始产品和创意可能是原创的,后续就变成复制和产品制造。这里,我们还可以自问自答,计算机的运算是不是创造呢?这边将数据输进去,那边出来一堆有用的东西。例如,我们所用的搜索引擎,输进去一个名词,搜出来一堆答案,这是不是创造力呢?仔细想想,好像也不是!如此看来,我们对“创造力”元素的要求还是挺高的。

当我们再深入思考时,就会发现很多能够产生非常美妙的东西都不叫创造,就如刚才提到的产品生产线。很多生产线都不能叫作创造,除非它产生了第一次全新的从无到有被创立的事物。严格而言,那些在现代生产线上的工人、生产线上的工程师的工作也不能叫创造。计算机的复杂运算也不叫创造,搜索引擎也不叫创造。这是为什么呢?作者认为:所有可预先设定的过程都不叫创造，而是叫生产，或者叫档案整理、资料检索。这些工作有时候也可以从无序到有序，这个过程也不能说完全没有创造力，但是它只能算是低层次的创造。若是没有一点创造力，办公室秘书的工作就会索然无味了。其实这些工作有一些“低纬度的创造力”，但它们还不是我们说的那个“创造力”。

如果可以预测的都不叫创造，难道创造就没有逻辑性吗？因为预测是在逻辑里面，你们是不是觉得任何一个创造里面都应该有清晰的逻辑性呢？即创造性与逻辑的关系是什么呢？这是一个好问题！但是请注意，创造里面有逻辑，不等于逻辑里有创造。所以生产线是有逻辑的，但是生产线还不是创造。

（二）自由

如果我们说，所有预先设定的过程不算创造力，那么什么是没有预先设定、不可预测的呢？一台机器的行为，或者一个程序的行为是可以预设的。但是，一个严格意义上的自由人的行为是不可预测的。所以，创造力的第2个要素可以是“自由”。即创造力的概念应该与自由有关。自由在最根本意义上就是“存在或不存在（to be or not to be）”，这是最根本意义上的“无中生有”。

自由是很偶然的、无拘无束、来无影去无踪的。“你听到风的声音，但是你不知道它从哪里来，到哪里去”。当我们突然有一个妙不可言的创意点子的时候，共有的那种“踏破铁鞋无觅处，得来全不费工夫”的神秘的、愉悦的、满足的感觉和体验，这个愉悦感很重要。似乎在全部生物里面，唯有人具备这样一种自由的创造力。正如萨特在《萨特说人的自由》中论述的：人注定是自由的。

基于前面提出的思维视域模型，人的自由意味着人具有不断地突破思维认知的边界，不受原有思维架构的永久辖制，能够脱去原有“前见”的裹缠和负累，拥有能够游刃有余地进行创造畅想的潜质和能力。法国作家雨果曾经说过：“这世上最辽阔的是大海，比大海更辽阔的是天空，比天空更辽阔的是人的胸怀。”作者在这里类比表达为，比心胸更辽阔的是人的自由思维。因此，作者把“自由”作为创造力的第2个要素。

（三）思维

继续沿着这个思路推进对创造力第3个要素的思考。当我们说一个人很有创造力的时候，我们主要是指他身上的哪个器官呢？是指大脑！为什么这么说呢？有人说，因为大脑能够独立思考。这其实不是很本质的原因。想想看，我们身上的所有其他器官，其实都不那么自由。比如我们的手的长度有限，鼻子的嗅觉有限，眼睛的视力也有限，耳朵的听觉有限，但是唯独我们的大脑最自由！我们可以坐在这里，但是思维却游散在外！"身在曹营心在汉"描述的就是人的大脑拥有的这种超越时空的能力，我们的大脑可以自由到有时候连自己都控制不住它。甚至在睡梦中，我们的大脑还能自由地工作和畅想，这甚至和我们疲惫不堪的身体无关。这也可能给人带来很痛苦的经历，譬如说失眠，大脑可以自由到好像我们不是它的主人一样。

可见"创造力"与大脑有关，与大脑里面的自由思维意识有关，作者在这里要表达的就是，创造力就是思维力。广义的思维力就是意识，所以我们可以把思维称为创造力的第3个要素。

（四）学习

我们现在继续探究创造力的第4个要素。作者在这里提出的问题是，创造力是天生的还是后天的呢？似乎两者都影响或决定人的创造力！我们通过观察动物可以发现，它们的许多能力都比人强，却唯独没有创造力或者创造力很弱。在生物世界中，似乎唯独人有丰富充盈的创造力。也就是说，只要是人，似乎天生就有"创造力"这个特性！创造力是人天生的能力。莎士比亚曾赞美人类是宇宙的精华，万物的灵长。但是，假如创造力是天生的，是不是每个人的创造力都是一样的呢？显然不是！其实个人之间的创造力具有巨大的差异。那么这个巨大的差异是天生的，还是后天的呢？这可能既有天生的原因，也有后天的原因吧。

那么与后天原因的相关因素是什么呢？是环境和经历。客观环境和经历决定了后天的命运。譬如，狼人很小的时候就被狼群养大，他的方式生活就像狼一样,他学会了像狼一样生存,原来天性的东西就没有了,或者大大减弱了。由此可见,决定后天创造力的一个最重要的因素,就是学习。即创造力可以作为一个隐藏在我们身上的潜能,如果我们想把它发挥出来、表达出来,是需要通过后天的不断的学习进行开发的。譬如一个很有天赋的孩子,如果他爱闲逛,不好好学习,他的潜在的天赋全都有可能被浪费了。这里的学习包括读书、生活、经历、体验和对话,即涵盖书本知识和生活经验经历的积累。在这个意义上,创造力与学习是分不开的。所以,作者把"学习"作为创造力的第四个要素。

"学习"对应的英文单词有两个版本:一个是 learn,另一个是 study。其实,与创造力相关的学习更接近 study 或者 research,而不是 learn。study 是一个什么样的学习过程呢? study 是研究,是看了又看,看不明白再看、再探索,再学习(research);看一次看不够,重新再看,再寻找,直到你寻找到一个原来没有看见的东西。所以与创造力有关的学习更接近 study,而不是 learn,learn 一般是指技能的掌握,study 指向对未知的探索。

作者在这里提出一个有趣的问题,母鸡生蛋算不算是有创造力呢? 它符合第 1 个要素,无中生有。它符合第 2 个要素吗? 它自由吗? 它可以自由地生蛋,自由地不生蛋吗? 我们不知道母鸡有没有不生蛋的自由,但是我们知道它不符合第 3 个要素,即思维,也就是说,母鸡生蛋不需要思维。单凭这点,可以说母鸡生蛋不是创造。另外,母鸡生蛋也不需要学习。

那么人生孩子呢? 需要创造力吗? 有人说,人生孩子好像也不需要思维,单凭这一点也不是创造。有人说,生孩子是需要思维的! 真的需要思维吗? 生孩子真的需要创造力的吗? 谈恋爱需要创造力吗? 是的! 谈恋爱需要思维意识,需要学习,是陌生人之间无中生有地产生深刻的亲密关系,而且是自由的。所以谈恋爱需要创造力,而且是需要极其重要的创造力。

(五) 共同体

这里作者再问一个问题,创造力是个体行为,还是人的共同体行为呢? "共同体"是后现代哲学里很重要的概念。要回答这个问题,我们可以从前面 4 个要素着手去分析。如果从创造力的前三个要素"创造""自由"和"思维"进行分析，创造力好像不一定是共同体行为，完全可以是个体行为，即你可以“无中生有”“自由”“胡思乱想”地创造。你可以关起门来，在自己的墙上自由地涂鸦，然后可以自我欣赏。但是，通常还不能把这个作品当作创造，除非有人，哪怕是很少的人进来能够欣赏，并说：“哇，你真是个天才啊！你是怎么想到这个创意的呢？你是怎么搞出来这个东西的呢？”直到这个时候，你的这个创造力才算被真正确定下来，因为终于有人欣赏并达成了某种共识。

事实上，创造力的第4个要素“学习”是共同体的行为。学习是与你的父母，与你的同学，与你的同事，与你的领导，与你的老师，与素未谋面的网友，与新闻上谈及的同时代的各色人物，还与那些在历史上曾经影响到你的人物、事件、故事、文化、风俗等成为共同体。都是在这个广泛意义上的共同体里，开始我们的学习经历和人生体验。作者认为，正因为创造力涉及学习，所以创造力应该是一个共同体的行为，即第5个要素是共同体。

关于创造力是共同体的行为，这里还有一些重要的补充。就是前面谈到的，你在墙上的涂鸦还不算创造力，一直等到有人进来欣赏了，才可能被确定是创造力。可见创造力的价值，最终是通过“共同体”进行评价的。那些有创造力的人物也好、作品也好，都是在大的群体(共同体)里得到肯定后才能获得更广泛的欣赏、接受和认可的。那么创造力是中性的还是有道德归属的呢？作者认为，创造力是有道德归属的。因为创造力的评价系统，是受共同体的道德规定规范的，这个认知非常重要。一般公认有创造力的东西其实都是公认的真实的、美善的、有效用的，是能够带来愉悦感或崇高感的。作者认为，只有那些被大多数人赞许并带来效益和意义的创造力，才算是真正的创造力，而一个有创造力的人往往是一个有道德感的人。创造力与美善的关系，还可以进一步探究。譬如说唯有良善的人，才能激发出良善的心，才能够激发出真正的创造力。

你也许会问，有些坏人也是很有创造力的。果真如此吗？通过仔细研究历史，也许你会发现很多坏人的创造力也许只是一种精致的模仿，甚至只是偷窃而已，而不是作者认为的创造力。在人类社会中创造力不是道德虚无的，而是具有道德依赖属性。如果你不同意这个观点，建议你先采用第1章的方法：

把这个作为你的一个真实问题先悬置起来。随着后面章节的推进和深入探讨，这个问题会在更多的层次上逐渐展开，讨论的过程带来的启发甚至超过你的所求所想。

图 3-1 所示的画是一个很好的例子，它可以形象地说明创造力的五要素：① 创造，无中生有的创造。当画家构思这幅画时，他是先在脑海中作画，并从无到有地画出自己想象的风景和寓意，这是创造。“无”是指一定程度的缺乏，却并非全然不知，画家的脑海中有人、天鹅、树木、湖水和云彩的形象，才使从无到有地创造这幅画成为可能。② 自由，人的思想自由有利于原创。画家通过自由想象或者突发奇想，在脑海中构思出这样的意境；而观看者也应有自由的意识，或认为这是一幅很美的风景画，或认出这是一幅人物画。画者和欣赏者都具有表达和欣赏创造力的自由和不可预设性。③ 思维。当我们第一眼看见这幅画，看见的可能是有天鹅和男孩子的风景画。但是，当我们再仔细看、重复思考以后，就会在画中看见更多的人物，于是我们集中注意力再看，越看越多，这是有意识集中思考的回馈。④ 学习。若是将这幅画拿给幼儿园的孩子看，他们一定能不假思索地说看见了树木、天鹅、男孩子和云彩；若给大学生们看，或许就会看出不同的画面和这幅画的寓意，这是因为后天的学习训练提高了我们的判断能力。⑤ 共同体。这幅画以相当抽象的方式勾勒出了人物外形，画中有画。为什么我们最终都会看见其中的人物，是因为我们都知道人的形象轮廓是什么，所以我们认同画家画的人物是客观存在的，认同的人就是这幅画作者的共同体。

讨论至此，我们总结了创造力至少需要具备的 5 个要素：① 创造，即无中生有；② 自由；③ 思维；④ 学习(study)；⑤ 共同体。在这 5 个要素里面，你认为哪一个要素是最本质的呢？有人说是自由，有人说是创造，有人说是思维。其实我们可以沿着“自由”这个要素，继续深挖创造力；或者我们也可以沿着“无中生有”这条线，继续探索创造力；还可以沿着 5 个要素中的任何一个要素，将对创造力的思考向纵深处推进。我们这里要做的是选择第 3 个要素“思维”进行深入推进思考，并将其作为“创造力”本质的要素再进一步推进、深化和丰富。

图3-1　画中有几个人？（源自乌克兰画家 Oleg Shupliak）

事实上，“思维意识”这个要素是人身上非常自由的能力，具有无中生有的能力，也是学习的重要媒介和载体，而且我们的内在价值和道德判断也是在其中完成的，即创造力就是思维力。这是我们本节讨论的结论，但是我们的思维不会满足于此，不会在这里止步，驻足不前。让我们继续思考并推进这个结论，直到我们可以清晰地揭示出“思维力”与“创造力”之间的内在联系。

接下来我们讨论两个概念。一个是“意识的意向性结构”，这是德国数学家和哲学家胡塞尔首先提出来的；另一个是关于“提问的结构”，也就是古希腊哲学家苏格拉底的诘问法。

五、思维的结构与结构性思维

我们可能注意到，作为创造力的要素，思维一词可能过于狭隘，比如说观察力、想象力、直觉力、感受力、好奇心等都与创造力有关，它们不一定是清晰的思维，但是都属于意识范畴。所以这里用“意识”一词替代“思维”也许会更灵活。那么“意识”具有什么样的本质特征呢？或者说“意识”具有什么样的结构呢？譬如说，我们的思维必须有一个结构，其实这正是我们在思维力矢量模型里面讨论的内容。

我们需要先对结构进行概念分析。结构概念在现代哲学、后现代哲学里是个很重要的概念。因为结构本身就提供了概念的本质信息。什么是意识的结构？一般而言，没有经过哲学训练的人会觉得这里的“结构”这个词很难懂，不知道什么意思，会很害怕，也许会说：意识是什么我都说不清楚，你若问什么是意识的结构，岂不是为难我吗？许多同学听到这个地方大脑就会卡住了。

事实上，你完全不需要如此惊恐。譬如，当你说：什么是意识我还没有搞清楚呢！其实不仅你没有搞清楚，在这个世界上还没有人能完全搞清楚！至今关于什么是意识的学术定义还充满争议。但是，这并不妨碍我们在日常生活层面上使用这个概念。其实结构也是一样的概念。这里让我们借用胡塞尔提出的一个哲学命题作为例子，启发我们在使用这一类概念时，避免大脑不清醒。

这里作者采用对话交流的方式，一起参与建立创造出一个思维模型，使之具有一定的结构性。然后，采用这个结构性思维模型进行问题分析时，探索问题的过程就显得非常的简单、直接和有效。我们这个互动的过程就是共同体创造的过程，在原来建立的思维模型上加一点，再加一点，很简单，但是越来越完美，这就是我们一起创造的思维模型。你也许会问，这怎么会是我们创造的呢？这不是你自己提出的问题，是你自己的创造吗？但是，假如作者的问题就是你关注的问题，作者讲出的一些要点又是你朦朦胧胧所认可的；假如以后你也会采用这样的方式表达，你也会进行这样的分析，那么，这就是我们一起创造的思维模型。这个模型是按照笛卡尔严密的思维逻辑进行精细化的。从粗糙开始，再加一点细节，这个模型就开始逐渐精细完善起来。

六、意识的意向性结构

胡塞尔的哲学中采用了一个概念——意识的意向性结构。这个概念里包含意识和结构。还有一个对我们来讲也许是新词，即意向性，它的英语是intentionality。那么什么是意识的意向性结构？我们不知道，也想不出来。如此，我们这里又要采用第一章提出的寻求有效解决方法的主要步骤啦！先去百度百科搜索一下什么是意向性结构。

意向就是“关于”，就是向着什么而去，即对着某个目标、某个对象而去。

什么叫意识的意向性结构？就是说，任何意识都是关于某物的意识，关于某个目标的意识，不可能是没有对象的意识。意识总有个对象，是关于什么的意识。就是这样的一个结构，即向着什么而去，关于什么的意识，这就是意识的结构。我们想一想，好像是这么回事，不可能有没有对象的意识。所以胡塞尔说，原来人的意识，都有一个本质的规定，那就是它的意识性结构。本质的规定的意思是，“这个东西”一定会有“那个东西”，没有“那个东西”就不叫“这个东西”，大概就是这个意思。本质规定不是表面的规定，不是表层的、外在的、肤浅的特征或东西，而是它最深层的规定，就是它的一种本质的、结构性的东西。

我们刚才所说的感受、想象、直觉、观察都是意识，它们是否都具备这样的一个意向性结构，即想象什么、观察什么、感受什么、都是向着什么(对象)而去的一种结构。这样表达很有趣吧？现在你是不是对这个概念有点好奇了呢？

胡塞尔是谁呢？从来没有听说过。这里让我们百度搜索一下：胡塞尔是一个德国人，是德国数学家、哲学家，他生活在1859年～1938年期间。胡塞尔的几个徒弟都很有影响力，譬如他的学生萨特。萨特年轻时在巴黎思考哲学，听说胡塞尔提出了意识的意向性结构，就去向胡塞尔求学，当他的学徒。胡塞尔还有一个名气更大的徒弟叫海德格尔，也是跟着胡塞尔学习现象学。所以，胡塞尔可以说是存在主义哲学的“开店老板”。

胡塞尔的哲学叫现象学，他是现象学的鼻祖。如果大家觉得还是不够清楚，可以到网络上搜索“什么是现象学”。现象学就是关于如何认识这个世界的学说。胡塞尔说，“让事物按照它本来的面目向我们毫无遮蔽地显露出来”，这样的一套方法，就叫现象学方法。事实上，作者现在对创造力的讨论就是采用这个现象学方法，本书后面还会不断地提到该方法。我们的讨论会沿着现象学方法这个方向开展，但是我们不会走到哲学里面去。譬如，我们会提出“创造力就是看见力”，因为没有任何一样东西是我们从绝对的无有中创造出来的，全部的创造都是“看见”，其实就是原来的认知盲区被打开而“看见”了已经早已客观存在的规则、规律、秩序、理论和方法等。

我们真正的问题是，为什么我们没有看见，而他人能看见呢？我们如何做，才能看见呢？这个问题非常有现实意义。我们现在要一起研究，为什么我们看不见？现象学的方法需要被应用进来。例如，读文本，现象学方法就是让文本原本的意思显露出来，而不是被文字淹没和遮蔽了。看作品，听交响乐，看画展，让作品本身的意思显露出来，这都是与现象学相关，与认识论相关。

什么是意向性结构呢？简单来说，意识是指向某个对象，这个结构可以表达为“向着……”，这个结构就是意向性结构。那么“看见”是不是也有同样的结构呢？即看什么，看见什么，所以“看见”也同样具备意向性结构。很形象，很直观，很容易明白。你也许会觉得，这有什么了不起，这完全是人的自然经验而已！那么胡塞尔的徒弟为什么那么有影响力呢？海德格尔撰写的《存在与时间》著作在哲学思想界影响巨大，其源头就是来自现象学的这个意向性结构概念。所以，我们觉得简单的，其实往往是很重要的；我们觉得复杂的，往往是枝节的。这也就是我们通常学习的误区，因为我们不擅长抓住简单源头的问题，往往抓住后面派生、推导出来的、复杂的细枝末节。

在胡塞尔以前，人们对意识是如何理解的，或者说意识是什么概念呢？其实意识就是一个镜子模型，即世界客观事物映照到我们脑海里面的一个反映。这个理解与我们前面所说的区别在哪里呢？对！方向性错误！意识的方向完全倒过来了。原初的意识概念里，我们是被动的，意识只是世界反映在我们脑海里面的东西。而胡塞尔提出的这个具有意向性的意识概念，是人的意识主动地向对象投射出去，像探照灯一样发射出去，意识总是处于主动状态！就是这个主动的感觉，请尝试用直觉抓住它。所以，人的意识其实是具备意向性结构，就是朝着某个东西而去的，这才叫意识，被动的不叫意识！

意识的意向性是一种状态。什么叫状态呢？简单地打个比方：此时你在听课，如果你的意向性不在状态，你就是被动的，老师说什么你就接受什么。即你就不在那个状态里面，甚至不在意识的状态里。意识是有意向性的，是向着什么而去的。如果你不在意识的意向性这个状态里，你看似在听，其实没有听；或者听着、听着就睡着了，你自己都不知道。学生之所以听课会睡着，是因为他不在意识的意向性的状态里。这个概念看起来很简单，好像没有必要惊讶，其实非常重要。

胡塞尔之前的意识概念是被动地接受客观对象的信息。意识与对象的关系更看重的是"对象向着意识而来"，而不是"意识向着对象而去"。刚才说的直觉、感受、想象、好奇，都是意识，都符合意向性结构。好奇，对什么好奇呢？所以对什么好奇就变得很重要，如果你是被动的，你是不用作选择；若是主动的，你就可以选择了：想听什么、对什么好奇就变得至关重要了。

同样，意向性结构其实就是"眼睛看的结构"。当我们说"看"的时候，一定隐含着"看什么"，否则仅仅说"看"是没有任何意义的。即便你说你什么也没有看见的时候，其实你也是朝着某个事物或者某个方向看，看了以后发现那里什么也没有，但是它的意向性结构依然是"看什么"。进一步讲，意向性结构本身是个极其客观的东西，也就是说，我们意向性的对象、我们看见的东西，倒可以是主观的，甚至可以是虚假的。我们可以看到一些虚假的东西，但是我们意识的意向性结构倒是客观的。所以客观的是我们真的在"看……"。这是我们作为人的一个本质存在，该命题与笛卡尔的"我思故我在"有点接近。

七、创造力 C=StEP 模型

现在我们可以一起做个思维训练，尝试共同创造一个"什么是创造力"的简单公式（模型）。以前我们说过，创造力就是思维力，这可以用 C=T 来表达。其中 C 代表 creativity、T 代表 thinking。现在我们可以再做一些扩展，因为创造力不仅只等于思维力，也不仅只等于意识。我们再进一步扩充这个公式，创造力等于“看见”，“操作”和“表达”。也可以表达为

$$创造力(C)=看见(S)+操作(E)+表达(P) \tag{3-1}$$

式中，S 代表 seeing；“操作”采用英文 exercise(E)，强调了手脑并用，身体力行，摸索试错；“表达”的英文是 presentation，用 P 表示。

如此，我们的创造力公式就变成了：C=S+E+P。或者如果你愿意，也可以用 C=StEP 来表达，t 代表 thinking，代表这里的“看见”主要是指思维层面的看见，因为所谓的“看见”是指在意识层面的意向性，是研究(与 study 接近)。

公式(3-1)中，“操作(exercise)”是指在创造过程当中涉及许多预备知识，或者技能方面的训练、学习和积累。创造过程越深入，你就越需要摸索，要做很多尝试，面对很多失败，错了再来，失败了再来……还有很多内容与学习(learn)接近，包括应用，即应用已有的概念逻辑、词汇、结构，然后进行实验、组建、构造，就像小孩子玩积木，搭出一个东西来。这样的一个过程，我们把它归于“操作”。

最后一个是“表达(presentation)”，是指只有表达出来，让人明白，创造力才能最终成为“共同体”认同的创造力。表达需要应用各种媒介、载体或模型，有形、有体、有声、有色、有条理、有逻辑、有层次地表达出来，让人可以看到、听到、感受到。媒介包括语言，演讲就靠语言，或者现有的理论，如数学语言；音乐；绘画；舞蹈等。这些都需要借助媒介进行表达。思维意识的创造结果(产品)最后必须表达出来，因为这是一个共同体的东西。因此，创造力在表达上需要工夫。当年爱因斯坦提出相对论，他其实看见了这个规律，但他一直表达不出来，一直等找到了黎曼几何这个数学工具以后，他才能够把相对论清晰地表达出来。创造力最后必须有“表达”，即必须有表达的形式和载体。这个表达要可以言说，可以讨论，可以沟通，可以被欣赏。至此，创造力的核心要素是“看见”，然后是“操作”，然后就是“表达”。从这个意义上来讲，C=StEP 就是这三个过程和能力的总和。

八、提问的结构

提问也是一种意识，表现形式是好奇，所以提问和好奇也同样具备意识的意向性结构。譬如，今天你来听“什么是创造力”的课程，作者断言说，其实你是知道“什么是创造力”的，假如你完全不知道，你就不会对创造力有好奇心，假如没有好奇心，你就不会来听创造力课程。所以你是冲着那个“虽然知道却是模糊的”概念来听创造力课程的。你是想通过这次课程，把你心中那个关于“创造力的模糊的概念或认识”能一点点地清晰起来，丰富起来。

所以，你以前不是完全不懂这个东西，然后到这里来生硬地接受一个完全陌生的东西。如果你以自己完全不懂的心态来听讲，那么你就是被“填鸭”了。你真正要做的是在听课的同时，在你意识的意向性思考和探索里，发现一些说法、一些表达、一些好的问题，综合起来，让你内心的那个模糊的东西被刺激、被唤醒、被激活，好像泥土松开了、积雪融化了，就是这样的过程和感觉。这一切奇妙的体验，都是从你心中的那个模糊的东西开始，而这一切都是你自己的功课。如果你没有把今天听到的内容与自己内心已有的东西联系起来，没有抓住自己内心深处的触动和感觉，或者内心有触动了却又把它轻易放掉了，你就又回到自己原来的认知原点了，思维意识中好像什么也没有发生过。或者更差，你只是被今天听到的似乎有道理的、新奇的名词或观点或知识给吸引住了，被“填鸭”了！

（一）问之所问的结构

作者在这里再次强调，你的那个已有的、模糊的东西非常重要，因为一切从它开始。因此，提问的结构也是从你心中的“那个模糊的东西”开始，用海德格尔的话说，就是“问之所问”的结构。任何问题，当你问的时候，其实你心中已经有概念了，否则你连问都不会问。如果连问的对象都没有，你问什么呢？即便像今天的例子里我们提到胡塞尔，你会问“胡塞尔是谁”？当你提这个问题的时候，你好像觉得自己一点都不知道“自己问的是什么”，其实关于胡塞尔你是知道些什么的！譬如你模糊地知道有个叫胡塞尔的人，也许是个重要的思想家、哲学家，也许与创造力题目有关，否则我们怎么会在此刻提到他呢？你甚至会想，老师也一定觉得胡塞尔是个很厉害的人物……于是你对胡塞尔的好奇就被激发出来了。是的！你的好奇心就这样被激发出来了！你原来对这个名字毫无知晓，所以对他的学说也毫无兴趣。但是就在今天这个场合里，在你意识的意向性里，你对胡塞尔这个名字的兴趣被激发出来了。好像这个名字背后"隐藏的许多意义"原先就藏在你的心里似的，等待着你去激活它。胡塞尔与你的创造力有关，你很好奇，于是你想知道得更多，想要把原先模糊的东西更清晰化一点，我们强调的就是这样的心路历程。

所以在这个过程中，你不能说自己没有东西，你不能对自己心中这个东西不敏感。这是一个很重要学习秘诀！如果你对"问之所问"的东西一点都不敏感，毫无概念，你就会陷入"无问可问"的尴尬。你经常会陷入这样的状态，听演讲或上课就只能坐在那里听，却什么也问不出来。因为你对自己"已有的东西"不敏感，或者不珍惜！你常常感觉自己心中空空如也，或者有的东西毫无价值，你只是等待着把新得到的宝贝拿过来，把自己心中的东西替换掉，你以为这就是学习。其实这并不是真正的学习，这个心态也不是正确的学习态度，这样的学习过程只能叫"填鸭"而已，而且是你自己主动地被"填鸭"！

（二）预备知识的来源

你也许会问，我心中真的没有东西怎么办？让作者来回答这个问题。我们暂时把"心中的东西"叫作"问之所问"的"预备知识"。所以，你的困扰是预备知识是怎么得来的，是听来的，还是学来的呢？其实这是一回事，听来的等于是学来的。还有其他途径吗？是的，还有天生的预备知识！预备知识有两个来源：一个是后天学习得来的，包括听到的、经历过的。你可以注意观察一个小孩子，小孩子就非常喜欢听和动，每天经历着、体验着，在这个过程中，他很快就会获得很多预备知识。另一个来源就是天生的。有时你会觉得小孩子学东西那么快，大人好像都讲不清楚，小孩子一下子就清楚了，这是为什么呢？这是因为这些概念在他心中天生都有，只不过在他心中开始是模糊的、混沌的，还没有具体内容充实罢了。一旦他经历到了、体验到了、感受到了，他心中的“那个模糊的概念”就会被唤醒、被激活、被充实和被丰富。这个过程在小孩子身上会体现得非常明显，其实大人的学习也是一样的方法。这个概念在哲学上属于“认识论”的范畴，其实也是康德的“天赋观念”的概念。

但是请注意，无论是先天的，还是后天的，人都需要有经历，有体验，有实践。还有一个观察得到的经验事实：人心中那个先天的、模糊的、难以表达的东西却往往是正确的。而那些后天学习得来的，虽然可以清晰地表达为知识，却往往是有偏差的，譬如我们课堂上学来的东西（知识），可以很清楚地定义出来，你通过学习这些之后考试能得 100 分，但是这些东西（知识）却经常是存在谬误的，若在实际生活中应用，就会漏洞百出，并常常把我们带入泥潭。而我们心里面的那个模糊的、难以用语言准确表达的东西却往往是正确的，常常能帮助我们走出人生的困境。如果事实的确如此，那么我们的学习过程，应该是让我们把那个看起来是“清晰却有谬误的东西”挪掉，而让那个“模糊的却是正确的东西”在我们心里一点点清晰起来。从某种意义上而言，这才是真正的学习过程！

（三）创造力从提问开启

学习不是不断地把所谓的知识装进来，像在仓库里堆积物品，越堆越多，最后，我们内在的仓库堆得一塌糊涂，杂乱无章，什么都不是，什么都没用，于是常常恨不得清仓一遍，从头再来。我们现在的很多教育，就是这样的功效。装进去很多知识反而把自己搞糊涂了。所以许多后天的知识，其隐性的功能往往是扮演“遮蔽物”的角色，反而使本来可看见理解的东西被它遮蔽了。

既然创造力在根本上只是“看见”，而所有的“看见”都起始于提问，所有的提问又都是从人心中那个模模糊糊的、好奇的“问之所问”开始的，那么任何扼杀好奇、消除提问、忽略人心中“那个模模糊糊的东西”的学习和教育都可能从源头上损伤或瓦解我们的创造力，因为人的创造始于提出真实问题。另外，作者还发现，假如我们习惯了用陈述句来思考和学习，我们就会变得越来越没有创造力。换言之，如果我们不会提问题，不能提出真实问题，我们就会一点点失去创造力。这个需要我们警醒和警惕。

九、苏格拉底的贡献

作者在这里想提一下苏格拉底。谁是苏格拉底呢？假如你从来没有听说过苏格拉底，这说明过去你对创造力、好奇心的对象有可能搞错了，这是一个很大的问题。苏格拉底是古希腊哲学家，柏拉图是他的学生，而亚里士多德又是柏拉图的学生。这三位人物加在一起，就是现代西方古希腊文明的源头，苏格拉底是西方哲学的奠基者。

（一）研究“提问结构”的人

苏格拉底是人类历史上第一个认识到我们今天能够认识到的东西，即创造力是从提问开始的！他是第一个认识到提问对人具有本质的意义。苏格拉底是第一个研究提问结构的人，也是第一个“问对问题”的人。下面让作者来逐条解释这些结论。

（二）“提问”对人的本质意义

苏格拉底第一个认识到提问对人具有本质的意义。这个地方我们很难搞明白。我们也许同意，“提问”对于学习很重要，也许很有用，也许可以增长学问，也许可以让人变得有创造力，这些都可以理解。但是为什么会对人具有本质意义呢？

事实上，苏格拉底提出的问题都是关于人的基本信念，如人生的价值、意义、方向，都是一些似乎我们先天就知道却又不知道，难以表达、非常糊涂、毫无头绪的问题。譬如，一个人往往自以为是，却错误百出。所以当人觉得自己有个模模糊糊的信念，同时又表达不出来时，他就会迷糊，就会做错很多事。他以为是对的，其实是错的。他以为是按照自己的信念做的，其实不是！你也许说，那至多也就是做错事情而已，人做错事仍然可以照样生存啊，最多只能说我一生糊涂而已。

但是苏格拉底不是这样看待这个问题的。他说，因为你糊涂，所以你“活出来”的其实不是你自己，你没有活出那个“你本来应该的样子”，你糊里糊涂一辈子，就活在虚假里了。你不是活在事情层面的错误里，而是活在本质层面的错误里，所以“你”根本就不是“你自己”。这就是苏格拉底的意思，即“你的信念”和“你的行为”是分裂的、不一致的。你此生以为这是你要的信念，是你想要的、应该拥有的生活。但是，因为你被错误的知识和错误的学习蒙蔽了、模糊了、歪曲了，然后你就生活在蒙蔽里，一直没有明白，一直到死。所以苏格拉底说，要竭力从虚假里挣脱出来，活出那个真正的自己，即你要活出真正你所“是”的生命，这个所“是”就是“存在”。所以苏格拉底把人的“认知”与人的“存在”完全扣在一起。想想看，2 500 多年前的苏格拉底就已经把“人的认知”与“人的存在”联系在一起了，这是多么厉害的思想，多么不可思议的思维啊！

你如何才能活出那个真正的自己呢？只有经过不断地讨论、辨析，让你心中真正的信念，即你应该“活出来”的那个信念，一点点在你的意识里由模糊变得清晰起来，才可以活出真正的自己。苏格拉底自己就是这样做的，他是少数几个可以为自己的信念而死的哲学家。活出自己的信念，这才是真正的自我。其他人都活在虚假里，一生虚假，毫无知觉，然后人生就结束了。所以苏格拉底是第一个把“提问”与“活出真正的自己”的这层本质关系清晰地指出来的人，或者说他是从存在论层次上看待提问的意义的人。

（三）问对了“问题”的人

苏格拉底是第一个问对了“问题”的人。作者为什么这样说呢？因为如果你相信“提问”是人生最重要的事情，那么追问“如何”提问，就是所有问题中最重要的问题了。苏格拉底说，假如“提问”对于人生如此重要，那么如果我们不知道“如何提问”，一生瞎问，那岂不是糟糕透顶？人生再没有比这个更严重、严肃的事情了。所以苏格拉底就成了第一个研究“提问结构”的哲学家。

苏格拉底留给后人的书不多，都是用一个个实例教导后人如何提问、应该怎么提问。苏格拉底说，针对某种现象，不应该这样问，应该那样问；如果这样问，可能就会导向错误方向。所以，作者对苏格拉底的客观评价是他具备三个“第一”特征：他是第一个认识到创造力是从“提问”开始的人；他是第一个把“提问”与“人生本质”建立联系的人；他是第一个“问对问题的人”，苏格拉底研究的是关于“问”的学问。

（四）提问 VS 陈述

下面我们横向对比苏格拉底和孔子。孔子是与苏格拉底几乎同时代的圣贤哲人，他对中国文化的影响源远流长。孔子非常擅长回答问题，能够提供各种疑难问题答案，因为他是做考据的、考古的，他编纂过很多书，整理出很多答案给后人看，而且他给的答案大多都很完美。孔子也喜欢给概念下定义，在《论语》中，关于仁、义、礼、智、信，孔子都给出了清晰的文字定义。孔子喜欢给出清晰的定义，所以孔子的事业是传道、授业、解惑。你若有问题，他就帮你回答；你若再有问题，孔子依然可以帮你解决，而且不厌其烦。孔子教育人要学而不厌，诲人不倦。孔子弟子三千，跟着孔子学习应该都很开心满足，因为学生若有任何问题，都可以找孔子寻求答案。凡到孔子那里求解的人都会获得答案，有问就有答。孔子本人非常善于思考，其思想的智慧结晶对中国人的文化传统和思维结构影响深远。

苏格拉底却是一个定义都给不出来，他也不愿意下定义。苏格拉底不喜欢定义，不喜欢陈述，他的教育理念聚焦于启发问题。但是，他不是一个虚无主义者，他坚信人心中的“那个模糊的信念”是真实的、有价值的。他也不是悲观主义者，他相信人可以通过严肃、认真的反思，通过诘问法，可以不断地逼近它，而且他还相信这个逼近过程是无限的，是开放的，是没有终点的。

苏格拉底的方法论是诘问法，孔子的方法是考古式的引经据典。孔子喜欢回答各种疑难问题，给出的答案近乎完美。就对创造力的理解而言，孔子可能认为创造力是从清晰的概念定义开始。但是，这些概念的预备知识在苏格拉底那里往往起始于“先天模糊的东西”，是未定义的，开放的，无限的。而在孔子那里这些概念是需要清晰定义的，有清楚的限制和界定。因此，后人对孔子的评价也可以用以下3句话来概括：孔子是给出完美答案和定义的人；他书写了难以超越的道德伦理人文经典;他奠定了儒教文化并长期影响与塑造着东方国家。

由此可见,这两位影响人类文明的思想大师在启发教育方面采用了不同的思维方式,身体力行地从不同起点、不同角度、不同层次/维度上为开启思维力和创造力做出了各自独特且不可磨灭的贡献。但作者发现一个非常有趣的现象:即使苏格拉底和孔子在教育理念上大相径庭,但是不可否认的是,两者都展现出了真正意义上有创造力的模样。

思考题

1. 你认为有创造力的人一般都会有哪些特征呢?

2. 你认为自己是一个有创造力的人吗?

3. 你认为一个人的创造力可以培养吗?如果可以培养,那么如何培养呢?

4. 如何应用模糊原点学习法呢?

5. 最近你读了什么书呢?读书期间遇到了什么困难呢?

6. 如何"培养"好奇心呢?好奇心是"培养"的吗?人天生就有好奇心吗?

7. 知识大爆炸时代,面对碎片化的知识,我们应该何去何从?

8. 知识能创造知识吗,你如何看待人工智能呢?

9. 什么是"看见力"呢?

10. 我们为什么好奇呢?

11. 知识和真相的区别是什么呢?

12. "模糊原点"理论有何应用呢?

13. 你体验过自己内心模糊而真实地被激发、被触动的经历吗?请你尝试用清晰的语言表达出来。

14. 创造力的公式(模型)对你有启发吗?你能再精简一点地表达出来吗?这个表达还可以再扩展吗?请你尝试给出自己的表达。

15. 苏格拉底和孔子的教育理念非常不同,但是我们却不可否认一个事实,那就是苏格拉底和孔子都是非常有创造力的人。这是为什么呢?你如何理解这个事实呢?

16. 请尝试用元素法比较并总结苏格拉底和孔子对启发人类思维力和创造力方面的贡献有何不同?

17. 你想成为和苏格拉底,或是和孔子思维模式相同或相似的人吗? 为什么?

第4章

创造力就是“看见力”

本章将基于胡塞尔的“意识的反思性结构”和笛卡尔的方法论揭示出创造力就是“看见力”。创造力就是我们内在心灵和悟性开启后拥有的洞察力，具备穿越思维表层，再一层一层穿越遮蔽的探索与发现的能力。

一、引论

作者简单地描述一下你在听演讲时通常的思维模式：当你听到一个概念、名词或观点时，你的大脑自然会做出反应和判断。如果这个观点是你以前知道的，也是认同的，你很可能会忽略它，因为你想要听到一些新东西；而当你听到一些新东西、新概念、新观点时，你通常会在记忆库里寻找与这个新东西相关的已有知识，并根据已有知识，对这个新东西做出判断，或接受，或拒绝，或欣赏，或怀疑。如果你的记忆库里已有很多知识，你此刻的反应过程就会很丰富、很复杂，特别是你的记忆比较模糊、凌乱的时候，你的思维就会慢下来，甚至很累。这就是我们通常的思维模式。

你如果用这个思维模式听讲哲学相关的演讲，就会觉得很累，因为你会觉得这里讲到的许多概念涉及哲学，而你的脑海里、记忆库里关于哲学的储藏要么贫乏，要么模糊，你对听到的东西也无法进行可靠的判断，因此，你的大脑就会卡顿。你会对自己说，没听懂，太难了。所以这里作者要采用一个全新的学习方法，就是我们前面提到的正确的思维方式进行学习。

（一）正确的思维方式

正确的思维方式就是尽量避免采用我们的已有知识作为我们思维反应的起点，而是用我们心里面那个“模糊却往往正确的东西”作为思维反应的起点。也就是说，当我们听到一个新概念、新观点、新东西的时候，直接调动我们的意识意向性，直接追问“这是什么”“他在说什么”“为什么现在谈到这个问题”等。采用这种提问方式来直接、直观地激起我们心中的那个“模糊却往往正确的东西”的反应，激起我们心中那个对正在谈论主题的纯粹的好奇、疑问和思考，即用我们内心的第一性反应与演讲者对话，暂时把已有知识挪开，不要让它挡在路上，阻碍你的第一性反应。这个思维方法，就是本章的主题，后面我们还会逐步展开。

（二）创造力要点回顾

第 3 章中我们讨论了创造力的五要素：创造、自由、思维、学习、共同体。我们还一起提出了一个关于创造力的表达公式：创造力＝看见＋操作＋表达，就是 C＝S＋E＋P。然后，作者还尝试用直白的语言表达了胡塞尔的“意识的意向性结构”，即意识都是关于某个对象的，意识就好像是一个自带宾语的动词，宾语就是意识的对象。此外，借助讨论苏格拉底的诘问法，我们了解到：当我们提问的时候，我们的内心好像总有一个关于“问之所问”的模糊概念的存在，否则我们不会有好奇，不会去求问。在本书中，作者把这个模糊的“问之所问”的模糊存在叫作“模糊却往往正确的东西”，它是所有提问结构的前提条件或预备知识。

你如果把本书的内容仅仅当作知识进行学习，那么你可能就会遗漏本书要传达的最有价值的东西，即作者在这里提出的一个全新的思维方式。这也许是你过去从来没有听说过的一种相当颠覆的新思维模式，即我们的思维起点不应该是寻求头脑里已有的知识，而应该是调动我们自己心中的那个“意识的意向性”作为思维、反应、思考的起点。就是从那个“问之所问”的模糊意识原点出发，自然地、逻辑地、简单地、启发式地、一点点地显露和表达自己内在的、直觉的思维意识和分析判断。在这种新的思维模式里，现有知识只是我们表达的载体、工具、手段和桥梁而已。严格地说，这个方法才是本章内容的真正价值所在。如果学习了本章内容，你只记住了几个新奇的知识点，那只不过是在你原有的知识库里又多了一个新鲜的小玩意而已，事实上，你并没有真正地听懂作者想要传达的主要内容。

（三）知识不是重点

这里作者提醒大家，本章的重点不是知识，而是新的思维方法。

事实上，通常我们听演讲的思维方法和提问题的方法，都是因为我们处于长期被填鸭或者在错误的学习模式下，我们正常的、正确的思维能力在悄无声息中慢慢退化或失落了。因此我们的思维力和创造力，包括正确的学习能力也被已经学来的知识严重地压抑或窒息。你也许会奇怪，知识本来不是应该让我们更有创造力的，怎么反而让我们的创造力萎缩了呢？如果此刻你的思维跟着作者走，那么此刻你头脑中出现这个问题是正常的，是正确的情绪反应。因为这就是你此刻需要自然而然提出的“意识的意向性”问题：知识怎么会让我们的创造力不增长反而下降了呢？如果我们把这个问题弄清楚了，以后就可以避免这种事情在我们的思维意识中再次发生，我们内在的思维力和创造力就有可能自然释放出来。思维力和创造力的提高带来的效果，也会自然而然地彰显在我们平时的学习力、洞察力、表达力和行动力中。

（四）引导性问题

现在我们思考的焦点是，“知识”到底通过什么机制使我们思维意识里原本就有的创造力没有增加反而减少了呢？这是作者想要在本章里讲清楚的真实问题。这个内容会沿着 4 个问题展开：① 什么是知识；② 知识有哪些特点；③ 为什么我们喜欢知识；④ 提问时，我们到底渴望什么。

二、什么是知识

本节从“什么是知识”这个问题开始。这里，让我们依然采用形成自己初步观点的主要步骤和方法，借助搜索引擎，先搜索与知识相关的内容。

（一）知识的表达

通过搜索，我们获得了以下3种理解。

(1) 知识是指人类在实践中认识客观世界的成果，它可能包括事实、信息、描述，或在教育和实践中获得的技能，它可能是关于理论的，也可能是关于实践的，在哲学中关于知识的研究叫作认识论，知识的获取涉及许多复杂的过程，感觉、交流、推理，知识也可以看成是构成人类智慧的最根本的因素。

(2) 知识是符合文明方向的、人类对物质世界以及精神世界探索的结果总和。知识，至今也没有一个统一而明确的界定。但知识的价值判断标准在于实用性，以能否让人类创造新物质、得到力量和权力等为考虑。有一个经典的定义来自柏拉图：一条陈述能称得上是知识必须满足三个条件，它一定是被验证过的、正确的，而且是被人们相信的，这也是科学与非科学的区分标准。由此看来，知识属于文化，而文化是感性与知识上的升华，这就是知识与文化之间的关系。

(3) 关于知识的悖论是，知识如果不能改变行为，就没有用处；但是知识一旦改变了行为，知识本身就立刻失去了意义。

这里暂时先把搜索到的这些有关知识的理解放在一边。我们继续采用在第3章里已经实践过的思维方法来推进和深化对知识概念的理解。作者把这种思维方法称为“第一性思维”，即我们尽量从自己心中那个“模糊却往往正确的”原点出发直观地进行思考、判断和分析，即关于“什么是知识”，我们自己能够说出些什么呢？

（二）知识 VS 意识

我们可以感觉到知识与意识有密切的关系，因为我们知道意识具有“意向性结构”，也就是与第2章提出的思维力矢量模型具有同构性。沿着这个思路，我们可以这样问自己，在意识的意向性结构里，知识的位置在哪里呢？因为我们知道在“意识的意向性结构”的两端，一端作为意识的主体的人；另一端就是意识的对象。如果我们把“意识的意向性”比喻为探照灯，一端是灯源，就是人；另一端就是探照灯照射的对象。

这里的灯源就是前面章节里作者提到的那个“模糊却往往正确的东西”。那么什么东西可以成为意识的对象呢？一般而言，大千世界的形形色色的东西都可以成为我们意识的对象。关于对象，我们后面还会进行详细展开和讨论。那么在这样一个“有原点、有对象”的意识的意向性结构里，知识的位置到底在哪里呢？是在两端的哪一端呢？还是在两端的中间呢？当我们以这样的方式去思考时，有关知识的问题讨论就非常形象，而且也很有趣。

（三）知识VS对象

结合我们的人生经历和体验，我们可以继续思考，当人的思维意识以意向性的方式投向关注的对象时，那个对象就会在我们的脑海中产生相应的意识活动。在意识活动的作用下，人的脑海中会相应地产生出许多产品、许多表达或可交流的精神作品，比如知觉、印象、概念、定义、公式、理论、作品，甚至可以转换成实物形式的器具、发明、作品和产品等。所以知识其实是“意识的意向性”与“意识的对象”之间相互作用时产生的“产品”。这样看来，知识是意识与对象之外的“第三者”。与前两者的客观存在相比，它是派生的，是第二性的。我们之所以说知识是第二性的，是指知识是“人的创造物”。而作为第一性的意识本身和作为意识对象的外部世界，通俗地说就是宇宙万物，都不是人的创造物。

这里请注意，意识的对象可以是外部世界。但是，在大多数情况下知识本身也可以是意识的对象。后面在探讨“意识的反思性结构”时会讨论这个问题。如此分析，知识在“意识的意向性结构”中的恰当位置就被找到了，即知识是意识与意识的对象之间作用后产生的“第三者”。只是这个“第三者”在许多情况下也可以成为我们思维意识的关注对象。

三、知识有哪些特点

结合创造力的五要素、元素法以及知识在“意识的意向性结构”中的正确定位，我们可以再来思考知识的本质特点。

（一）意识性(intentionality)

既然知识是意识与对象作用后的产品，因此就可以将知识理解成是人类在思维意识里“无中生有”的产物。例如，文化古籍、律法典籍、文学作品等书籍都是人类知识的载体，是人类对世界，对人生经历和体验，对人自身思考、探究、理解和领悟的产物或产品。那么这个产物在本质上更靠近意识，还是更靠近对象，即外部世界呢？我们认为知识应该更靠近思维意识这一端，这是因为人的思维意识才是创造力的原动力，而外部世界，即意识的对象不是创造力的主体。

（二）两栖性(amphibious)

人在思维意识里的这个“无中生有”的思维过程，并不是从纯粹的“无”里产生出来的，而是由两个基本的“有”，即在意识的意向性结构里的“模糊原点”和“意识的对象”经过相互作用、交流、对话、互动而出现的产物、产品、作品。所以，知识的本质虽然具有意识性，但是知识的产生却离不开具体的意识的对象的经历和体验，即知识具有两栖性的本质特征。知识的两栖性表明它必须扎根于意识的意向性结构的“模糊原点”和“意识的对象”的两端，而不能脱离任何一端而虚拟地存在。作者此处借用福柯的表述进一步说明，由于知识包含了说和看、语言和目光，所以它具有不可消除的双重性，即知识不存在单向的意识性。苏轼在《琴诗》中也有类似的表达：若言琴上有琴声，放在匣中何不鸣？若言声在指头上，何不于君指上听？

严格地说，并不是所有的意识产物都可以构成知识。譬如，那些与对象脱节的意识产物就不能算知识，而只是意识的幻觉而已；而那些没有进入主体意识的对象，例如，在人类思维视域的暗区的客观存在的事物，在目前的时空框架和因果律中，如果还没有与人的意识进行交流和互动，就无法产生与之相关联的理解和认识，即知识。但是，随着人类探索思想疆域的突破和拓展，这些客观存在会在未来时空和因果律中成为人意识的对象。康德认为，人类的知性与人类的感性结合规定了人类可能的知识对象。

（三）非原创性(non-originality)

知识自己会创造知识吗？譬如，人工智能有没有创造力呢？这是一个颇具争议的有趣的问题。作者认为，就更本质、更原始、更纯粹的“第一性”意义上而言，知识不能创造知识。因为知识的产生具有两栖性，它依赖“意识的意向性结构”的两端，即模糊原点和意识对象。如果知识脱离了与之依赖的两端的互动，知识就不能创造知识。显然，这个陈述和表达并不包括那些在“第二性”意义上的知识，如记忆、排列、分类、组合、推断、判断、决策、控制等操作和重建层面的知识。而在这个层面上，知识确实可以提供非常准确、高效和有竞争力的帮助。毋庸置疑，人工智能正在成为人类有力的工具和助手，但也可能成为人类的对手和敌手。

（四）洞见性(insight)

知识是人基于先天的理性和认知能力，以及后天的人生经历和实践经验，通过对大自然、各种事件、历史发展现象的第一性观察、体验、反思和主动思辨产生的产物，表达了与世界和人类自身经验相关的认知、理解和领悟。毫无疑问，现有的浩如烟海的知识是人类在历史长河里主动思考、探索，与第一性对象互动过程中沉淀、积累、凝聚的人对世界、他人、自己的经历和感受、体验、反思、理解的表达和智慧的结晶。知识承载、传达、揭示了有关第一性对象的真实性，这表明知识对客观真理的认知具有洞见性。

波普尔把人类知识划分为 7 类：① 常识，即在日常生活中形成的知识，是人人都具有的，而且是最具有真理性和实用性的知识。② 经验性知识，带有专业性，是在专门性活动中积累起来的，属于拟规律性知识，可对可错。③ 神话故事和传说，这类知识具有特殊的价值，往往能产生实证理论不可能产生的思想。④ 科学知识，形成于以上几种知识基础之上，是反映事物的本质和规律的知识。波普尔提出科学的可错性，真正应该提倡和重视的是科学精神。⑤ 哲学知识，哲学是对基本和普遍之问题研究的学科，是研究关于世界观的理论体系。⑥ 艺术知识，是一种我思，即个体感受到的、表达出来、能够引起人类情感共鸣的认知、情感、理念、意念等这些深存内心的最强烈的感情和思想，人类的某些经历是难以用言词来表述的。⑦ 宗教知识，马克思主义者认为，宗教是一种支配人们日常生活的异己力量想象或幻想的反映，是一种特殊的社会意识形态。

事实上，知识在不同程度上真实地传达了前人对第一性对象的探索、认知、理解和领悟，提供了后来者认识第一性对象的工具。同时，由于人的有限性，受限于历史性的时间、空间和因果律，已有的知识也传达出了前人对自身和世界等第一性对象客观存在的理解谬误与偏见。人类关于大自然和人类自身历史发展积累的大量知识同时具有真理性和非真理性。知识的真理性为后人提供了不断探索和纠错而向前发展的基石，并带动人类真正启动并进入艺术、科学与工业发展的勃发期。同时，需要后人对这些已有知识的非真理性进行明辨。在本质意义上，知识并不是第一性对象本身，而是指向和揭示第一性对象的路标和通道，并帮助人们理解和领悟第一性对象。如图 4-1 所示，已有的知识就如经过不断地探索，在原有黑暗的墙壁上打开了一个“洞”，通过这个洞口，我们看到了以前未知的世界/领域，照亮了人类原有的思维暗区。因此，

图 4-1 通过墙壁上的洞口看到的世界

作者将这称为知识对第一性对象的洞见性。但是,该洞见性也会对其他未知领域造成遮蔽效应。

（五）能动性(initiative)

知识还可以简单地划分为两类,即个人私密的知识和共同体的知识。人与知识的互动不仅可以在个人私密层面上进行,更多的是在共同体层面上展开。但是无论是在哪一个层面,作为意识与对象产品的“第三者”知识都可以成为一种自在的、主动的、能动的力量。特别是作为共同体的知识,它的主动性和能动性就会更大。例如,在人类有意识地、持续地推动和作用下,知识自身可以演变和成长,并成为人类自身以外的力量或权力关系,演变为体制的、文化的或意识形态的权力构架,从多个层面上对人的存在状态进行管辖和约束。

培根曾说:“知识就是力量。”这句话里的“力量(power)”可以直接翻译成“权力”。波普尔关于知识的三个世界理论,论述的也是这个机理。他认为知识虽然属于人造产物,但是它一旦存在,就有了自己的生命,并发挥其作用。这里作者把知识用元素法概括为“I-in-AI”,即“我在人工智能中”,表达了知识对人类认知客观世界的智能帮助与服务的桥梁作用。基于这种理解,我们还可以形象地把知识表达为人类认识第一性对象的“红娘”。知识作为“红娘”是两个“第一性对象”之外的第三者,但却是两个第一性对象交联互动的纽带。

四、我们为什么喜欢知识

我们当然喜欢知识,这怎么会是一个问题呢? 可是作者认为,这的确是一个非常好的问题。为什么这么讲呢? 这是因为大家都喜欢知识,却从来没有静下心来好好思考一下:我们为什么喜欢知识呢? 这个问题太深刻了,作者要在这里好好梳理一下。

（一）知识的效用功能

我们先讨论知识,包括由知识转化的产品有哪些好处,能给予我们哪些需求和满足。这里把讨论的结果总结为 4 个方面：① 使我们身体舒适，属于身体上的满足；② 提高我们的工作效率，属于生活和工作层面上的帮助；③ 提升我们的道德伦理观念，这属于人类文明建设方面的贡献；④ 使我们的精神愉悦，包括权利享受，这属于精神层面的满足。

我们将以上这些称为知识的效用功能。不言而喻，这些效用功能也是我们都能感受体会到的，也是我们特别迷恋知识的显而易见的原因。作者称之为知识的“显性效用”。

（二）知识的心智功能

我们是否注意到，除了效用功能，知识还有另外一种完全不同的功能，就是帮助我们的心智成长。我们把它称为知识的心智功能。它是指我们在学习和创造知识过程中，同时还获得了自身某种内在的、真实的、本质上的心智成长。这说明如果一个人希望获得知识的这个心智功能，有效地促进自己的内在心智成长，唯一的途径和办法就是直接学习，与知识打交道，而不能假借他人之手，让他人代劳。相对而言，知识的效用功能的受益者却可以不用亲力亲为，可以间接地享受他人学习和劳动的知识成果。这个区别很重要，作者后面还会反复提到。至此，回顾我们自己的学习经历和体验，我们应该对这两个功能的区别有所感悟。

《如何阅读一本书》的作者曾提到，人类的心智功能划分了我们的心智与身体，身体是有限制的，心智却没有限制。其中一个迹象是，在力量与技巧上，身体不能无限制地成长。人们到了 30 岁左右，身体状况就到达了巅峰，随着时间的延续，身体的状况只会越来越恶化，而我们的心智却能无限地成长与发展下去。我们的心智不会因为到了某个年纪就停止成长，只有当大脑失去活力、僵化了，才会失去增加技巧与理解的力量。这是人类最明显的特质，也是人类与其他动物的主要不同之处。动物发展到某个层次之后，便不再有心智上的发展。但是人类的这独有的特质，却也潜藏着巨大的危险。心智就和肌肉一样，如果不常运用就会萎缩。

事实上，无论是知识的效用功能，还是知识的心智功能，听上去都是很好的功能。那么知识有没有不好的功能呢？作者提醒：此时你提出的问题是，难道知识还有负面作用吗？那会是什么呢？是的，知识会阻碍我们的心智成长！我们刚刚提到过，知识具有心智功能，会促使我们的心智成长。那么现在为什么又说知识会阻碍我们的心智成长呢？这到底是怎么一回事呢？对这个问题的回答，又要涉及“意识的意向性结构”里的“模糊原点”的概念，作者称之为知识的“隐性效用”。我们这里暂且搁置这个问题。

五、提问时，我们到底渴望什么

现在让我们继续思考关于知识的最后一个问题，提问时我们内心渴望的到底是什么？你现在可能会觉得这个问题很奇怪。但是，你会渐渐意识到，这也是一个有趣而且会带领我们进入深刻思维的一个真实问题。

初看起来，我们的问题都是向着答案去的，我们渴望的是问题的答案，而答案就是知识啊！所以我们渴望得到的应该就是知识。在这里作者想分享一个有趣的现象：如果我们渴望的是答案和知识，那么《十万个为什么》一类的书籍应该就可以满足我们的需求，或者我们每天下班后最大的乐趣应该是在网上搜索各种问题的答案，但是我们显然没有这样做。可见在许多情况下，“寻求问题的答案和知识”可能并不是我们提问时最大的渴望，还不能满足我们内在的真正渴慕。作者认为这是一个有趣并且重要的发现，所以让我们不要轻易地放掉这个观察和问题：如果我们提问不是渴望答案，那么我们到底渴望什么呢？

现在让我们一起进行一个思想实验。假定你是一个有无穷多财富的人，而且已经拥有了人世间至高的权力，你会不会选择让自己的孩子去读书、去学习呢？有关这个问题的思考，请你直观地调动自己的意识仔细考虑一下：你会送孩子去读书吗？当然会！这是为什么呢？你也许会不假思索地回答，是为了获得知识！但是，你的孩子为什么还需要获得知识呢？难道是为了知识的效用功能吗？应该不是！因为你的孩子已经拥有了足够多的财富，这些可以为他购置由知识带来的所有好处，即效用功能。而且你已经保证让他有至高无上的权力，所以他也不需要用知识去获得其他任何额外的权力和好处。由此可见，不是知识的效用功能，乃是知识的心智功能使你决定和选择让孩子去读书，知识的心智功能才是你内心深处认为有价值、有意义、吸引你学习的至宝。

那么如何更好地解释和表达知识的心智功能呢？我们可以用“意识的意向性结构”的矢量模型帮助我们进行深入而清晰的思考。我们心里明白，当一个小孩提问的时候，他原初的内在冲动和好奇都是直接向着提问的“第一性对象”而去的。孩子会随着好奇心进行一系列行动，包括观察、经历、学习、比较、分析等。“第一性对象”与他的心智之间，即那个我们称之为“模糊却往往正确”的“问之所问”的模糊原点，产生了某种互动。即孩子在提问和寻求的互动过程中，他不仅获得甚至创造出了许多精巧的、有用的知识或答案。更重要的是他的心智在此过程中被改变、被更新，获得了真正的成长。所以，当我们提问的时候，我们真正渴望的其实不仅仅是显而易见的答案即知识，而更关乎我们自身隐而未现的心智成长。心智成长的功能和需求让我们虽然经历千辛万苦，仍能觉得内心深处充满快乐和甘甜。

六、意向性的两类迷失

至此，我们已经初步讨论了本章的 4 个引导性问题，即：什么是知识；知识有哪些特点；我们为什么喜欢知识；提问时，我们到底渴望什么。现在尝试进入本章的真正主题：意识的意向性迷失。有关这个主题的讨论可以帮助我们理解知识到底是如何发挥反心智成长功能的。

（一）知识是第三者

通过前面讨论“什么是知识”后，我们已经知道知识其实是意识与对象作用后的产品，即“第三者”。这样就有极大的可能性是因为知识的效用功能把我们的意向性迷惑或拦阻了。于是，我们就糊涂地以为这些“第三者（知识）”才是我们所要的，反而遗忘了我们意识的意向性本真的初衷和好奇对象，即对于“第一性对象”本身的好奇、冲动和渴慕。甚至当我们被内在的思维意识提醒以后，我们的理性还是不能理解，这到底是为什么呢？于是，我们的认知就会彻底糊涂：为什么我们要的不是知识，而是知识背后那个关于“第一性对象”的真相呢？

我们也许会反问自己，我们原初意向性对第一性对象的好奇，难道真的能被理性解释吗？我们探究知识背后的第一性对象真的有意义吗？作者的意思是说，如果不是出于功利的目的，不是出于对知识的效用功能的追求，那么好奇第一性对象背后的真相对我们有什么重大价值和意义呢？此时此刻，你能够体会这个问题的分量吗？如果我们不能恰当地理解这个问题，我们追求知识的动机和意向性，就势必会导向知识的效用功能，导致追求目标偏移，从而会忽略或者轻视知识的心智成长功能。

事实上，这正是我们人类已经出现、正在出现、将来还可能继续出现的严重迷失。作者把这类迷失称为“意识的意向性迷失”，即在诱人的“第三者”知识的效用功能面前，我们原初的、孩子般单纯的意识的意向性被拦阻了，我们的思维意识就有可能彻底迷失，并且随着人类知识的积累和暴增，这类迷失的过程会有增无减。

（二）第一类迷失：对象的迷失

当大量的知识夹在“模糊意识原点”与“第一性对象”的中间时，知识就会遮蔽我们原初好奇的“第一性对象”，进而会取而代之，伪装成原初的意识意向性的“第一性对象”。例如，我们在求学过程中的意识的意向性不再是向着自己所好奇的“第一性对象”而去，而是向着夹在中间的第三者，即“伪装的第一性对象”知识而去。我们把这种迷失称为遮蔽，即知识作为“第三者”遮蔽了“第一性对象”。

（三）第二类迷失：动机的迷失

这里需要提醒大家注意的是，正是由于我们内心的模糊意识原点对“第一性对象”单纯的好奇心才使其直接与知识的心智成长功能挂钩。而当我们将意识意向性的原初动机失落，即遗忘了对于“第一性对象”的单纯好奇时，取而代之的就是对“第三者”知识效用功能的迷恋和追求。因此，知识这个“第三者”有可能使我们的心智变得愚钝、迷糊、满载重荷而不再自由。作者把这类迷失称之为羁绊。

（四）意向性的回归

人的意向性迷失会导致什么样的严重后果呢？这就是本书的重点讨论主题之一：人类创造力的全面萎缩和退化！这类迷失当然不是个别性、偶然性的事件，而是关乎人类整体性的重要事件，是“提问”向“陈述”进行围剿与反击的过程，更关乎人类意识的意向性在历史长河中的迷失与回归。

在上述两类迷失的共同作用下，大量的、精巧的、缜密的或稀奇古怪的知识，出于各种动机，为了满足人类的各种需求而被创造出来，极大地改善了人类和个人实际生存条件，推动了人类物质文明和精神文明的进步；此外，因为“第三者”知识的遮蔽和羁绊作用，大部分人在知识效用功能的诱惑面前毫无招架还手之力，会逐渐失去原初意识对“第一性对象”的单纯好奇心，从而成为知识本身的猎奇者和追求者。由此，我们就成了知识生产线上的刻苦勤奋的生产工人。我们在享受知识产品带来的各种好处的同时，我们内心对于知识背后隐藏的、真实客观世界的好奇和自身心智成长的渴望越来越没有感觉，越来越迟钝和麻木。思维力与创造力就好像被大水淹没了的火种一样，无声无息地在一点点消失，社会整体的创造力也将大大降低和萎缩。

作者把这个现象看作“陈述”对“提问”的围剿和反击，这在人类历史上会周期性出现。譬如，苏格拉底时代和中国的春秋战国时代是一个“提问”兴起的时代，这个时代的人们富有创造力。而在之后的两千年里，在人类意识的意向性探索“第一性对象”的道路上，慢慢积累了越来越多的“陈述”，即现成的知识（“第三者”），从而形成了“陈述”对“提问”的围剿之势。人类意识的意向性迷失之后，人类的总体心智也开始萎缩。一直到 14 世纪欧洲的文艺复兴时期，“提问”对“陈述”的反击拐点才终于出现。这个反击在世界范围内多次出现，比如欧洲经历了 16 世纪的宗教改革和 17 世纪的启蒙运动。那么当时人类意识的意向性的“提问”是如何从“陈述”的围剿中突出重围进行反击的呢？

在继续我们的讨论之前，作者首先提出一个启发式的问题：现在在这间教室里，你看到了什么呢？

有同学会回答，我看到许多人，看到很多课桌，看到很多书，看到前面的黑板，看到墙上的画，看到墙上的挂钟，看到很多窗户，还看到窗外的树木和花草……

此时此刻的你看到了很多“有”的存在。那么除了这些，你还看到了什么呢？你有没有看到与“有”不一样的东西呢？你有没有看到“无”的存在呢？

譬如，此时作者看到“某同学不在场”。我就想，某同学怎么不在这里呢？她怎么没有来参加呢？她去哪里了呢？她在忙碌什么呢？她对这个话题难道不感兴趣吗？

你看到了吗，因为作者看到了这个“无”的存在，就生出了许多有趣的、活生生的“问号”。这个例子同时也说明了一个很深刻的道理，即如果一个人只能看到“有”的存在，而没有能力看到“无”的存在，那么他提出问题的能力也就会大打折扣了。我们会发现人类意向性的“提问”对“陈述”的反击战役，一般都是从看到“无”的存在开始的，而看到“无”存在的能力来自对存在的“有”的怀疑和反思。所以接下来我们继续探讨思维意识的第二个本质结构，即意识的反思性结构。

七、意识的反思性结构

这里作者继续按照前面采用的思维方法，不需要任何系统的哲学预备知识，就可以开始我们的思维力与创造力的学习探索之旅。作者只把第 3 章提出的“意识的意向性结构”作为这里思维意识的起点和预备知识。“意识的意向性结构”是指意识总是关于某个对象的意识，没有对象的意识是不可能的，这就是“意识的意向性结构”。

如果我们再仔细考察这个意识的意向性结构，我们还可以继续提问：这里意识的主语是谁呢？当然是意识的主体“人”。那么这里的对象又是什么呢？一般来讲，对象是指人的外部世界里的事物，或者可以说是作为主体“人”的外部经验世界，也就是我们的经验对象，也包括他人。这样的意识意向性结构就是一个由主体投向客体，即一个从内在世界向外部世界投射出去的思维结构，如图 4-2 所示。现在我们的问题是，意识的意向性是单方向投射的，还是双向投射的呢？关于这个问题的探寻，我们当然可以向哲学家发问。但是，这里作者极力推荐的方法，不是问别人，而是问我们自己，这就是第 1 章提到自我开启形成观点，即采用自问自答的形式来探索这类问题，现在就让我们一起开始这个探索旅程吧。

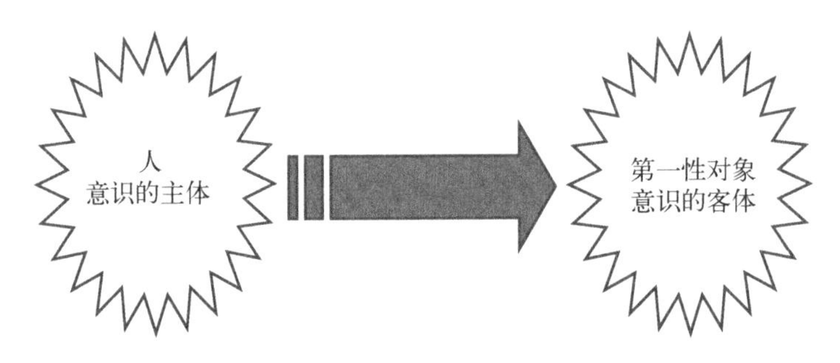

图 4-2　意识的意向性结构

试想，我们的意识意向性除了对外部世界感兴趣以外，还会对什么非常感兴趣呢？我们还对自己非常感兴趣。你是否同意呢？事实上，我们每个人每天都会花很多时间思考我们自己。譬如，我们常常自问：今天我为什么那么不开心呢？是什么事让我今天感觉很烦呢？我为什么那么蠢，在那么重要的场合却犯了那么低级的错误呢？所以“自己”也可以是我们意识的意向性对象。这里的意思是说，我们的意向性除了可以向外投射出去，也可以折射回来，这就是人类的“意识的反思性结构”。

顺便提一下，意识的意向性并不是人类独有的，高级动物也具有意识的意向性。植物没有意识，所以植物也没有意识的意向性。如果一个人听课不用大脑，就没有意向性，我们就说他像木头一样，而不会说他像狗一样，因为连狗都有意识的意向性。人类可能是生物界里最会进行反思的生物。一个人的意识的意向性能力可能会随着年龄的增加而降低，儿童时期会很强，但是一个人的意识的反思性能力却会随着年龄、经历、体验和学习能力的增强而增强。作者推测，人的意识的意向性会随着年龄和经验增长而降低，而意识的反思性却会随着年龄和阅历的增长和丰富而提升。如果我们画两条意向性和反思性能力随着年龄变化的曲线，可以推测，一个人一辈子里创造力的最佳年龄大概会出现在这两条曲线的交点附近。

（一）笛卡尔的贡献

作者在这里提到笛卡尔这个人物，是因为笛卡尔是第一个用意识的反思性结构的人。笛卡尔被哲学家们公认为是西方近代史的开创者之一，你一定会好奇，笛卡尔是怎么做的呢？他就是用“意识的反思性结构”来做的。对此，你一定会更加奇怪，意识的反思性结构，不就是把人自己当作意识的“第一性对象”吗？我们每天难道不是都是这样思考的吗？难道还需要等到笛卡尔去发现这个思维结构吗？再说，苏格拉底的诘问法，不也一直在启发我们要反思我们的生存意义吗？苏格拉底也知道意识的反思性结构啊！孔子不也是强调“吾日三省吾身”的反思高手吗？历史上怎么就把这么大的殊荣独加给了笛卡尔呢？这些思考和提问很好！就让我们带着这些不解和疑虑，开始这次有趣的探索笛卡尔思想之旅吧。

我们可以继续沿用前面的方法，搜索一下，看看笛卡尔是谁。笛卡尔是法国人，是欧洲启蒙时代的数学家、哲学家，他与牛顿属于同一个时代。现在让我们回到前面提出的问题，即笛卡尔为什么会得到如此殊荣，即被称为近代史的开创者之一呢？这个问题问得好！的确是的，意识的反思性结构太简单直白了，而且我们每个人每天都会或自觉或不自觉地进行自我反思。事实上，如果不进行思维意识的反思，人也就无法进行真正的思考和思想。古代众多的伟大思想家，譬如苏格拉底、老子、孔子，哪一个不是思维意识反思的高手呢？虽然我们无法确认谁是第一个发现意识的反思性结构的人，但是作者可以断言笛卡尔绝对不会是第一个人。

事实上，笛卡尔以意识的反思性结构作为思维武器发起了一场对全人类知识全面的、基础性的、整体性的质疑与挑战。用形象的语言表述就是笛卡尔发起了一场“提问”对“陈述”的反击战役。笛卡尔的伟大之处还在于他不仅质疑“提问”，而且还质疑“陈述”，即质疑“质疑”的可靠性。他是第一个提出了“知识何以成为可能”这个哲学上认识论(epistemology)的大难题，从而把人类的质疑精神牢牢地扎根在人类理性思维的基础上，使人类的知识大厦有了坚实可靠的基础，也只有这个难题解决了，人类才能自信地说，我们终于脱离了古代、脱离了中世纪，可以昂首挺胸进入近代、现代以至于后现代。

（二）知识何以成为可能

笛卡尔之问即“知识何以成为可能”，有可能会让人类陷入惊慌。这是为什么呢？因为怀疑主义是一把双刃剑，它既可以促使人思考，也可以将人诱入虚无主义的陷阱。笛卡尔之问的出现与传播，很可能让人类引以为豪的理性，包括所有的知识，一头栽进虚空的无底深渊，进入灾难性思维。所以这里作者想强调的是，笛卡尔之问，看似简单，却肩负着两个貌似矛盾的历史使命：①“有”中生“无”，使人类知识彻底清零；②“无”中生“有”，避免人类掉进知识虚无主义的陷阱中。

笛卡尔做了3件事，完成了3个重要任务：①他建立起了一个靠得住的怀疑方法。如果怀疑方法本身靠不住，那么即便他怀疑一切，打倒一切，也是无稽之谈。因为他的怀疑本身就值得怀疑。②他找到了一个确定的基点，并确认任何合理的怀疑都无法动摇和撼动这个基点。③他从这个确定无疑的基点出发，用严密、合理、清晰的思维逻辑，确立人类知识大厦是可能的，即人类知识具有确定性。

（三）笛卡尔的怀疑法

为了完成第1个任务，即如何建立起一个靠得住的怀疑方法，寻找“怀疑法”的有效性，笛卡尔采用了如下的三层次的怀疑法。

(1) 笛卡尔第1层次的怀疑法：人会被经验欺骗。笛卡尔的意思是说，如果人类知识的确定性是基于实践经验，那是靠不住的，因为我们已经知道人的许多经验是靠不住的，是具有欺骗性的。例如，我们观察到插在水杯里的筷子是弯曲的，但是这个视觉经验是错误的。我们观察到太阳绕着地球转，后来发现这也是谬误。但是笛卡尔发现这个怀疑法并不完全确定，因为在大多数其他情况下，我们的经验还是可靠的，譬如，春夏秋冬四季循环，所有的人都会死等。

(2) 笛卡尔第 2 层次的怀疑法： 人无法区分自己的意识是否是梦中的意识，因为梦中的意识也是意识。我们知道梦中的意识其实是幻觉，那么如何证明我们所谓的清醒的意识不是梦中的意识呢？关于这个质疑，笛卡尔也认为具有不确定性。他说，在我们的日常经验中，我们可以区分我们是醒着的，还是在梦中。所以，第二层次的怀疑法还具有不确定性，不算数。

(3) 笛卡尔第 3 层次的怀疑法： 即所谓的“笛卡尔恶魔”。笛卡尔假定这世界存在一个无所不能的恶魔，用无所不能的手段欺骗我们。那么，我们该怎样确定我们的知识不是来自恶魔欺骗的结果呢？该思想实验使笛卡尔完美地完成了他的第 1 个任务，即他建立了一个靠得住的怀疑方法。事实上，在笛卡尔提出这个怀疑方法面前，所有人类知识都有可能是靠不住的。

（四）我思故我在

笛卡尔接下来要完成的第 2 个任务就是要找到一个确定的基点，并确认任何合理的怀疑都无法动摇和撼动这个基点。笛卡尔居然找到了！而且他提出的是一个非常简单的命题，就是“我思故我在”。笛卡尔的这个陈述的意思是说，因为我思考，所以我存在。

你也许会说，为什么是“我思考我存在”，而不是“我走路我存在”？或者是“我吃饭我存在”？这是因为唯有思维意识具有反问自身的结构，即意识的反思性结构。而人走路或吃饭或者任何思维意识以外的其他活动都不具备这样的反思性结构。即对于“我思”(思考中的我)采用“反思性结构”去思考那个“正在思考的我”就会发现：我可以怀疑我思考(怀疑)的任何东西，但是我无法怀疑“我在怀疑(思考)”这个客观事实！因为如果我怀疑“我在怀疑”，正好确认了“我在怀疑”！所以，我无法怀疑“我正在怀疑”的这个事实真相。当这个事实被确定无疑时，我们至少也就确认了“我是存在的”这个客观事实是确定的真相。

为什么我们不能说“我吃饭故我存在”？因为“我吃饭”这个事实感觉起来好像是真的，其实也可能是一个“笛卡尔恶魔”欺骗我们的幻觉。我们不能应用反思性结构说明：我们无法怀疑“我在吃饭”。因为我如果怀疑“我在吃饭”，正好说明了“我在吃饭”，即这个类似的推理是不成立的。如果我怀疑“我在吃饭”，很可能说明“我在吃饭”的事实可能不是真的，是在梦境中。至此，你是否察觉到了“我在吃饭”与“我在怀疑”之间的微妙而重大的区别呢？

值得注意的是，笛卡尔的怀疑是向着所有的人类知识这个“第三者”而去的。那么这是不是意味着，除了“我在怀疑”这个事实不可怀疑以外，其他所有的知识都是可以被怀疑的呢？是的！这正是笛卡尔的意思。但是，在笛卡尔的思维体系里“被怀疑”不等于“被虚无化”。因为笛卡尔奠定了一个不能被怀疑的基点，即“我在怀疑”。所以，笛卡尔是历史上用“意识的反思性结构”确立了“怀疑法”自身确定性的第一人。不知道大家注意到了没有，笛卡尔通过“怀疑法”确定的，正是我们本章讨论的“意识的意向性”，它是所有思维力和创造力的起点。这就是为什么笛卡尔的“怀疑法”是如此重要，甚至可以与苏格拉底的“诘问法”相提并论。笛卡尔的“怀疑法”不仅使人类思维意识完成“清零”，使“有中生无”成为可能，同时也使“无中生有”成为可能，即确定了人类意识的创造力以及作为其产品的知识。

笛卡尔的第3个贡献，就是从“主体意识的意向性”这个确定性出发，如何一步一步地用严密、合理、清晰的思维逻辑建立起人类的知识大厦。换言之，笛卡尔建立了一套方法论，采用他提出的方法，人类知识的确定性才得以确立。这就是笛卡尔完成的第3个任务。

八、笛卡尔的唯理论

（一）笛卡尔创造力五原则

笛卡尔是帮助人类心智成长的伟大老师。据记录，笛卡尔于24岁开始写作《指导心灵的规则》，于 41 岁撰写《方法论》。我们可以把笛卡尔提出的思维方法叫作“第一性思维”方法。这个概念作者在后面会加以说明。其实，思维方法很大程度上等于学习方法，也等于培养学生思维力和创造力的方法。哲学家之所以把笛卡尔誉为近代史第一人，是因为笛卡尔开创的这个清晰而严密的思维方法已经与现代西方的整个教育思想和体系水乳交融了。对此，让我们把笛卡尔思维方法归纳为以下 5 个要点，作者称之为“笛卡尔创造力五原则”：

(1) 单纯原则(思考的目的)：坚持学习的目的是促进心智成长，即满足内心对事物本身的、原始的、单纯的好奇心(“第一性”)，而要小心自己意识的意向性不被第二性的、功利性的目的遮蔽。

(2) 直觉原则(确定而分明)：在求学过程中尽量跟随内心的直觉，即我们在前面提到的那个“模糊却往往正确的东西”，而不被头脑中的各种知识阻塞或遮蔽。

(3) 解构原则(化繁为简)：解构原则的核心是一个信念，即这个世界是可以由繁至简、返璞归真地被理解。没有这个原初的信念，现代科学的成就是无法想象的。

(4) 建构原则(由简至繁)：这是解构原则的“反方向运作”，是建构和合成。笛卡尔特别强调这里的方法就是一步一步加上去。每一步加法，都要清晰、明确，要重视建立思维的次序和条理。笛卡尔是从意识的意向性出发建立了清晰可靠的思维方法，这也是我们学习和思考的方法。

(5) 系统原则(全面而不片面)：强调整个人类知识总体上是完整合一的，许多领域是触类旁通、一通百通的。

以上的五条在笛卡尔的《指导心灵的规则》里有更加细致严密的分析和讨论。这也是我们今天学术思考的基本逻辑框架和方法。毫不夸张地说，如果说苏格拉底教会了古代人“怎样提问题”，那么笛卡尔教会了现代人“有了问题以后，该怎样思考”。

(二) 第一性思维 VS 第二性思维

现在我们学习两个重要的概念：第一性思维和第二性思维。为了说明这两个概念，需要借用“意识的意向性结构”这个思维矢量模型。作者在前文提到意识的原初对象是外部世界，意识的反思性对象是意识的主体，即我们自己。作者把这两类对象都叫作第一性对象。但是，除了外部世界和意识主体这两类对象以外，在大多数情形下，我们还可以把“第三者”知识也作为意识的意向性的对象，那么这个“第三者”知识就被称为第二性对象。对应地，把意识的意向性冲着第一性对象的思维叫作第一性思维，把意识的意向性冲着第二性对象的思维叫作第二性思维。因此第二性思维是指人的意识的意向性是对已有的、他人的、前人的、现成的、各种知识进行批判和反思的思维意识。

但是，本质意义上的批判和反思需要突破和超越知识这个“第三者”的拦阻，使我们意识的意向性借着知识这个“脚手架”和“垫脚石”，与知识背后、我们原初好奇的第一性对象相遇、相交、互动和相知。如果这个探索的过程脱离了对知识背后的原初第一性对象的纯粹好奇和渴慕，那么知识就会取而代之成为我们追求的第二性对象，成为第一性对象的拦阻者，让我们的动机降格。因此，第二性思维充其量是对知识这个“第三者”的再加工，即把知识进行分类、改造、修正，或想办法记住它、复制它、重复它，或是需要时就把记忆库中的知识拿出来进行应用。采用自己的方式表达已有的、现成的知识，是基于现有知识所作的第二性工作，我们称之为知识生产线上的知识工人，其对思维力和创造力只有低层次、低纬度的要求。

（三）“模糊却往往正确的东西”到底是什么

前面讨论胡塞尔的“意识的意向性结构”概念时，我们把意识的意向性的出发点表达为“模糊却往往正确的东西”，这个表达本身就是“模糊的却往往正确的”。你也许想问，那么笛卡尔是如何表达这个意向性的出发点呢？笛卡尔喜欢用直觉这个概念进行表达，他把这个“模糊却往往正确的东西”表述为“确定和分明的，与内心的理性直觉靠近的东西”。因为笛卡尔是数学家，喜欢用几何学里不证自明的公理概念作为例子。譬如几何学里“点”的概念，它几乎无法定义。因为两条直线的相交是点。可是什么是直线呢？两点之间的直接的最短路径是直线。可见，直线的定义起始依赖“点”的定义，相互依赖包含，不能独立地明确定义，但是这却不妨碍我们正确地使用这些概念进行日常意义上的思维和思考，所以这属于不证自明性的概念。

譬如，如何定义爱呢？爱是什么呢？但丁说，爱是美德的种子；罗曼・罗兰说，爱是生命的火焰；泰戈尔说，爱就是充实了的生命，正如盛满了酒的酒杯。杜拉斯说，爱是疲惫生活中的英雄梦想；周国平说，爱是一种犯傻的能力；蒋勋说，爱的本质是一种智慧；李商隐在《无题》中这样描述：身无彩凤双飞翼，心有灵犀一点通。欧阳修在《玉楼春・尊前拟把归期说》中这样描述：人生自是有情痴，此恨不关风与月。顾夐在《诉衷情・永夜抛人何处去》中这样描述：换我心，为你心，始知相忆深。张先在《千秋岁・数声鶗鴂》中这样描述：天不老，情难绝；心似双丝网，中有千千结。元好问在《摸鱼儿・雁丘词》中这样描述：问世间，情是何物，直教生死相许？《诗经・击鼓》中这样描述：死生契阔，与子成说。执子之手，与子偕老。《铙歌・上邪》中这样描述：山无陵，江水为竭，冬雷震震，夏雨雪，天地合，乃敢与君绝。

事实上，生活中有许多这样的概念，譬如真、善、美、公正、同情等等都是属于类似的、先验性、自明性的概念，都无法用精确的语言来定义。如果我们非要精确地定义这些概念时，反而觉得无话可说，或者定义的内容显得朦胧而模糊不清。但是我们对这些概念是有体验和认知的，虽然说不清楚，内心却是有感觉、有体验、有反应的。

那么，在我们的创造力公式里，第一项的“看见”到底是看见什么呢？作者认为，首先是看见那个“模糊却往往正确的东西”以及它与第一性对象之间，或者通过作为媒介和桥梁的第二性对象具有的客观真实而神秘的联结。笛卡尔把这样的联结叫作心灵与世界的纽带。所以这样的“看见”一定是发自内心的、第一性的、个人的、纯粹自我的洞见。事实上，我们所有的经历、体验、学习、阅读、思考，在最初的、隐藏的动机里都是企图使自己意识的意向性具有这样的“看见”。那么达到这样的看见本身又有什么价值呢？这样的看见首先要能够促进意识的意识性主体，即我们自己的心智成长；其次，才是创造和享受知识带来的其他的效用功能。

九、看见力

前面我们把创造力表达为，创造力＝看见＋操作＋表达(C＝S＋E＋P)，这里作者尝试用更加形象的比喻来类比这个公式，使创造力的表达更加清晰一些。

(一) 创造力公式的再表达

如果把“创造力”理解成一个发动机，它的核心启动机制就是“意识的意向性”与“第一性对象”之间神秘的交联互动。笛卡尔把这个神秘的交联互动表达为“心灵与世界的纽带”。在这样的第一性思维启动下带出来的就是公式里的第一项：内在心灵的看见。

创造力公式的后两项：“操作(E)”与“表达(P)”，可以比喻成“看见”的“运动场”和“展示台”。为什么这样说呢？因为“操作”就是我们在实践中不断地进行尝试和探索，以求达到更真实、更丰富、更深刻的看见。“表达”是我们向共同体，即他人和社会表达我们内在的“看见”。

这里还有一个有趣的比喻，可以用来类比创造力公式，即把“看见(S)”比喻成舞台上的灯光的闪现；“第三者”知识仅仅是外在的“拐杖”。如果没有这个“看见”，就好像舞台上没有灯光。这时最好的知识也仅仅是盲人手上的拐杖。人可以抓着拐杖走路，靠知识摸来摸去，虽然也是操作和实践(exercise)，但是这类的“操作”一定是缺乏洞见性创造力的摸索。

如此看来，知识首要的、真正的价值是帮助我们看见并建立心灵与世界的纽带，而不是冒充这个纽带。在我们心灵对世界的感知和经验中，知识作为“第三者”应该随时准备退场，不应占据舞台，而应该让世界这个第一性对象直接向我们的心灵显露和呈现。只有在世界显露呈现时，我们的创造力才能自由地登场，焕发出璀璨的光芒。

(二) 有创造力的生命表达

那么该怎样表达一个有创造力的生命呢？关于这个问题，作者是这样表达的：我们那个内心最纯粹的自我，也就是意识意向性的主体，通过意识意向性的自动自发的启动机制，好奇地、单纯地、不断地寻求与第一性对象之间的交联互动，并在这个过程中不断地产生“看见”，也就是“内心的灵光闪现”，并由这样积累的“看见”带来了我们内在生命的心智成长。这个有创造力的生命在外在可见的“操作(E)”与“表达(P)”的人生舞台上，积极参与追求与全体人类互存互动的经历和体验，并由此呈现出作为自由人的、本质的生命之真实、诚实、深刻、纯粹和丰富。简言之，一个有内在的启动和成长、外在呈现自由的生命才是一个有创造力的生命。作者的这个表达尽量把我们前面讨论过的相关概念都放进来。这里你也可以试着表达，或许你可能会表达得更好一些。特别注意，“表达”本身就是我们操练创造力的一个重要环节和内容之一。

下面作者会继续沿着创造力公式展开讨论，并将重心从创造力公式的第一项“看见”移到公式的后两项，即“操作”与“表达”。我们意识的意向性会聚焦并深入到一系列问题讨论。例如，那个意向性的对象，特别是第一性对象，在日常应用中有哪些具体例子呢？那个神秘的、与第一性对象之间的交联互动到底是怎么回事呢？我们在这里学到的方法和概念，在日常工作和生活里应该如何应用与操练呢？如果说前面章节的内容注重宏观层面和概念分析，那么在后面的课程中，我们会加强微观和个体应用的案例讨论。

（三）“看不懂”的问题

本书有一个整体思维框架，后面的内容还会继续沿着这个框架展开。当学习到这个节点时，作者通常会问学生：“前面讲的东西，你看懂了没有呢？”一般得到的回答是：“看不懂，很困惑”。如果你看不懂前面的内容，那么后续的学习会很困难。所以，这里必须先解决所谓“看不懂”的问题。所谓的“看不懂”很麻烦，因为在这样的场合，你即使看不懂，老师可能也不知道，反正看你的样子好像是能看懂似的，所以老师就会一直讲下去。作者过去的经验是，讲完这些内容后，进入对话环节时，才发现和学生根本对话不下去！后来作者才明白：原来学生没看懂啊！所以，学习到这个节点，作者的基本判断是，其实你是看懂了！虽然你觉得自己看不懂。

为什么这么说呢？这里我们可以思考一个问题：你是如何知道自己“看不懂”的呢？你的这个判断的基本依据来自哪里呢？你可能觉得自己不具备这里谈到的知识，当谈到笛卡尔、胡塞尔，或其他任何哲学家时，你会觉得一头雾水。你认为需要预备了足够的知识才能参与对话，这就是通常心里显现出来的正常反应。因此，当老师想和你对话时，你会拒绝对话，因为你害怕对话会浪费老师的时间，你觉得自己“没看懂”。

假如今天你还是在这样的思维模式里学习，你就会觉得很累。你只想看到一点新知识，就着急回去背诵，想看一点就背一点就记住一点。假如你一直处于这样的心理状态，就会感觉很难受，你会很后悔地说：“哎，我还没有为这个学习做好足够的预备啊！”其实，你如果这样想，就会很累，老师也会累。所以现在需要先解决这个问题，后面的学习才可能顺利进行下去。

这里让我们回想一下自己曾经参观美术馆的经历、体验和感受。假设我们有这样的参观经历：我们走进一个美术馆，然后去看画家的名字。哦！莫奈，好像知道这个人。然后，我们看了他的几幅画，我们带着欣赏和愉悦的心情，尝试用有限的理解力理解他的画。我们边走边看，就这样走了一圈，然后，我们从美术馆里走出来了。我们真的看懂了吗？严格地说，我们什么也没有看懂。我们怎么可能看懂呢？因为看懂莫奈的画需要许多预备知识，例如，这幅画是在什么时期创作的呢？莫奈当时处在什么年龄阶段呢？此时是什么时代背景呢？他具有什么创作动机呢？这幅画里还有很多技术技巧，为什么这幅画代表着时代画风的转变呢？这些预备知识我们可能都没有。可是，难道我们走过这一圈没有任何意义吗？当然有！我们其实是想说，这个“看懂”的思维其实不是指传统学习定义的“看懂”。这类参观美术馆经历的“看懂”，其真正意义是指“看见”，也就是说我们至少是“看见”了莫奈的画。

又譬如我们看了毕加索的《格尔尼卡》中那个恐怖画面，在他的创作里边，我们至少“看见”了战争这个主题，他在关心战争时期人类经历的恐惧和震撼。这个战争主题会促使我们联想，我们现在都生活在和平年代，这幅画会让我们意识到战争，我们心里边会对这样的经历产生的感情有体验、有感受、有互动。

所以，我们不能说自己什么也没看懂，这个主题至少引起了我们这样的情感反应或者共鸣，这就叫“看懂”，我们至少看出这幅画是在讲战争，而没有把这幅画看成是郊游或者是爱情。因为爱情的描述与一个大工业生产线是不一样的。也就是说，所谓的“看懂”就是知道人家在讲什么主题。

（四）看懂VS看见

怎么用更通俗的话来表达这个“看懂”呢？“看懂”其实就像探照灯，与笛卡尔和胡塞尔的理论相关。探照灯向着某个方向照过去，这个主题就会引导我们朝这个方向进行思考，引起我们在这个方向上的情感共鸣。在这个方向上，作者的表达会引起我们内心的共鸣。我们找到了呼应点，找到了共鸣点，找到了知音，找到了共同体，这种感觉使我们心里温暖起来，或者使我们乐观起来，或者使我们担心起来，作者认为这个“互动”就是“看懂”了。

这里作者所谓的“看懂”就是指“看见”。当一幅画进入我们的视野的时候，这个主题就确定了，这个方向就确定了，然后它会使我们产生很多的情绪和认知。如果我们想要再多看懂一点，我们就再花时间向它靠近一点，再靠近一点，所谓“看懂”就是这样的一个逐渐看见，并看得越来越清晰、越来越丰富的过程。

又譬如，我们现在讲思维力和创造力，你不会认为作者是在讲厨艺，这就说明你听懂了！所以，只要你感觉到对这个题目有兴趣，就如欣赏一幅画，有点朦朦胧胧的感觉，就好像是我们现在描述的这样一个状态，这就叫“看懂”。随后你可以细究，一层层地深入，看到的越来越多，越来越清晰，而且这个进去过程都是自发的过程，而不是被人强制拉进去的过程。假如说这次讲授的内容要考试，大家需要回去复习，这就是被动的，而不是自发主动的。可是你为什么对考试有兴趣呢？因为有利益，你想得到高一点的分数，在笛卡尔看来，这个动机可能就不够单纯/纯粹。如果你觉得这次演讲很有意义，你听完以后就自发地开始琢磨里边的概念，琢磨概念之间的关系，然后整体的逻辑就开始一点点地变得清晰，你也会随之快乐。这种自发开启你思考的过程就是创造力开始显露的过程，这个好奇引发的主动求知的学习状态是由这幅画、这个演讲引发出来的、很自然的东西。这个自发过程不是理论，而是我们参观博物馆、美术馆的心态，作者认为真正的学习也应该是这样的。

前面作者讲解了胡塞尔的“意识的意向性结构”。假如你问前面听过的同学说：“你懂胡塞尔的作品吗?”没有一个人会说“懂了”。其实我们根本就没有全面地介绍过胡塞尔的作品。假如你特别想了解胡塞尔，你可以回头查找文献自己看，而这并不是我们学习的重点。那么我们学习的重点是什么呢？当然是学习思维力和创造力啊！

从图 4－3 中，你看到了什么呢？看到了各种颜色的钥匙、门锁和钥匙串，画面显得有些杂乱！是的。这是你首先看到的画面。但请你集中意识再仔细凝视这幅二维图，你是否觉得视觉逐渐扩展、逐渐深入，然后一个三维立体的图像渐渐浮现了出来呢？是的，此时一个三维的钥匙和老式门锁就浮现在你的眼前，门锁和钥匙都挂着，对着你，看起来很靓丽，而且非常清晰。如果你此刻眨眨眼睛，门锁和钥匙的三维图像就又会突然消失了。当你再次集中思维意识看这幅图时，你已经学会放松心情，尝试再次逐渐进入、融入这幅图画。慢慢地，这个唯一立体的钥匙和门锁的图像轮廓就越来越清晰地出现在了你的

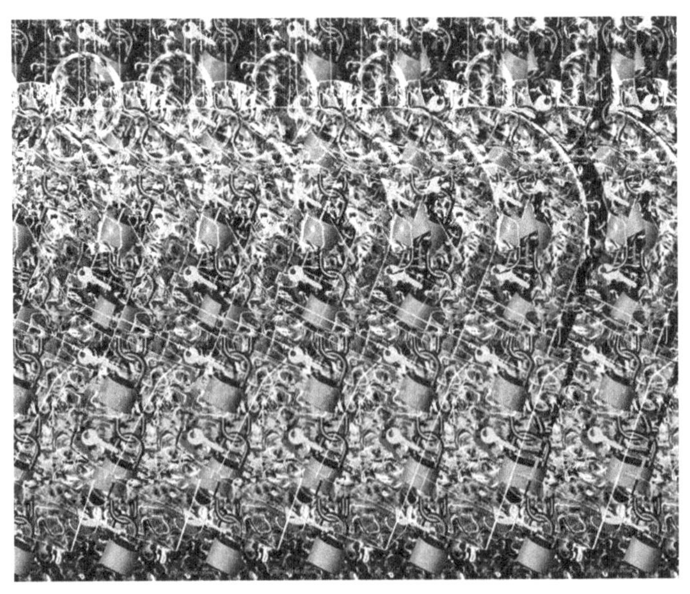

图 4－3 门锁钥匙的三维立体画

眼前！当你再眨眼时，这幅三维图再次消失了，你看到的又是有些杂乱的堆满钥匙串和门锁的二维图片。作者认为，每个人的生命中都蕴涵着丰富的创造力，当我们聚焦意识的意向性探寻时，创造力亦如隐藏在我们生命中的三维立体画，也会如此真实活泼地浮现显明出来。

思考题

1. 你能提出向“无”发问的问题吗？例如：宇宙的边缘之外有什么呢？时间的起点以前是什么呢？生命从哪里来呢？创造力为什么变没了呢？

2. 基于意识的反思性结构请思考“我是什么样的人呢？”这一类问题。

3. “笛卡尔恶魔”这个思想实验是真的吗？

4. 有超越经验的实验吗？是不是所有的实验都是经验的？应当如何破除呢？

5. “我思故我在”反映了意识的主体性，我们还思考这个问题吗？人的价值是什么呢？

6. 什么是意识的反思性结构呢？这里的主体是谁，对象又是什么呢？

7. 笛卡尔思维和创造力的五原则是什么呢？

8. “知识何以可能”为什么会让人类的理智陷入惊慌呢？

9. 如何建立一个靠得住的怀疑方法呢？

10. 你知道著名的十大思想实验是什么吗？这些思想实验揭示了哪些关于我们认知的真相呢？

11. 为什么说“我思故我在”，而不是“我走路我存在”？或者“我吃饭我存在”？

12. 那个“模糊却往往正确的东西”到底是什么？笛卡尔是如何表达这个“意向性”的出发点的呢？

13. 现今的时代该如何冲破“知识”和“知识之果”的网络，呼唤人类“第一性”创造力的回归呢？我们应该如何拯救正在失去的创造力呢？我们身上正在死去的、奄奄一息的创造力，还能起死回生吗？我们需要做什么呢？

14. 创造力公式的第一项“看见”，到底是指看见什么呢？为什么说创造力就是看见力呢?

15. 一个有创造力的生命是怎么样的呢?

16. 意识的意向性中的第一性对象在具体日常应用中到底是指什么呢?

17. 那个神秘的第一性“交联互动”到底是怎么回事呢?

18. 你能尝试表达一下你理解的“看懂”与这里所指向的“看懂”有什么相同点和不同点吗?

19. “看见”与“看懂”之间难道没有关联吗? 两者的关系是什么呢? 你能尝试表达一下吗?

第5章

创造力就是“经验力”

本章要讨论的内容与杜威创建的理论关系密切。这里作者继续采用模糊原点的思维学习方法，对前4章的内容进行再表达，使大家对创造力的思维逻辑框架理解得更加清晰。然后，我们沿着这个思维逻辑链条继续展开本章的内容。

一、内容回顾与再表达

（一）模糊原点的概念

“什么是创造力”是我们最初提出的问题。当我们尝试回答这个问题时，作者曾提出两个事实性假设：① 假如你完全知道“什么是创造力”，你不会来听；② 假如你一点也不知道“什么是创造力”，你也不会对这个题目感兴趣。这两个假设都是事实，是指你“模模糊糊”地知道创造力，但是讲不出来或讲不清楚，而你的内心对创造力还是有一些模糊的认知。本书可以帮你把你心里那个“模模糊糊”的概念逐渐清晰化。所以，对于“什么是创造力”这个问题，你不是完全被动的，在你的心里有一个“模模糊糊”的认知起点，创造力课程能够唤起你对这个概念“模模糊糊”的认识和感受。

“模糊原点”是一个很重要的概念，这个概念讲的就是这里表达的字面意思，这说明你不是完全被动地被灌输、被填鸭。在整个创造力课程的学习过程中，你通过输入的新信息，从而调动你内心里原本就有的对创造力相关问题、相关概念或者相关兴趣点的朦朦胧胧的认识。而且这个原本模模糊糊的认识会随着课程讨论、对话和交流过程更加清晰、更加明白、更加丰富起来。所以，作者尝试采用最简单直白的语言学习创造力课程，这也要求你自己不要把创造力的内容复杂化。

“模糊原点”指的是我们的学习的认知起点不是空白的，而是客观地存在着一个与这个学习相关的、模模糊糊“先验”的概念，即真正学习的认知起点是基于我们有“先验”的认知（或称为预备知识），这是前面章节所涉及的内容。而本章则要借助另外一个重要概念“经验”将“创造力就是看见力”过渡到“创造力就是经验力”。

（二）先验 VS 经验

“经验”是指只有经历和体验了以后人的内心里面才会出来的东西。所以人的这一生必须要有经历、体验、感受、学习、实践过程才能够获得某种认知。也就是说，我们必须真真正正地生活、经历、感受、体验过后，我们心中的某个东西才能被激发出来。

“先验”是指在没有任何经历和体验之前先天就存在于人心中的东西，即我们不需要“经验以前”就“先验”地在我们心中的某种东西，是先天的、与生俱来的、依存于理性的，而不是后天的、依存于感觉经验的。所以“模模糊糊的起点”是一个“先验”的概念。

“经验”和“先验”这两个概念是相对的，两者对应的理论就是经验论和唯理论。经验论的代表人物有约翰·洛克、弗朗西斯·培根、大卫·休谟等哲学家。而唯理论的代表人物有勒内·笛卡尔、巴鲁赫·斯宾诺莎、戈特弗里德·威廉·莱布尼茨等哲学家。康德则尝试把这两个概念贯穿结合起来，提出了综合理性批判，这就是康德成名作《纯粹理性批判》。

（三）创造力的逻辑线

创造力首先表达为“看见”，然后加上“操作”，然后再加上“表达”。这就是作者提出的创造力模型：创造力＝看见＋操作＋表达。因此，创造力的第1个主题：创造力就是“看见力”，即创造力要建立在强大的逻辑思维能力上。

创造力的第 2 个主题：意识的意向性结构。在此结构里，作者借用的是胡塞尔的现象学理论。胡塞尔的著作《现象学》讲述的就是思维意识的投向点/对象。胡塞尔之前的哲学家都认为，客观世界原来是什么样子，我们要学习和认识的客观世界就是什么样子，它不会因为我们的喜好而改变。而胡塞尔站出来说：这是错误的！因为我们心中已经预先地存在着一个模模糊糊的东西，即我们的意识意向性结构决定了我们投向外界的方向性选择和个人喜好。因此，我们内心想要什么，我们就得到什么！这是对传统认知的方向性颠覆。

创造力的第 3 个主题：意识的反思性结构。在此结构里，我们借用笛卡尔的模糊原点理论展开讨论。如果我们的意识投向我们自身外面的对象，就是意识的意向性结构。如果这个意识投射线反射回来，投到我们自身，就是我们自己的意识主体成了我们意识意向性的第一性对象时，就是“意识的反思性结构”。我们探讨了笛卡尔是怎么采用意识的反思性结构证实了“意识的自我意识”的确定性。笛卡尔指出，当你说“我怀疑什么”时，就在这个“我怀疑什么”的结构里包含的“我在怀疑”是唯一可以确定的东西，即怀疑的基点(原点)本身是确定的，这就证实了人的自我意识是客观存在的。

更简单地讲，可以用“箭头”表示一个意识的意向性，即任何意识都是朝着一个对象而去的，而不会是没有目标的意识。意识总是向着某个目标而去，这就是“意识的意向性结构”。一个“原点”指向一个“对象”，这就构成了一个完整的意识的意向性思维结构。我们每个人都有所谓的意识，只不过我们原来注重的是意识的内容。而这里我们才意识到：意识的内容并不重要，意识的结构才是真正重要的东西。也就是说，人的思维意识的结构像是“箭头式”，像力的矢量一样朝着某个东西而去，这就是意识的意向性结构，而且任何一个意识都应该具有这样本质规定的结构。

至此，我们应该清楚地认识到“意识的意向性结构”这个本质特征很重要。这是因为在这个思维结构模型里“模糊原点”的主动性被清晰地凸显出来了。这使我们客观地看到，人的思维意识过程不再是一个被动的接受过程，而是一个主动地渴慕、投向、选择“第一性对象”的过程。

前面章节全部是在讲创造力就是“看见力”，从本章开始，我们要进入到“实践”层面，在“操作”和“表达”层面上探讨创造力。这里首先回顾一下“对象”这个概念。“对象”就是我们意识的意向性投向的对象，这个对象就是指我们所在的世界，即除了我们这个主体以外的客体。客体可以是人，可以是事情，可以是客观的物理世界，可以是我们介入的人文世界，还可以是一本书、一部电影等等。当然我们自己也可以成为我们的“第一性对象”，这就是意识的反思性结构。“对象”实际上是一个哲学上的主体、客体分离的概念。

（四）知识是第三者

发现知识是第三者，这是笛卡尔的贡献。人类在笛卡尔以前还不能叫近代或者现代，只能称古代。西方近代史的开创者，当然不是笛卡尔一个人，但是是以笛卡尔为代表。为什么这个标签贴在笛卡尔身上，而不贴在其他人的身上？例如，不贴在牛顿、伽利略或者其他人身上呢？这是因为笛卡尔对全人类的知识提出了怀疑。提出怀疑的人其实很多，但是笛卡尔在提出怀疑的同时，又把知识放在一个确定的基点上，使人类知识的大厦不会立刻坍塌。所以，笛卡尔既怀疑又建立，这两项伟大的工作都是由笛卡尔完成的。笛卡尔的一个重要贡献就是发现知识是第三者。知识是第三者的确切意思是说人的“模糊原点”和“客观世界/对象”是第一性的，而知识却是“模糊原点”与“第一性对象”以外的东西，只是人类思维意识的一个产品而已。事实上，这是很容易理解的概念，如果我们的整个思维意识是冲着第一性对象而去，那么这个过程中产生的思维意识的副产品就叫知识。

这个有趣的概念会让我们发现自己的思维意识结构里存在着一个很大的问题。我们现在读书的意向性大部分是冲着知识这个第三者而去，即以知识为我们的追求对象。我们本质上不是对知识背后的“第一性对象”感兴趣，而只对知识有兴趣。我们在这里把关乎知识的这类对象称为“第二性对象”。学习知识这类活动就称为第二性学习。我们之所以没有创造力，可能是因为我们原来的学习模式大多是第二性学习。

（五）第一性学习 VS 第二性学习

分析至此，第一性学习和第二性学习的概念就可以与杜威的哲学理论联系起来了。杜威特别强调的是第一性学习，而不是第二性学习。现在教育体系中的第一性学习非常缺乏，缺乏针对第一性对象的学习过程和训练，而是被当中的“第三者”知识牢牢地拦住了。我们通过观察发现，现在很多学生对第一性对象没有兴趣，而对第二性的知识却非常有兴趣。这是为什么呢？这是因为知识很有用。考试获得高分可以拿学位，可以拿奖学金，可以挣高工资，可以获得很多实实在在的好处。所以，我们都喜欢炫耀知识，搬弄知识。现在很多社会人士就做这个工作，就是把知识搬来搬去。现在学校的很多老师也在做这个工作，所以很多人做的大都是第二性学习的工作。但是我们也就是炫耀知识，搬知识而已，对激发我们的创造力没有根基性的启示价值和诱导作用。

按照作者这里分析的逻辑，我们的学习事实上已经脱离了第一性学习的原创性，因为我们投向的第一性对象越来越少。如果说，原创的、真正的、本质性的创造力大都锁定在“模糊原点”与“第一性对象”之间发生，那么与“第一性对象”切割的第二性的学习就很难激发、产生真正的第一性创造力。与第二性学习关联的第二性创造力基本上都是非原创的、山寨版复制品。这样的学习教育培养出来的学生有可能是山寨版高手，但是不会是具有原创性创造力的人。随后，作者将要探讨杜威的理论是如何把我们拉回到“第一性对象”的。

（六）意向性的偏移

我们意识的意向性原本应该冲着好奇的第一性对象而去，但是由于被已经产生出来的大量的、有用的知识吸引，我们的意向性就开始偏移。当我们意识的意向性被知识这个“第三者”吸引拦阻以后，其就偏向了“非第一性对象”，这个偏移会直接造成我们内在创造力的极大萎缩。用大白话讲，如果我们的功利心太强，我们就不可能具有创造力。即是说，我们最原初的意向性是冲着“第一性对象”而去的，但是我们的功利心会把我们内在单纯的好奇心带偏。

作者通过观察发现，那些伟大的、原创性的发明创造者大都是能保持好奇心的人。当其他人都认为某些研究或探索什么好处都没有的时候，那些保持单纯好奇心的人却依然能够锁定“第一性对象”，坚持下去。关于创造力，作者探讨至此，你也许会发现真正的创造力根本不是什么难于上青天的东西。很多人没有创造力，仅仅是因为他们在追求的过程中意识的意向性偏移了。作者认为这是一个很有趣的概念。创造力来自单纯的好奇心，就是“模糊原点”是针对“第一性对象”的。需要注意的是，“模糊原点”必须与“第一性对象”直接互动，交联结合，然后才能产生出真正的第一性创造力。

（七）有创造力的生命应该是怎样的

那么，一个有创造力的人，他的生命应该是什么样子呢？你是不是觉得这个问题有点出乎意料呢？难道我们不是在讨论创造力吗，现在怎么转换话题了呢？这是因为作者把意向性投向了具有创造力的人蕴含的更本质的内在东西，那就是具有创造力的人的生命状态。

何为一个有创造力的生命，作者曾这样表达：内心最纯粹的自我，也就是意识意向性的主体，通过意识的意向性自动自发地启动机制（一般的表现为单纯的求知欲和好奇心）不断地与第一性对象之间进行交联互动，并在这个过程中不断地产生“看见”，也就是内心的灵光闪现，在这样不断积累的看见里带来了内在生命的成长与认知更新。这个成长更新的生命，在外在可见的“操作”与“表达”的人生舞台上积极追求与共同体互存互动的经历和体验，由此呈现出一个作为自由人的、本质的真实生命。简言之，一个有内在的启动和成长更新，有外在的自由呈现的生命，才是一个有创造力的生命。

看到这一段话，你有什么感受和体会吗？你不要太聚焦，有一点点比较宽泛的、模模糊糊的感觉就可以了。如果此时你的回答是“有”，那就是这段话唤起了你内心深处的模糊感受。虽然你现在还搞不清楚这里边具体内容是什么意思，但是你的内心里面确实会有某种共鸣。

假如你用这个问题来反问自己，你还是可能一下子无法回答。那么到底该如何作答呢？作者尝试举个例子回应这个问题：譬如一个团队里遇到了一个大麻烦、大问题，当大家都觉得无路可走、束手无策时，一个人走了进来。他立刻发现问题的症结，并找到解决方案。碰到问题时，这个人的思维总是很到位，总是能够很好地把握问题的要害和关键。当大家把问题想得很复杂时，他总是能用很简单的方法解决问题。那么，他为什么能做到这一点呢？再聚焦一点讲，他的生命到底是怎样的生命呢？答案就是上面作者的表达。这里，作者已经尝试把前面章节涉及的概念、逻辑、公式和模型等都放进来了。

我们若愿意再近距离了解这段话，就会再多理解一点这段话的意思。譬如“内心最纯粹的自我”就是意识的意向性的原点，带有“先验”的预备知识，而不是完全空白的主体。通过“意识意向性”的投射是一个自动自发的过程。这个自动自发的能力也是先天的，人天生就具有这个能力，其实就是孩子的那种单纯的好奇心。但是，如果很多时候我们的意向性会卡住，就是没有被诱导、没有被激发出来。学习教育的真正目的和功能，就是能够把原先具有的潜能引导和激发起来。

这里描述的有创造力的生命其实就是孩子的天性。大人的单纯好奇心就要大打折扣，有的大人基本没有好奇心。所以当我们尚且年轻时，我们有机会去观察自己的孩子。孩子的那种求知欲和好奇心非常单纯强烈，他们单纯而不功利，会不断地和第一性对象互动。事实上，如果我们只会捧着书本读书，那么我们好奇的对象就已经从“第一性对象”转变为了知识这个“第二性对象”。模糊原点与对象之间的交联互动，是指两者之间不能脱节、不能相互分裂、不能被第三者插足。作者在这里的有些表达，你现在模糊了解就可以了，不需要一定搞得清清楚楚。因为只有通过后面内容的进一步探讨，你才会更加清晰明白。现在的这个表达只作为创造力的一个大的图像轮廓。

在我们互动的这个过程当中，你已经不断地产生“看见”，其实就是大脑灵感不断，就是现在你发出惊叹的这个过程。假如你已经很久没有发出这样的惊叹声，那么这说明你的这个机制基本上已经非常麻木，没有感受力了。事实上，在我们与第一性对象的互动中，我们一定会不断地发出惊叹，这就是创造力被开启的过程。作者希望各位学习到这里都会产生惊讶声。这样的“看见”积累起来就能够不断地促使我们内在心智的成长与认知更新。

知识的效用功能是我们在第4章里学习到的一个非常重要的概念。知识会给人带来效用功能，即知识很有用，知识可以赚钱，知识也是一种权力，知识是一种力量，这都是知识的效用功能。但是知识更本质、更重要的效用功能就是能够带给我们心智的成长与认知更新。

心智成长的概念由此产生，这个概念非常重要。最后我们会发现创造力的终极创造就是创造自我，而不是创造任何我们生命之外的东西。现在作者已经把这个箭头安放好了，这样我们就把“操作”与“表达”这两个概念也放进来了。“操作”与“表达”是指我们内心灵光一现或者说是我们心里面的某种“看见”，其实都只是我们自己心中的东西。所以我们需要表达出来，需要外在呈现和展示出来，即展现在可见的“操作”与“表达”的人生舞台上。

（八）唤起与呈现

创造力涉及全体人类，包括人类已经积累的知识也要参与到我们的创造经历里。因此，创造力不是一个人的单独想象，而不引起另一个内在心灵的共鸣。因此共同体又涉及两个很重要的概念，就是“呈现”与“唤起”。胡塞尔的《现象学》中有关“意识的意向性结构”意思是让这个客观世界呈现出来，不要被遮蔽，不要被扭曲，而是要自然而然地呈现出来。简言之，具有创造力的生命是一个不断地启动、不断地被对象唤起、激发和呈现的生命。这个启动可以是通过老师、同学、朋友、作者，甚至和陌生人的对话交流，其实质都是人的内心被对象“唤起”而具有外在的呈现和表达。

那么什么叫作内心被对象唤起呢？假如你现在没有什么创造力，你认为问题到底出在哪里呢？根据作者的观察，这个问题很可能就出在此时你还不知道“什么叫作被对象唤起”。所以，我们这里探讨的不是理论，而是具有很强操作性的思维方法。只要你是一个具有创造力的人，你的内在心智就会不断地成长与更新，而不会是几十年一成不变。事实上，话题就是我们好奇的对象，是关乎“意识的意向性”的东西。所以，话题本身很重要。本章的话题很可能对各位学习者有朦朦胧胧的吸引力，然后是“外在的自由之呈现的生命，才是一个有创造力的生命”。朦朦胧胧觉得不错，觉得挺美的，这就是“对象”唤起和激发了我们内心的模糊原点。

关于本章的内容，作者听到的一个非常具代表性的问题是，“这里讲的是创造力吗？现在讲的好像是创造力的机制、创造力的理论、创造力的来龙去脉，可就是没有讲创造力啊！”请你们想一想，现在我们是在讲创造力吗？当然是啊！作者这里想问的问题是，为什么你会问出这样的问题呢？很可能的一个原因是，希望学习本书之后，最好立刻变成一个具有创造力的人。而本书采用的方法是让你们知道：我们的创造力是如何失去的，是如何消失殆尽的。作者从这个角度切入，帮助我们把认知偏差一点点纠正过来，然后，我们的创造力才能够自然而然地呈现出来。

（九）知识是如何阻碍我们的创造力的

知识阻碍我们的创造力的基本机制有两类：第一个是遮蔽机制，指“第三者”知识把我们原初的意向性的第一性对象遮蔽、阻挡住了。知识这个“第三者”冒充第一性对象，使我们误以为“第三者”知识就是我们追求的第一性对象。另一个是偏移机制，因为我们纯粹的好奇心偏移到了知识的功利效用，而忽视或者轻视了心智成长功能。即我们的好奇心和求知欲的动机被功利心牵走了，从而迷失了目标。

（十）如何建立清晰的思维

假如知识本身值得怀疑，任何知识都值得怀疑，那么我们的思维怎么能够建立在可靠的基点上呢？这个就是笛卡尔的功劳。笛卡尔一生花了很多时间来研究这个问题，谈方法论，即告诉我们如何建立起清晰的思维。假设我们现在的思维力和创造力不足，借用思维力的矢量模型进行表达，就是思维力矢量段很短，而且对起点和终点的训练不完整。因为应试教育的基本模式是预设好问题，方向和结果也设好了，我们只训练思维力矢量的中间段。

事实上，问题的结果很重要，矢量模型中间段的训练也是必需的，而思维矢量中间段的训练也是源自笛卡尔提出的方法。也就是说，后来整个文明世界的理性思维包括教育基点，就是建立在如何建立清晰的理性思维基础之上。笛卡尔认为，所有的知识都必须经过理性的重新检验。我们将其归纳为笛卡尔创造性思维五原则，即单纯原则、直觉原则、解构原则、建构原则和系统原则。

本章我们会继续讨论杜威的创造力的 5 个步骤，可以和笛卡尔的思维五原则进行横向比较。这样的思维可以避免前后矛盾、完全碎片化。碎片化是信息碎片化时代最严重的问题，所以要把文章打印出来，前后关联起来读，这样才可以有针对性地进行系统学习，而不是碎片化、脉冲式地学习。

（十一）陈述变疑问

前面的章节里作者非常强调问题导向、真问题导向、疑问开路、对陈述的反攻的思维模式。这里特意准备了一个真实的例子，进一步说明如何将陈述变成疑问，如何松动、突破和开放思维意识的边界。

这就是所谓的问题导向性思维，也是把陈述变成疑问的思维。当我们对一个问题画上"句号"的时候，一条路就没有了，这个门就被我们关掉了。事实上，当我们面对一个无法证明真伪的疑问、疑惑或不解时，如果我们轻易地使用"句号"进行陈述，一个可能性的大门就被我们关掉了。作者认为启动创造力的一个非常重要的思维方法就是不要对结论那么感兴趣，而要对问题感兴趣。因为问题是"探照灯"，它是用来确定思维意识探索方向的。如果我们没有这个思维方向，我们的思维就会止步不前，无法进行思维突破。但是，一旦有了这个思维方向，我们就会一步一步地往前挪，而且越往前面挪动，我们就会越明白；越往里面挪动，我们的认知就越深刻。思维力和创造力就在这个过程中被激发、增强、提升、拓展和不断自我突破，这也是疑问的巨大功用。

假如在课堂上我们没有疑问，我们就是等待被填鸭。如果等待被填鸭，那么就无助于创造力的开启，实际情况有可能会比我们不来听课更糟糕。因为我们可能在课堂上获得了更多知识，而"第三者"可能会更多地阻塞我们的第一性创造力。所以，我们一定要有警醒意识，坚决拒绝被填鸭。我们要自己守住这个底线，因为人很容易放弃这些单纯本真的能力。如果我们没有提问的能力和渴望，即我们的好奇心很弱，或者已经没有了好奇心。这样，我们实际上就已经对很多未知的领域、东西拒之门外了，各种各样好奇的大门就这样一扇一扇地被我们关掉了。最后我们会发现，好奇的大门都关得差不多了，现在剩下的几个门都是通向功利主义的大门，因为只有这些东西能帮我们考试得高分，能帮我们升职赚钱。

假如现在我们的心只对这几扇功利的大门敞开着，其他的门都被关得差不多了，这说明我们的好奇心差不多已经消失殆尽了，因为我们内心深处对通向功利主义大门的后面的东西是没有真正的好奇心的，我们要的只是这个功利的结果而已。所以，这时候我们是很希望、很高兴被填鸭的。因为填鸭获得的东西是可以带来直接利益的。我们现在知道这一点很重要，只有看到这个事实性的真相，我们才能产生自觉拒绝“被填鸭”的勇气和力量。

作者将引导你主动拒绝被填鸭。那么如何能做到拒绝被填鸭呢？首先你要尝试主动进入作者提出的问题，而不是被动地被填鸭，并要尝试着在作者提出的问题“探照灯”下继续提问，不要过度关注正确答案本身。

这里所说的“探照灯”是指创造力和具有创造力的生命是什么样的，即创造力是如何在我们身上发生，怎么让我们的创造力更强一点。这就是本章所提出的“探照灯”问题方向。你要尝试在这个思维方向上提出问题。我们确信你对这个话题有兴趣，因为你如果没有好奇心就不会阅读这本书。一定是你的好奇心吸引你来阅读本书。当你有好奇心的时候，就会有期望；但是，如果你觉得这个问题不是你感兴趣的问题，就会觉得自己的期望没有得到满足，就会失望。所以，这里作者提出的问题一定要变成你自己的问题，而不单单是作者的问题，我们意识到这一点非常重要。

二、杜威的实践论与创造力

我们在讲创造力时为什么会提到杜威呢？因为作者发现，我们现在的问题其实就是杜威当年面对的问题。所以，在这个节点上我们的问题就和杜威的问题融合了。不是结论融合，而是问题融合，这点很重要。作者发现杜威当年思考的也正是我们现在面临的这一类问题。因此，我们就可以把杜威理论里一些有启发性的东西借用过来，帮助分析我们现在的问题。我们好奇的是杜威的问题，而不是其结论。

（一）引导性问题

这里提出的引导性问题包括：① 生活中的创造力对你有那么重要吗？因为是否有创造力并不耽误我们的吃喝拉撒，我们为什么会对创造力有如此浓厚的兴趣呢？② 我们在什么地方需要创造力呢？这里我们可以回想一下：昨天、上个星期、上个月、过去一年，我们在哪个场景里觉得自己特别需要创造力呢？

事实上，我们至少在 3 个方面都急需有创造力：第 1 个是工作；第 2 个是沟通；第 3 个是学习。由此可见，创造力不是一个与我们生活无关的话题，而是根植在我们生命中的内在深层思维逻辑中的重要话题。关于创造力在这 3 个方面的应用，这里展开讨论如下。

1. 工作中的创造力

在工作中我们需要不同程度的创造力。譬如，在很平常的日常工作中，我们会突然遇到一些意料不到的新挑战和新问题，这需要我们要随时调整、突破和更新原有的思维逻辑，有创造力地提出新方法和新途径，应对面临的新情况，解决新问题。

2. 沟通中的创造力

在处理人际关系上特别需要创造力。回想一下，在我们的生活经历中，很多原初美好的关系都破裂了！这个关系对我们是那么重要，我们不想让这个关系破裂。那么，我们该如何拯救这个关系呢？我们内心觉得彼此的关系不应该是这样的。这个关系可以是男女朋友关系、亲子关系、朋友关系、领导关系、同事关系等。现在我们面临的问题是，这个关系是如何破裂的呢？

假如我们没有创造力，我们就会被动地“脚踩西瓜皮，滑到哪儿算到哪儿”，对这些关系我们根本没有任何操控能力。假如我们有创造力，即自动自发的一种能力，我们就会把这个关系变回到我们认为正确的、美好的样子，我们周边的人都会因此而受益。事实上，我们周边的很多人，也有很多美好的关系破裂了，但是，他们可能根本就没有意识到这一点，当然也不知道这些关系是怎么麻木僵化的。如果我们有创造力,我们就可以把彼此的关系变好,周边的人就会因我们的创造力而受益,从而建立起非常美好的新关系。

3. 学习中的创造力

学习就是创造,创造就是学习。前面讲这个概念的时候,我们区分了学习的两个概念:一个是study,另一个是learn。假如我们的学习不是冲着对“第一性对象”的好奇而去,那么大部分的学习就属于learn,即学习技巧、学习本领。我们可以靠这个本领去赚钱、找工作。但是,真正的学习(study)却并不是那么功利,而是一种兴趣驱动型的学习,也许有的人从来没有进行过这类学习。譬如读书,除非老师说这个内容要考试,我们才有兴趣去阅读它。如果老师说不需要考试,我们就对读书毫无兴趣,不知道还有什么理由还要看书。如果我们的这个好奇心没有了,我们生命当中真正的学习(study)也基本没有了。如果我们的好奇心没有了,我们内在的生命就已经僵化麻木,濒临死亡了。《庄子·田子方》中写道:夫哀莫大于心死,而人死亦次之。类似的表达还有,好看的皮囊千篇一律,有趣的灵魂万里挑一。我们不能把自己塑造成千篇一律的样子,过着毫无创造力一眼能看到头的生活。

假如我们把这个道理讨论清楚,我们就会突然重视自己的好奇心,就不会在功利的事情上再浪费很多时间,这样我们就会重新启动由好奇心带出来的真正的学习(study)。现在很多学校特别强调培训、考试等,这些也都是第二性学习(learn)。因此,我们几乎与真正的学习(study)完全脱节,因为我们根本没有任何真正的学习能力。我们目前的很多学生实际上是不会学习的,不知道什么是真正的学习。这个创造力课程就是要引导我们回归到真正学习(study)的认知,因为学习(study)是人一辈子的功课。

(二)杜威的往事

有关杜威的学说、他的生平,以及他对中国的影响,在百度里都有很详细完整的描述。他在1919年受邀来到中国,他本来打算在中国停留半年就回美国,但是杜威来中国后,发现中国很有趣,半年后他没有走,在中国一直待了两年多时间。那么,请大家回顾一下1919年的中国正在发生什么大事啊?是的,五四运动!所以,杜威与中国五四运动的几位新文化干将,例如胡适、陶行知等都有过亲密的接触。

胡适当时从美国留学回来,他在美国留学的导师就是杜威,就是他邀请杜威到中国访问。杜威对陶行知的影响也很大,例如,陶行知的名字都是因为杜威的影响而更改的。他先前的名字受了王阳明"知行合一"学说的影响,认为有"知"才有"行",就改成了"陶知行"。后来他从杜威那里接受了"知从行来",没有"行"哪里有"知"呢?所以他又将名字改成了"陶行知"。杜威非常强调实践,这对陶行知也是一个很重要的启发。陶行知、胡适都是那个年代的精英,他们对当时的中国有很大的影响。

1919 年到 1921 年,杜威在中国讲学。他走以后,同一个团体又请来另外一位当时的大哲学家罗素。他们都对中国近代知识分子思想影响很大,其实杜威的影响更大。1919 年,杜威在北京、南京、杭州、上海、广州讲学,胡适担任翻译,把民主科学思想直接播种在中国。

杜威的思想和教育理念不仅影响了政治家,而且也深刻地影响着文化界、思想界和后来的哲学界。

(三)杜威的教育理论

杜威是美国的哲学家,他曾经在霍普金斯大学读博士。美国哲学家其实不多,大部分哲学家都出生在欧洲,到目前为止情况依然如此。杜威作为美国哲学家,他的整套哲学思想成熟以后,他又从头开始改造教育,所以杜威又是教育家。杜威创办小学六七年,实实在在地影响了整个教育实践。他的"实验主义"教育方法影响面很广泛,甚至波及科学、艺术、宗教、哲学。

"做中学(learn in doing)"这个理论涉及杜威哲学的切入点,杜威提倡教育即生活、学校即社会。欧洲哲学非常强调认识,即我们的认识是怎么发生,杜威哲学就是从认识论开始切入。杜威发现认识是通过实践产生的,没有实践的认识就是头脑知识,真正的认识是通过"做中学"发生的。

最简单的一个"做中学"的例子是这样表述的:假设你会开车,你会骑自行车,你会游泳,你甚至讲不出来你是怎么学会的,但是你已经学会了。如果你不去操练开车，不去实践骑自行车，不去尝试游泳，你是学不会的。即使你脑海里面有再多关于开车、骑自行车和游泳的理论和知识也无济于事，因为实践是知识和理论不能替代的。这个例子说明，我们会在“做”中摸索出很多东西，因此我们不需要读、不需要背就能够完全明白。而理论和知识则是实践后的抽象和总结。因此，杜威的整套教育思想还是非常具有颠覆性的。从中世纪开始，哲学非常强调认识论，而不太强调实践论。从杜威开始，才把实践论和认识论真正融合在一起，并且成为杜威教育思想的精华。

杜威强调实践，强调过程，强调经历。杜威开始用这个新的教育理论办学校。美国的实验就是建立在杜威的整套思想上，以美国为首的整套精英政治都是基于这个思想基础。杜威的整套理论、哲学思想和精英思维对美国大众的行为影响深远，甚至影响到伦理学。杜威的理论还通过美国传播到其他国家。

事实上，任何人的思想都不是凭空而来的，那么杜威的思想是从哪里来的呢？对杜威思想影响很大的人物是查尔斯・罗伯特・达尔文(1809 年～1882 年)。达尔文是英国生物学家，进化论的奠基人，他在出版的《物种起源》中提出了生物进化论学说。该学说对生物学、人类学、心理学、哲学的发展都有不容忽视的影响，该学说当时轰动了整个思想界，包括马克思、尼采的学术思想都与达尔文的思想启发不无关系。杜威的哲学思想在很大程度上是建立在达尔文的思想基础上。杜威的哲学思想涉及“不确定性”的情景(situation)，即模糊对象，人是随着与不确定的环境(模糊对象)相互作用而发生变化和更新。这就是为什么杜威强调教育要和实践环境相结合，这是因为人和环境是一起进行演变的。达尔文强调的演变就是所谓的选择、异化是与环境互动得出来的。所以，杜威哲学理论里的很多概念，如什么是知识、什么是经验等受达尔文思想影响的烙印很深。

三、从笛卡尔过渡到杜威

在思维逻辑上我们是如何从笛卡尔的思想过渡到杜威的思想呢？如果我

们在这里不讨论清楚，在创造力的思维逻辑上就可能无法关联。因此，作者首先要解释清楚杜威思想和笛卡尔思维逻辑的关联性，以使我们的有关创造力的思维逻辑可以顺利地过渡并关联起来。

（一）思维力矢量模型的逻辑

基于思维力矢量模型，笛卡尔的理论强调内容偏向于思维力矢量的原点部分，强调“模糊原点”这个第一性对象，聚焦点偏向于我们如何在这个过程中建立起正确的思维，而不被第三者“知识”干扰，不盲目迷信和崇拜，而要有批判质疑精神。但是，笛卡尔又不是完全的知识虚无主义者，他把我们带回到思维的基点，就是我们内心的模糊认知原点，即我们天生先验的东西。笛卡尔的理论在思维矢量模型的这个聚焦点上教我们如何思考。杜威的理论在思维力矢量模型上偏向于“箭头端”，即人的意向性投向的“模糊对象”这端，强调如何与对象进行交联互动，如何相互作用。这里用“交联互动”进行表达，其实也可以用其他词汇表达这个意思，即杜威理论是聚焦偏向于作为“模糊对象”的第一性对象。这样，他们两者的理论就可以通过思维力矢量模型连接起来，如图 5-1 所示。

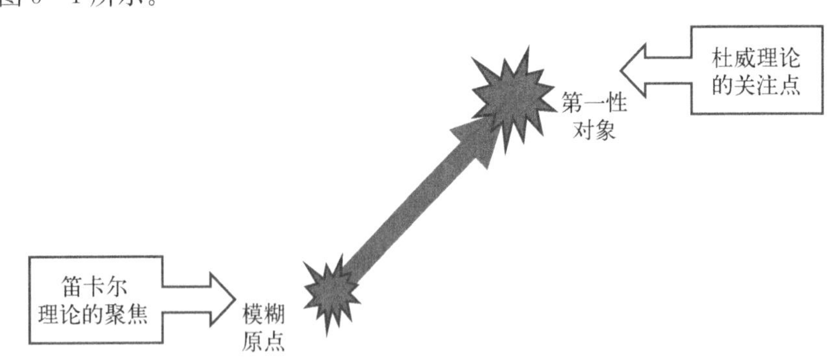

图 5-1 基于思维力矢量模型的笛卡尔理论 VS 杜威理论

笛卡尔理论和杜威理论相互关联的逻辑线是这样的：我们把笛卡尔和杜威的理论都放到“思维力的矢量模型”里进行连接。杜威理论解决并解释了“实践”这个外在于我们的第一性对象在我们认知过程中的作用。杜威发现实践对认知具有重大作用，没有实践就没有认知。因此，杜威后来偏向于不太相信模糊原点，他一直非常强调实验和实践。杜威的这个思维与达尔文的进化论思想一致。达尔文认为，人实际上是与环境互动作用出来的产物。因此，我们可以把杜威的理论理解成“主体与环境其实是密不可分的”，主体就是环境的一部分。

此外，主体永远是主动的，不是被动的。杜威的思想与欧洲的人文主义思想相契合，即强调人的主动性。杜威认为，主体与环境是连在一起的，主体通过改变环境而改变自己。主体若想要改造环境，主体的行动力就要很强，主体在改造环境过程中同时得到改变和更新。杜威的这个思想与马克思的思想接近。杜威特别强调行动，即主体如果没有行动，那么什么也不能发生。笛卡尔的真理标准很可能是与人心中的那个“模模糊糊的东西”更一致。

现在我们是不是可以清楚地感受到杜威理论和笛卡尔理论的不同之处了呢？事实上，杜威必须从概念切入建立起一整套的理论体系，那么杜威最初是如何切入到这个概念的呢？事实上，杜威理论的切入点是对“经验”这个概念的重新改造，而且杜威切入“经验”的这个思维过程也是非常重要，非常有趣的。

（二）杜威哲学的切入问题

这里作者尝试探讨：杜威是怎么通过改造经验这个概念改造哲学，从而改造西方已经建立起来的哲学的整个走向和基础的呢？杜威是如何通过改造哲学，从而达到改造社会、实践、民主，改造伦理的呢？杜威的理论为什么具有那么强大的影响力呢？这是因为杜威的理论确实揭露了一些事实性真相，而这个事实性真相确实指向“实践与认知”密不可分。特别是第一性学习不是围绕知识这个“第三者”团团转的学习模式。第一性学习必须进入真实的环境，要直接面对宇宙万物本身探索其规律。我们在宇宙万物当中生存，会产生一系列真实的疑问或问题，例如，地震海啸是怎么回事呢？四季轮回是怎么回事呢？全球气候变暖是怎么回事呢？这些都属于不脱离真实场景的第一性的问题。所以从这个点切入，杜威思想影响了整个美国的科学主义和技术主义。

什么是杜威的经验主义呢？杜威思想的这把刀是如何切入这个问题，从而使他成为经验主义奠基者呢？事实上，杜威是借着“经验”这个概念切入认识论的。“经验”的概念从笛卡尔哲学而来，传统哲学沿着笛卡尔哲学发展，越来越按“认识论”的这条思维逻辑线发展。认识论研究人是怎么认识世界的，其中经验论则强调除了人先验的、理性的亮光以外，还要去实践，即通过人的感官感知，人会感受到、接收到视觉、听觉、触觉、味觉等带来的信息。所以“经验”是指我们的感知面向世界，“世界”是在我们脑海里反映、展现出来的图像。所以我们不能只是苦思冥想，而必须接触世界，走一走、看一看、尝一尝、摸一摸，感受、体验、经历成功与失败的整个过程，这个过程就是经验。只有获得经验以后，我们才能进行一系列的理性重组、排列，这就是传统哲学对经验论的一般性理解。

但是，基于感知的经验论会导致两个倾向：一种倾向是强调理性高于经验。为什么会说理性高于经验呢？因为经验是可以欺骗我们的，所以我们要坚持理性，否则就会被经验欺骗了。最简单的例子是，把一个筷子插到水里，看起来像是歪的，其实筷子是直的，这就是视觉经验真实地在欺骗我们。还有，在我们的经验和体验里总觉得地球是围着太阳转的，事实上这是错误的经验。但是我们看起来的、感受到的经验却是非常的真实。如此看来，我们的感知感觉是低级的，而我们的理性是高级的。所以经验进入我们的思维体系，一定要经过理性的梳理、辨析和判断，这样就容易产生一个认知偏差，即理性高于感性。另一种倾向是经验高于理性。即强调经验的重要性，并认为理性是教条主义，是在头脑知识中的瞎思考，而完全脱离了实际的思想会把人带到极大谬论里。

我们的思维沿着这条逻辑线就可以追溯到杜威的经验论里。也就是说，传统思维里，经验与理性是典型的二元论思维。这也就是笛卡尔理论的一个大标签，即二元论。笛卡尔理论把客体、主体分裂变成了两个“元”，然后他想把这两个“元”对接起来，却怎么也接不起来。二元对接如此之难，以至于很多哲学家想把二元对接起来的努力都是徒劳的。例如，叔本华、康德等都想解决这个二元分裂的问题，但是没有获得成功。

那么二元对接的难点到底在哪里呢？为什么二元对接这么困难呢？这是

因为“这个人的经验”要传递到“那个人的脑海里”是很困难的。譬如，在我们脑海反映出来的东西是不是与我们观察到的真正客观的东西是一样的呢？我们知道这些东西反映在脑海里，再表达出来是不可能一样的。因为这人看到的“红”，与那人看到的“红”好像不一样，但是我们没有办法核实。“真正客观的红”存在着，但是你的脑海中有一个“红”，他的脑海中也有一个“红”，那么这两个“红”是不是一样呢？假如你是色盲，那么你眼中的“红”与他眼中的“红”肯定不一样。也就是说，整个世界对我们而言，其实是在我们意识里的表象，表象后面表征的真实世界却是无法验证的，这就产生了认识论的第一个麻烦，认识论在这个问题上很难准确界定，不具有确定性。因此就产生很多所谓的主观唯心主义，极端的表达就是，我们根本不知道这个世界到底是什么东西。我们讨论的这个世界只是我们脑海里的一个表象而已。

杜威就是从这个点上切入感知经验论，进而形成了一套自己的经验理论。“经验”最初不是杜威提出的概念。但是，当杜威把“经验”这个概念重新定义以后，以上论述的认识论的问题就全部解决了。基于杜威对“经验”概念的重新表达，以上的所有问题都属于自我折腾的伪问题了。杜威说经验不是有关这个世界的、静止的经验，而是一个动态的经验。而这个动态的经验是人在融入环境中通过动态互动产生出来的东西，这个动态互动产生出来的真实东西才是经验，而不是经过人的脑海投射出去，然后反射回来的一张张静止的图像，这些所谓静态的反射图像是幻觉，是不存在的，是虚假的经验。

（三）杜威理论的合一性

事实上，经验是连续动态地与经历紧密联系在一起的个人真实体验。因此杜威说，就主动性而言，经验就是一个努力，即我们产生意识意向性以后，除了关起门来自己胡思乱想以外，还要想方设法解决这个问题，进入这个问题，融入这个场景，并竭尽全力地进行真实行动的一种努力。所以经验就是主动地尝试；尝试就是我们要主动地发起行动，主动地寻求解决途径。如果我们是被动尝试，那这就只能算是经历。但是，不论我们是主动尝试还是被动经历，不管我们愿意还是不愿意，我们都在经历的过程中获得了经验。事实上，这两方面都是经验，即有时候的经验是主动尝试，有时候的经验是被动的经历。在这个过程中我们获得了经验，该过程有一个特征，就是我们与环境融合在一起。假如我们是一个有创造力的人，就会尝试改造自己所处环境中的一些不确定、不完整的因素，而在改造过程中我们自己也随之变化，即改造环境和改造自己是同步进行的，就是这样的合一过程。

我们的环境不仅仅意味着我们的意识有意向性，而是"意识性＋行动力"，是一个意识和行动融合在一起的意向性结构。我们的任何行动都带着我们的意识意向性，所以我们的行动本身是与意识融合在一起的，融入环境里面，进入第一性对象。所以杜威的理论很有力量，其积极意义体现在以下 3 个方面：① 强调主体的主动性；② 注重带出行动能力；③ 直面真实场景中遇到的真实的第一性对象。具有这样思维的人，不会在枝节问题里面乱转，浪费时间，会很直接地面对真实处境提问，提出的问题也往往是切中要害。

四、杜威对美国教育的影响

作者最初提出的问题是，我们是如何失去创造力的呢？现在让我们再谈这个问题的起点：我们作为有思维有体验的活人，当接受长期的应试教育以后，就会变成对真实环境(第一性对象)，包括我们内在的模糊原点不敏感或相对麻木的人了，作者形象地称之为"假人"。然而，每一个真实的活人起初就充满了天生的欲望和好奇，这里我们可以简单地分为两类：第一类，想知道；第二类，想得到。这是与生俱来的、很强烈的生命欲望。

如果你不相信，你可以观察一些小孩子，小孩子在幼小时经常问的问题是，这是什么呢？那是什么呢？他对周围的一切都充满好奇。可是等孩子逐渐长大，他就想得到这个，想得到那个。我们就是这样一点点演变过来的。事实上，当小孩子对什么东西很好奇时，他没有想要占有它的动机和欲望，只是单纯的好奇；而大人的好奇背后就有占有的动机和欲望。所以，我们在这个点上，也是一步步地经历、体验和感受人类很本质的两个欲望，从"想知道"演变到"想得到"的过程。笛卡尔理论的切入点是我们"想知道什么"，从单纯的好奇点出发。杜威理论的切入点是我们“如何得到”，进而采取行动。由此可见，他们两者的切入点是不一样的。

这里我们最基本的欲望是“想要什么”，“想要什么”可以是“我要知道”，也可以是“我要得到”。假如你说“我既不想知道，也不想得到”，那么这说明你生命的原动力基本上已经失落殆尽。假如你说“我不想知道，只想得到”，这表明你的意识的意向性已经改变。这里作者将这个生命原动力与我们学习的意识意向性进行关联：第一性学习是“要知道”；第二性学习是“要得到”。这是因为“要得到”意味着功利主义，当我们知道学习有什么作用的时候，我们就很容易被吸引到“要得到”的层面，即我们单纯的好奇心就被拉到了功利层面，意识的意向性发生了事实性的偏移。

（一）创造力的原动力

基于前面的讨论，我们可以把人类创造力的原动力分为3类：第1类是笛卡尔理论启示的原动力，即单纯好奇追求真相；第2类是杜威理论揭示的原动力，即突破困境，带出行动解决问题；第3类是最深刻的原动力，即突破自身。事实上，我们好奇的真正目的和深刻动机就是突破自身，突破原有的思维边界，照亮原有的认知盲区和暗区，活出灿烂的人生。

基于这个认识，我们可以说解决问题的目的就是通过解决问题过程而达到我们自身内在认知和理解的更新、超越和突破，解决的问题反而是次要的。借用哲学概念，第三类创造力的原动力就是实现“是其所不是”的境界，即我们想突破自身、超越自我，通过不断否定和超越原来的“老我”而变成“新我”。这就是创造力最深刻的原动力，即我们想要成为一个新人，成为和昨天不一样的人，想要成为一个“士别三日当刮目相待”的、不断更新、活泼生动、充满生命活力的人！这是后现代哲学开始关注的问题。作者愿意借用福柯对这个原动力的精彩表达来总结：“我们根本不是发现自我，我们是发明自我，我们完全是一个半成品，是可以被创造出来的。”此时此刻，你是不是会惊讶，创造力居然可以被提升到这个层面，即“看见是为了我们自身的变化更新，为了要创造出新的自我”。

（二）杜威创造力的5个步骤

基于杜威的经验理论，作者将杜威激发和培养创造力的启示概括为以下5个步骤：

(1) **第1步：寻找对象**。即真实面对不确定的、不完整的情景。

(2) **第2步：给出假说**。因为对象不确定，所以我们要猜想，也许是这样，也许不是这样。这个猜想是来自内心的，所以我们必须对问题很敏感，然后给出一个推测性的预测，即“大胆设想，小心求证”。

(3) **第3步：考察与分析**。这里可以采用笛卡尔的思维分析方法，每一步分析都要有逻辑性，要有确定性，要站得很稳。

(4) **第4步：精细化假说**。即把它符合逻辑地、清晰地表达出来。

(5) **第5步：采取行动(action)**。

这5个步骤基本上是现代科技和现代文科的体系。杜威的学说对世界影响最大的不是理工科，因为理工科的这一套体系在杜威以前已经基本建立起来了。杜威理论影响最大的是文科。文科其实也是可以用科学方法、求证方法进行研究的。目前文科训练基本是采用这套方法进行训练的，即“大胆设想，小心求证”，所以，采用杜威的理论，社会学、心理学中的很多新的东西就被逐步揭示出来了。当我们进入第一性对象，进入不确定、未完整的情景时，要大胆设想，小心求证，然后，采取行动，解决问题，改变环境，更新自己。杜威的这套方法可以被我们应用在不同的第一性对象上。基于这5个步骤，杜威教给我们该“如何有创造性地活在这个世界里”。

（三）杜威与美国问题

杜威的哲学思想是促成美国社会繁荣的因素之一，但同时他的思想也对现在美国很多现实性的问题有影响。这个“看见”很重要，事实上，美国目前存在的问题主要有3个：① 相对质疑真理论，价值多元，最后导致价值虚无、传统失落、人心迷失。② 科学技术主义发达，科技创新繁荣，但是第一性的洞见乏力，实用主义的东西越来越多。③ 实用主义教育理论和实践使人成为工具，目的沦落为手段，人逐渐成为智能的赚钱机器，忙碌却没有幸福感。

当我们探讨思维力和创造力到达这个认知的层次时，我们需要特别关注自己内在的单纯好奇心是否已经被拉到了功利层面，我们要尝试回归到人类生命原动力的单纯本真意义。为拓展第三类创造力的原动力，后面的章节作者还要借用伽达默尔的哲学理论在这个逻辑线上继续展开。

至此，我们可以大概定位这三位哲学家的理论贡献侧重点：① 笛卡尔的理论。笛卡尔是用先验、理性照耀我们的对象，即第一性对象，作者基本是这样定位笛卡尔的贡献。② 杜威的理论。杜威强调主体人融进环境，在环境里边互动，解决环境的问题，改变环境，通过改变环境改变我们自己。杜威不那么强调理性之光，真理标准开始用实用主义来检验，实践出来的东西好，就是真理。③ 伽达默尔的理论。伽达默尔的理论是创造力的落脚点，即世界是一本书，我们走进去让世界呈现出来，我们在生命经历中阅读这本书。如此的表达，就把创造力的思维逻辑前后结合起来了。杜威的理论让我们与世界接近，笛卡尔的理论让我们的理性光照对象，伽达默尔则把世界看成是一本生动活泼的真实故事，我们走进去就会经历、体验、感动和看见，“经历让世界自己本来的样子呈现出来”。

五、创造力的再表达

本书内容很容易变成一个知识的灌输，“作者”和“读者”合谋，使我们一起变成知识的搬运工。这样学习，对我们的创造力不会有实质性的帮助。为了避免进入这个困境，我们后面的讨论会越来越有挑战性，我们需要不断地更新创造力的表达，融入新概念可以帮助我们理解得更清楚明白。为此，我们需要回顾、了解前面章节讲了些什么。但是就在这个地方，作者觉察到“这个需要”顽固地存在着一个误区，即“我没懂啊！ 因为我没搞懂，所以后面的内容也看不下去啦！”现在作者也尝试从改造“懂”的概念开始，按照杜威的理论重新界定什么叫“懂”，什么叫“不懂”。

（一）“懂”和“不懂”的概念的改造

事实上，在创造力的表达上用“懂”这词不够准确，这里真正强调的应该是“看见”。我们在第1章引入了一个最直观的思维力矢量模型的概念，矢量是一个有原点、有长度、有方向的量。矢量是初中的数学概念，你不能说“我没懂”吧！也就是说，我们对“懂”这个要求是非常低的，这里真正的关键词是“看见”。“看见”的主体是按照某个方向看，就是导向性问题，就是矢量。

箭头指向“看的方向”，也就是我们在谈什么，谈哪些问题，这会引发很多概念，很多洞见，很多启发和思考。所以第一步我们不需要用逻辑把这些启发“出来”的东西连起来，我们需要做的就是看见。这个感觉有点像我们去参观一个博物馆或一个美术馆，我们走进去，然后一幅画、一幅画地看过去。我们可能根本没有理解这幅画说了什么，但是我们至少看见了这些画，这些画可能会激发我们心中的一些感悟，或者一些思考，或者一些共鸣。“看见”其实就是这样的一个过程，所以这里的关键词不是“看懂”，而是“看见”。

看见这个词表达的内容基本上是“没完没了”，我们若向一个方向看过去，这个方向上的所有东西我们难道都完全“看见”了吗？肯定没有完全看见，因为看过去是有层次的。譬如，我们看见那里有一棵树，树上有树叶；再看过去，树叶里有纹路，再进一步呢？我们还可以看到细胞，再进一步，我们还可以看到里边有很丰富的东西。所以“看见”永远是有层次的，从不同角度越过表层，透过次表层，一层一层向里面推进、拓展、深入。我们真正的认知过程实际上就是这样一个动态的“看见”的过程，而不是所谓一步到位的全部理解的“懂了”的过程。“看见”这个概念在我们的认知上有很深刻的纠偏功能。我们在学习的时候，经常局限于是否“懂了”的理解结果，而往往忽略了是否在不断地“看见”这个更本质的学习过程。

（二）回顾创造力的结构

第4章的题目是“创造力就是‘看见力’”，粗略地讲，全部的、本质的、深刻的发现都是“看见”而已！因为我们发现的东西原本就存在于那里，不是我们从无到有创造出来的。那么我们的发明呢？其实全部的、本质的发明也都是“看见和发现”，然后用一种形态、形式或载体集成地表达出来而已。譬如，智能手机是个新发明，其实我们也可以说，这个发明是通过一个物理的、物质的、器具的形式把很多“看见”——原本就存在的规律或东西有层次、有秩序地综合显性表达了出来。只要这些“看见”按照这个模型配置组合在一起，它就一定会出现智能手机这样的功能。创造就是表达出“具有这个功能”的规律，而这些规律原本就存在，所以本质上我们不可能创造任何东西。再譬如，别人解决不了的问题，最后被我们解决掉了，其实我们只是把解决这个问题的必需的要素综合放置、配置或组合在一起，在一定条件下就可以把这个问题解决了而已。所以，在本质的意义上的发现、发明、创造都只能归结于“看见”。

传统意义上的创造力概念，强调思维的非理性，往往是指一些反常的、非常规的甚至是有悖常识的很奇怪的一种思维。事实上，确实有很多人对创造力的理解都是从这个角度切入展开论述或讨论的。而我们在第 2 章里就明确指出，理性思维是创造力中的东西，而且这个理性思维可以用一个很简单的矢量模型来表达。所以，理性思维是从模糊原点开始的，原点就是提出问题；箭头就是我们的意向性，即我们对什么感兴趣就提什么问题。假如我们对社会问题感兴趣，或对科学问题感兴趣，或对心理学问题感兴趣，我们的问题投射出去的箭头就会投向社会领域、科学领域或心理学领域。思维力矢量模型的中间线段是由理性思维进行推进，主要有归纳法、逻辑法、演绎法等。

事实上，具有连续推进特征的大创造力里往往会包含很多小的脉冲式“灵感火花”或与类比想象力相关的创造力。因此，实际创造中的思维力推进时，我们就要不断地重新制定方案方向，不断核对思维方向是不是有偏差。然后根据问题的前提条件再一点点修正方向，甚至有时还会重新思考，所以会有很多的小脉冲创造力。每个小脉冲都有一个新的起点，新的起点也就是前面的终点，所以整个思维可以无穷无尽地往前推进，中间段是比较理性的逻辑推理。但是原点与每个起始点的地方其实充满了可能性和启示性，也就充满了创造力。如果没有这些理性的逻辑归纳推理，整个模型是无法构建起来的。

构成推进的力量可以积累，而且也不是单线程的，小脉冲可能有几个方向，也包括返回的方向。

第3章的重点是把理性思维向纵深处展开。任何一个思维的结构都具有意识的意向性，即任何意识都是朝着某个对象去的。我们的意识不可能是没有对象的，这有点像思维力的矢量模型，冲着某个对象而去我们才开始启动意识。这里涉及两个概念，“原点”和“对象”。只要我们的思维意识包含这两个基本的要素，就构成了这种意识的意向性结构。

在这里让我们再深入探讨一点，即我们的思维意识的意向性与眼睛“看”的结构是完全一样、完全同构的。“看”意味着“看什么……”“意识到什么……”。从这个意义而言，思维力就是“看见力”。当我们把笛卡尔的理论引入思维力矢量模型时，思维焦点偏重于“模糊原点”；当我们把杜威的理论引入思维力矢量模型时，其思维重点偏向于“对象”。基于简单的思维力矢量模型，我们就这样把思维力与创造力的逻辑线贯穿起来了。

作者想对这部分内容进行再表达，以使我们对创造力的理解越来越清晰。笛卡尔是一个数学家，他也是人类历史启蒙时代的代表人物，从笛卡尔开始，人类才开始知道如何正确地思考和探索。笛卡尔采用的是怀疑法。怀疑法的重大贡献在于“让你不可怀疑地找到那个原点”。笛卡尔解决的重大问题是“人类的知识为什么是可能的、为什么是可靠的”，即笛卡尔通过怀疑法真正解决了人类知识的可靠性问题，而不是形成虚无主义或相对主义。笛卡尔提出的怀疑法指出：我们什么都可以怀疑，包括我们看到的任何物理对象、宇宙万物都可以是假的，但是我们产生怀疑的那个“主体”是不可被怀疑的，因为我们产生怀疑的那个主体说明“我们正在怀疑”。这听起来很简单，却非常具有革命性。笛卡尔把从人里面有一个“正在怀疑的主体”是不可被怀疑的原点作为人类知识不可动摇的基点。

任何我们接触到的对象都可以是被怀疑、被批判的“对象”，所以我们的思维只能回到那个“不可怀疑原点”，即只能拉到我们里边的那个模模糊糊的原点。原点被对象启示出来，然后我们进行模糊原点的确认和认可。如果模糊原点不被认可，则是有问题的。笛卡尔是研究几何学的，其整套体系开始于一些“不证自明”的公理。不证自明的公理是几何学推理的起点，笛卡尔是把人类先天的模糊原点类比为几何学里“不证自明”的公理。在我们的实际生活当中，我们会发现有些东西讲不清楚，但是直觉感觉是好的、对的、美的、善的，这就是“不证自明”的东西。比如，我们会觉得“爱”是好的，“公正”是对的，“温柔”是美的，“帮助人”是善的。但是若要我们采用严密的理性逻辑论证这些结论，我们还真有点儿论证不清楚：为什么爱是好的呢？但是，假如有一个雄辩之士告诉我们说，爱是坏的！善是坏的！我们就会脱口而出说“不”！这个直观的感受和反应就是那个“不证自明”的东西。理解模糊原点的概念需要我们把自己的经历、体验和感受放上去。

（三）认识论的二元分裂

杜威生活的年代比笛卡尔晚了将近四百年，那时启蒙运动基本结束，工业革命已经呈现出了丰硕成果，科技革命即将开始，人类已经拥有了蒸汽机等工业产品。杜威的理论出现在那个时候，他对人类思维意识的偏差进行了拨乱反正，做出了重大的哲学贡献。杜威哲学的切入点是要解决笛卡尔理论带来的认识论问题。认识论的意思就是“认识”，我们要认识真理，我们受教育的重要目的就是要认识真理。这个“真理”可以理解成很具体的、很抽象的、形而上的或者形而下的客观存在，只要我们能够“认识”就可以。杜威理论带来的这个“认识”概念与我们所说的“看见”“认知”“学习”“创造”其实是同一个概念。

启蒙运动以后，以欧洲为主的哲学家主要解决的问题是认识论里面的二元论。一种观点认为，认识论里面很重要的是先天的理性之光，没有理性之光我们什么也认识不了；另一种观点认为，如果没有实践，理性之光就是空洞的。就是这样的两个立场：① 唯理论，认为先天先验的理性之光是人所具备的本质性的东西；② 经验论，认为人的后天实践经历得到的是更本质的东西。所以对应的真理标准也有两个：一个是先天的唯理论；一个是实践的经验论。这是两个极端，无论偏向哪个，都可以产生无穷多的组合。但是其基本架构就是主客二元论。在这个意义上，我们可以把全部的思想家都放到这个框架里进行分类，无论是主观的或是客观的，本质上都属于二元论的各种表达而已。因此这个概念在哲学史上很重要。

直至杜威时代，传统上的认识论基本上是在二元论的框架里面运行展开，该框架里包含主、客两个“元”。事实上，这个二元论框架造成了认知上的一系列的必然分裂。例如，信仰与生命分裂、知识与行为分裂、人格分裂、精神分裂等，凡此种种都源于二元论。假如此时你说“我不懂”，那么你至少要去反思一下自己过去的生活经历，体会和感受一下什么是“分裂”。假如你觉得自己不分裂，那是因为你缺乏做人的敏感性体验。事实上，人是很分裂的，譬如我们会发现朋友的行为有时候很分裂、父母的表达有时也很分裂、同学的表现也会很分裂。在不同场景下，我们可以看到他们不同的侧面，他们不是仅有一面，而是有好多面。只要我们稍稍留心观察周围的社会现象，就会发现社会中充满着各式各样的分裂。其实这一系列的分裂都是在这个二元论框架里面展开的，因此这个概念很深刻。在很多情况下，我们很难理解，人到底是怎么回事啊？我们到底应该听笛卡尔的理论，还是应该听杜威的学说呢？这其实也属于这类分裂的问题。

（四）“对象”概念的辨析

在思维力矢量模型里的“对象”是指外部世界，它是指除主体人以外的一切客观存在，他人也可以作为一种主体外部世界。譬如，当我们与某个人打交道时，这个人也就构成了我们的外部世界。所以人可以脱离外部世界，人也可以变成别人的外部世界。但是，我们需要明白一点，即我们是活在世界里面的人，而不是孤零零的存在者，我们的外部世界包括社会环境和自然环境。但是，这些外部世界的“对象”会通过“意识的反思性结构”返回到我们自身，所以包括我们自己心中的东西都可以作为我们的对象。因此我们的思考、意识、探索、反思、反省，其实都是自己心思意念和认知里面的深层功夫。

除此之外，“第三者”知识也可以成为对象。知识这个“第三者”是人的意识的意向性与对象作用以后的产品。到目前为止，人类通过思维意识与各类对象的密切互动产生了大量这样的产品，就是“第三者”知识。事实上，我们大部分的学习就是冲着知识而去的，我们意识的意向性也是冲着“第三者”知识而去，因此“第三者”知识就构成了我们的对象。所以客观世界，包括自然界、他人、自己、社会问题、个人境遇、知识、人生选择等都可以作为我们的对象。这些形形色色的对象需要进一步被区分为“第一性对象”和“第二性对象”，这是因为该区分对启发我们创造力的原动力至关重要。

那么该如何区分第一性对象和第二性对象呢？客观世界，包括他人和自己都可以成为我们的第一性对象。但是，如果我们意识的意向性被“第三者”知识拦住，就不再针对原本的第一性对象而去。知识属于第二性对象，即当知识构成我们意识的意向性的对象时，知识就替代、置换或者冒充了原本的第一性对象。这样我们就区分出了第一性对象和第二性对象。

这个概念很重要，因为它可以帮助我们理解所谓的意识的意向性偏移。即我们意识的意向性原本是朝着知识背后的那个真实的客观世界而去的，而当我们过去时却被“第三者”知识拦阻、遮蔽住了。假如我们大量的意向性都在知识这个层面上运作，其实我们的意向性已经偏移了，离开了第一性对象，即知识已经把我们好奇的真正对象遮蔽了，我们意识的模糊原点已经和“第一性对象”隔离、脱节了。这个概念非常重要，如果我们足够诚实，我们会举出大量的案例和体会证明我们的创造力丧失和失落不是因为别的原因，就是因为我们意识的意向性偏移了，离开了原本好奇的第一性对象。

笛卡尔的理论特别强调，“原点的意向性”要非常单纯，向着第一性对象而去。单纯就是不能太功利，如果太功利化，那么我们的意向性就很容易偏移到除第一性对象以外的其他东西上。因此，真正的创造力都是“原点的意向性”，非常单纯，朝着第一性对象而去。任何朝着第二性对象的意向性偏移、遮蔽、动机不纯的创造力都不是本质意义上的创造力了，即很有可能已经降格成了知识的重组、搬运、集成层次上的创新，就不具有原创性的创造力了。知识的大量存在形式是书本文字。我们经常以读书的形式获取知识。我们清楚地知道知识在开启创造力方面很有帮助，知识可以作为开启创造力的工具和桥梁，因此原创性的创造力当然需要知识，但是知识不能替代第一性对象。在思维力矢量模型里，知识是第三者，知识可以作为“第二性对象”而存在，对开启创造力起到辅助支持作用,对认识第一性对象起到桥梁功能。

人从生到死接触到的外部世界就是自己的全部经历,当人的生命消亡后,经历也就结束了,因此人生经历就是我们非常客观的第一性对象。对象在杜威的理论里面被表述为“情景(situation)”,可以简单地将其称为不确定的、不完整的、变化着的环境。笛卡尔研究的第一性对象是确定的“模糊原点”,人心中模模糊糊的东西必须是确定的,不能变来变去。笛卡尔理论指出,我们的经验唤起我们心中的模模糊糊的东西,而我们内在的东西本身是一个确定的存在,虽然模模糊糊,却可以一点点地清晰起来。但是这个“模糊原点”本身是客观的,不能变来变去。譬如“不证自明”的公理是不能变来变去的。而杜威理论里指的这个对象,是指当我们进入一个情景,我们生活中碰见的任何东西都是不确定的、不完整的。

杜威理论的对象概念基本上就包含这两个特征,对象(即这个客观世界)是不确定的、不完整的。杜威的理论是说,我们要与这个不确定的、不完整的对象进行互动。在这个互动过程中,我们心中就会产生一些东西,以至于这个不确定的、不完整的对象变得越来越确定、越来越完整。因为我们想要控制这种不确定的情景,所以我们必须具有掌控力,这个掌控力是通过我们与情景互动产生的。因此,杜威的理论中的人很有主动性、很有行动力、很有生命力,而不是被动接受的生命状态。人随着与情景的互动,不仅控制了情景,解决了存在的问题,而且自己在这个互动的过程中也得到了改变和更新,即人在改变世界的同时也改变了自己。这个过程就是主体与客体的融合过程,就是杜威描述的接触。杜威的经验论是认识论与实践论的融合归一,是原本的认识对实践的认同。譬如我们知道了一个概念,但是我们不会应用,这在杜威的概念里面,我们的这个纸上谈兵的认识根本就不叫认识。杜威的哲学切入点就是从经验这个概念开始的。在杜威理论的概念里,真正的认识是与实践的完全融合,所以杜威把传统认识论里的经验概念彻底颠覆了。

(五)“经验”概念的改造

传统经验论和认识论里面的经验概念一直在二元论的框架里面越陷越

深，有很多问题解决不了。譬如传统认识论里的经验论认为人通过感官，通过亲力亲为将外部世界反映到脑海里面，然后组合形成认知。但是却永远说不清，既然是外部世界反映到你的脑海里，那么你脑海里的认知与外部世界是不是一个东西呢？假如不是一个东西，你怎么知道你认识的是真的呢？这是在所谓的传统经验论里是一直搞不清楚的地方。例如怎么确认你看见的“红色”与他人看见的“红色”是一样的“红色”呢？你怎么知道你脑海中出现的感知与他人脑海中出现的感知是一样的呢？因此从这些最极端的例子就推导出来一切的感知都是主观的，一切的解读都是主观的。真理的相对论就这样出来了，即没有一个真理是绝对的真理。

既然主观感知都是客观世界的一个反映，那么这个本体的世界到底是怎么回事，我们永远不知道，它只能作为一个表象，最后人的主观意志就变成是最主要的了。把传统经验论里的感受(或者感知经验论的感知)在主观脑海里反映出来的东西当作经验。全部经验都归于主观体验里，这个概念一定会造成我们永远不知道外部世界是怎么回事。这就使认识论陷入了绝境，谁也说不清楚。杜威这时候站出来说，也许我们的认知的概念错了！也许我们的经验认识论概念本身就错了。应该是包括主体进入情景，与情景互动得出来的认识才是真正的认识。

“认识”这个词在杜威的哲学概念里面意味着，不单单是意识意向性投向一个客观世界，乃是人带着全部的生命意向性投进去，带着思维意识、带着经历体验、带着行为一起融入第一性对象里。这里人的思维意识、经验、行为完全是融在一起的整体，不是疏离和分开的。理解了杜威提出的这个概念以后，我们对“认识”这个关乎我们生命本质的问题就会有切身的体会了。当人面对外部世界时，人最基本的需求有两个，即“我想知道”和“我想占有”。这是构成我们生命的两种最深刻的本原性东西。通过观察小孩子我们就会发现，他的基本需求是“我想知道”，莫名其妙地想知道，没有几个小孩子会想占有。但随着小孩子一点点慢慢长大，他的“我想占有”的欲望就出来了。当人发明了二元论的框架后，就引发出一个在二元论框架下的认识论，而这个认识论导致产生了一系列的分裂。杜威的理论是在认识论概念里面做了一个“手脚”，用他的话讲就是“改造”认识论，丢下认识论里的旧概念，启用新概念。因此，杜威理论框架下的一整套认识论与传统的认识论几乎完全不一样。

六、杜威教育思想的演变

（一）杜威思想的本地化

杜威思想传入中国后，便开始了其思想被本地化的过程。杜威思想在中国至少有3个版本。① **理论联系实际：**追溯到20世纪，中国最初引进杜威思想是在五四时期，大约在西方启蒙运动以后的三四百年。一些心智开明的知识分子把杜威思想引入中国。杜威思想引进来以后就开始一步步偏离其原初的概念，逐步进化为本地版本。第一个本地化版本就是理论联系实际。这也是当时中国的一些精英对杜威思想的理解水平，即不要讲空话，任何方案必须理论联系实际，必须能解决实际问题。相对于当年考状元、考八股文的纸上谈兵，提出“不要讲空话，要理论联系实际”确实是一个重大的思想解放。但是这个思想解放仍然是在二元论的框架下，理论和实际相联系，没有真正点出杜威打破了“二元论的认识框架”的精华，所以它是偏离了杜威思想的本地化版本，即这个认识还是在原来的二元论框架体系里思考，只是把杜威理论的“亮光”拿过来为我所用。② **知行合一：**提到“知行合一”，有人会说杜威有什么了不起啊？四百年前我们的王阳明就说“知行合一”了，这是把杜威的思想理解成了“知行合一”的层次。知行合一这个概念，基本上还是在二元论框架里面展开的思维，即知道了，还要行；行了，还要知道；在“知”中“行”，在“行”中“知”，因此“行”与“知”的概念还是在二元论框架里。而杜威的理论是把“知”的概念与“行”的概念完全融合成一个概念，才是所谓的一元论的认识论，就是人要把人整个的生命意向性投进去，这个过程是原来的认识论也好，实践论也好，是完全融合在一起了。③ **少谈主义，多研究问题：**胡适把杜威的思想理解成“解决问题”，这是动机上的降格，注重效用功能而产生实用主义的另一个杜威思想本地化版本。

（二）思维纠偏机制

一般而言，思维的降格或偏移有两个不同层次和方向上的偏移。第1个是动机偏移。我们原本的模糊原点是很单纯的好奇，但是后来演变成了非常功利性的动机，我们称之为动机偏移。第2个是对象偏移。我们原本的意向性是冲着外部世界的第一性对象而去的，但是却被第三者吸引和阻拦了，我们称之为对象偏移。通常而言，人的动机先偏移，随后就是对象偏移。

这里作者想再谈一下学习的第一性和第二性。因为学习是可以作为对象的，所以学习也就分成了第一性学习和第二性学习。这个区分很重要。也就是说，由于动机偏移和对象偏移，我们会把第三者知识当作我们的对象，这类学习大都是第二性的学习。假如说真正的创造力、认知和认识是指向第一性对象，而第二性对象都只能起辅助作用以帮助我们跨过“第二性对象”到达第一性认知里面。假如这个框架是对的，那么我们任何意义上的第二性学习都不能产生真正的创造力。所以清晰认识学习的第一性对象和第二性对象有助于帮助我们产生真正的创造力。

现在我们的社会，包括我们自己，无法产生创造力的根源是不是我们对第一性的对象越来越疏远，以至于没有直觉了？假如我们对第一性对象有直觉，我们不想逃离第一性对象，那么我们的创造力就一定会产生，这需要实践。譬如我们到一个单位工作，如果我们对这个单位里的不确定、不完整的情景和问题不敏感，不把这个东西当作我们意向性的对象，那么我们的意向性就没有对象。当我们的意向性没有对象的时候，我们的意向性就永远只能是知识。认为“意向性就是知识”的员工经常困惑的问题是，“我怎么完成自己的工作呢？”也许我们过去所谓的学习学到的很多都是这样的东西，而这个东西只能让我们局限在第二性的学习里面，永远解决不了真正的症结问题。真正解决问题是需要等到某个人出现，他一出现就对那个情景很敏感，他会拿出解决方案，然后其他人就只能跟着他的思路走。如果那个人不出现，全部人都傻眼干等。那个很厉害的人就是对第一性对象非常有直觉、非常敏感、直冲而去的人，他能把自己心中第二性的东西全部清光，我们称之为思维“清零”。

作者认为，为了增强对第一性对象的觉察力，以及敏感捕捉的能力，大学生可以利用寒暑假到各种工作单位去实习锻炼，这就是实践，这也是第 2 章我们提到提高创造力的理论依据之一。因为第一性对象就是我们生活的各种情景，可以是家庭，可以是单位，可以是项目合作，而工作情景需要大量的创造力，包括解决科研问题。面对工作中的实际情景，我们直觉上要变得很敏感，我们要告诫自己，我们在这里工作就是为了面对这个情景，专注直面遇到的问题。作者希望通过这个层面的学习，我们至少要达到杜威理论提到的创造力的思维水平。

杜威提出的理论不是纸上谈兵，他扔掉了很多空谈的理论、头脑的知识。杜威关注的不仅仅是意识的意向性，更是生命的意向性。生命的意向性是指我们要积极地进入我们生活的世界，进入我们的实际情景，进入我们面对的这些人，进入我们面对的真实问题，然后我们意识的意向性就直冲这些问题而去。试想，假如我们对生活中的各种情景都不敏感、僵化麻木，那么我们所谓的经过学习培训提升的创造力可能是虚假的、扭曲的。

那么创造力到底是怎么获得的呢？难道我们这么努力学习读书根本不可能提升自己的创造力吗？事实上，读书学习可以让我们获得更多的知识，这些知识可以包罗万象，当然也包括前人的经验、他人的方案、老师的智慧、专家的论著，但是我们并没有原创性的创造力，这说明我们大量的真实生活经历被这些第三者“知识”实实在在地阻拦住了，这是死读书、读死书的遮蔽效应。这种学习和知识累积与我们的生命成长和更新是割裂、脱节、分离的，因此不可能激发我们生命内在和本质里原有的创造力。

作者非常认同《如何阅读一本书》中有关阅读（学习）的观点：真正的学习能教我们了解这个世界以及我们自己，通过学习，我们不仅能够解决生活中的难题，变得更有智慧，还更懂得生命，能对人类生命中永恒的真理有更深刻的体验和认知。毕竟，人类社会有许多问题是没有解决方案的。真正的学习就是帮助我们可以把这些问题想得更清楚、更深刻一点。

（三）第一性书籍

假如我们能够“看见”以上的思维偏移和误区，我们的读书方法就会很不一样。因为任何一本书，任何他人的经验、专家的经验都不能帮助直接解决我们的第一性问题(对象)。书的确可以提供理论、智慧、方法和工具，但是我们需要带着自己的真实问题，即第一性对象去看书、读书、翻书，从里面捕捉关乎我们第一性对象的亮光，这样的学习效果就完全不一样了。另外一个非常重要的问题是，哪些书能够帮助我们的心智成长和生命更新呢？事实上，在世界上的确有这样的书。

这里作者借用《如何阅读一本书》作者的表述进行解释：“这样的书在浩瀚书海不会超过一百本：当你重读这本书时会发现这本书好像与你一起成长了。一本书怎么会跟你一起成长呢？当然这是不可能的。一本书只要写完出版了，内容就不会改变了。只是你到这时才会开始明白，你最初阅读这本书的时候，这本书的层次就远超过你，现在你重读时仍然超过你，未来很可能也一直超过你。因为这是一本真正的好书——我们可说是伟大的书——所以可以适应不同层次的需求。你感到的心智上的成长，并不是虚假的。这本书的确提升了你。但是现在，就算你已经变得有智慧也更有知识，这样的书还是能提升你，而且直到你生命的尽头。”我们认为这样的书可直接作为第一性对象，因为它比我们更具生命的活力，能够更新和提升我们的心智和认知水平。这类书的功能有区别于一般的知识第三者的功能，即作为“工具、桥梁”通向第一性对象。因为它自身可能就是第一性对象的代言人，即“第一性书籍”。

如果此生不读这类第一性书籍，我们的生命可能有所欠缺。即使对生活情境的第一性对象敏感，我们也许能够达到杜威解决问题的思维水平，但是我们达不到另外一个更有创造力的境界，即改变环境的同时改变我们自己的生命境界，因为我们没有内在力量达到这个层次。改变自己是指一切解决问题的过程，重要的不是解决问题本身，而是经过解决问题这个过程，我们自己的生命认知彻底被改变了，“老我”更新了，对生命的认知更加深刻了，对自己、对他人、对世界的理解和领悟被提升到了更高的层次。要达到这一点很难，假如教育不到位，人的思维和认知是很难被改变的，甚至包括我们的创造力也不会明显提高。事实上，人是不可能不变的，但是如果没有这种更新的能量人只会越来越堕落，生命意向只会往下走，很难往上提升。所以要达到更新，提升人的生命品质和原创性创造力，阅读第一性书籍很重要。

（四）杜威对美国人“存在(being)”的塑造

为什么说杜威是美国实验教育的奠基人呢？欧洲工业革命和启蒙运动以后，美国继英国后维持霸权地位，至今有两百多年了。那么为什么不是用乔治·华盛顿代表美国人，而是用杜威代表美国人呢？作者在这里解释一下，把一个哲学革命变成一个群众运动，这样的人在历史上实在不多见。把哲学革命变成群众运动，把哲学上全新的认知变成了全民认知的改变，能做到这一点的人更是凤毛麟角。孔子算一个，孔子的学说突破了这个层次，他把中国人变成了学习“孔子理论的人”，即孔子的思想塑造了中国数量庞大的一批人。笛卡尔算一个，是笛卡尔教会了普通人怎么基于模糊原点进行理性思考，以前的人不是这么思考的。笛卡尔的哲学理论影响了后来人的心智和认知。杜威也算一个，杜威的理论也塑造了很多人，杜威的这些哲学上看见的东西塑造了美国人的国民性。

美国的整套思想原是来自欧洲传统。但是杜威的思想把一代美国国民变成了与其制度相吻合的公民，使整个美国人的心智与之吻合。杜威当年要把他的哲学思想融入教育，他从办小学开始撰写《我们如何思维》，教导人正确的思维方法，杜威的理论完全大众化。笛卡尔也启发我们如何思维，他撰写了《方法论》等，在这个层面他们改变的是一样的东西。

事实上，当年的鲁迅和胡适也都想用杜威的思想和哲学方法来影响中国人，但是没有那么顺利，因为他们的切入点与杜威思想不一致。他们是从二元论切入，所以本质上还是“知”“行”合一，可称之为认知偏移。该认知依然是二元论里的认知，并没有从二元论的认知框架里面突破出来。事实上，中国人从二元论认知框架里跳出来确实很难。我们原来的学习模式本质上也是在二元论认知框架里出不来：学了要用啊！学会了就要做啊！这种思维还是拘囿在二元论框架里的思维。“知道了就该做出来啊”也是同构的思维逻辑，属于二元论的东西。事实上，杜威的思想是说，做不出来根本就不叫“知道”，你从来就不知道！请注意，杜威在这里把“知道”的定义都改变了！如果我们心中没有体验、没有感受、没有经历的根本就不叫“知道”。我们若说那也是知道啊，其实那只能是头脑的第二性的“知道”，并不是杜威思想所说的第一性的“知道”。

基于以上的讨论，我们应该敏感地意识到真实存在两类学习，即第一性学习和第二性学习。所以，我们要很警惕，第二性学习基本上就是头脑学习，知识灌输型学习，现在我们的学校教育大都是头脑学习。因为当我们以追求知识为目标时，我们的学习只能是第二性学习时，就是头脑学习；当我们的意向性、学习对象是第二性书本知识时，我们只有第二性学习，与第一性对象是相互切割和脱离的。而第一性学习必须参与实践，必须直面第一性对象，并与第一性对象进行真实交联互动。

七、生命原初创造力

这里作者想把创造力的概念向深处再拓展一点。人确实是会改变、会被改变的。可是为什么有的人很难改变，或者没有被改变呢？这就引出杜威之后的重要哲学思想家——海德格尔，他的思想比杜威的思想大概晚30～50年，但是基本上是沿着杜威的理论再往深发展。海德格尔有很多弟子，包括萨特和伽达默尔。海德格尔偏向于学术研究，萨特纯粹属于偏平民的哲学家，他也是优秀的文学家、戏剧家、评论家和社会活动家，群众包括知识分子、学生都读他的书。萨特的哲学曾经在中国很盛行，很多知识分子都学习过萨特的哲学思想。伽达默尔是在改变人的生命认知层面上做教育工作，他的理论与杜威理论的区别在于他开始进入“存在(being)”这个层面更新人的认知和生命，非常有趣，也非常有挑战性。

（一）“存在(being)”VS“存在者(doing)”

存在主义的第一个贡献是把“存在者”与“存在”两个概念分离出来。把“存在者”和“存在”分开以后，我们就可以深入到人本质的“存在”层面探讨人的更新问题。人到底是怎么回事呢？存在主义表达为“是其所不是”，即存在主义已经看见人的本质层面不是在“存在者”层面，而是在“存在”层面。提出

“知行合一”的王阳明的思想还是在“存在者”层面上展开:“知”就是读书,“行”就是做事,两个都是在行为“存在者”层面,所以“知”与“行”要合一。学了要做,做了要学,这是在“存在者”层面上的合一。

存在主义者认为,真正的认知其实是“存在”层面,要切入到这个层面才是真正本质的东西。就这个意义而言,杜威强调与环境的融合一体,“主”“客”在“存在”层面上不分离,在“行为”层面上却是分离的。在“存在者”层面上的分离、分裂导致人类社会出现了大量问题。如果真的要解决这些问题,就必须切到“存在”这个层面进行改变,而探讨人在这个层面的改变就需要谈到伽达默尔的哲学思想和理论。

我们学得越多,就越是专家,就越能干,就越强大,这可以称之为自我(老我)加强。如果我们的认知到了“存在”层面,就是进行自我否定:自我否定一次,新我产生一次;再自我否定一次、新我就再产生一次,这可以称之为自我(老我)破碎。在这个意义上,笛卡尔奠定了自我否定的基础。笛卡尔的否定是从根本上在“存在”层面上的自我否定,他把一切物体都否定了,连肉体都否定了。笛卡尔最有名的一个实验就是“恶魔实验”。“恶魔实验”是说,你看见的这个物质世界都有可能是假的。只有人心中那个模糊的东西是客观真实的,笛卡尔的理论事实上已经朝着“人格的同一性”而去,这个概念很深刻。

什么是人格同一性呢?举个例子,有一天某人的身体发生巨大的变化,可以是声音变了,但是只要他活着,他还是同一个人,他不是其他人。一个人从出生到老年可能肉体的所有东西都变了,但是我们知道他还是同一个人,但是我们怎么知道他是同一个人呢?我们虽然知道,但是我们无法证明啊,虽然他原有的很多东西全部变了,他还是同一个人。男孩变女孩还是同一个人,没有说人变性了就变成不同的人了。所以“人格同一性”直指人内在的灵魂。所以老我的自我加强全部是灵魂以外的,全是“外在”的变化。在这一点上,“人格同一性”这个东西无法证明,但是可以感觉到。

建议大家可以读读卡夫卡的《变形记》。书里面的主人公是个推销员,一天早上起来发现自己变成甲虫了,但他知道自己是自己。奇怪的是他的爸爸也知道甲虫就是他,很爱他的妹妹也知道那个甲虫就是他。故事开始了,这个妹妹很爱哥哥，她知道这个甲虫就是哥哥，可是怎么跟他相处呢？这是一个巨大的挑战。当然挑战最后是以失败告终，无法相处。从这个作品我们就可以知道，很伟大的哲学家和文学家都在探索人内在很深刻的问题，就是“人格同一性”的问题。

（二）“二元论”VS“一元论”

笛卡尔是二元论者还是一元论者呢？这是一个有趣的哲学问题。笛卡尔是一个基督徒、神学家，但是他又是一个哲学家、数学家。作为一个哲学家，笛卡尔必然是二元论者。事实上，二元论的几乎全部问题也是由笛卡尔的理论引发出来的，他造成了现在很多的二元分裂问题，例如，心智与身体的分裂等等。但是作为基督徒的笛卡尔是懂神学的，他的背后指向一个“独一的存在”，就这一点而言，他的理论又是直指“人格同一性”的那个地方。笛卡尔侧重的其实是人的灵魂层面，他进入当时的情景里面，解决了人的认知面临的真实问题。笛卡尔超越了他当时的时空环境，他的理论是为了超越到“独一的存在”那里去的。在非神学思维框架里，很多人会认为地球会永远活着，人类会永远延续。而在神学思维框架中，这其实是个幻觉，但是笛卡尔不是在幻觉里面做学问。但是，笛卡尔的思想却是在非神学的那个层面上被世人理解。所以，作者认为笛卡尔承担二元分裂这个标签是因为我们把他降到了哲学家位置去理解他。如果我们把笛卡尔放到他正确的神学家位置，他应该是一元论者。

（三）“阿尔法围棋(AlphaGo)”的问题

“阿尔法围棋”是一款会下围棋的人工智能机，其中，围棋的英语是 go。作者经常听到的一个问题是，人工智能是不是有一天可以控制人类呢？是不是可以超越人类或者毁灭人类呢？人工智能与天生的自然人的本质区别在哪里呢？这是我们这个时代人类面临的一个真实问题。

事实上，如果要打败人类，核武器、化学武器、生物武器等都可以打败，甚至可以毁灭人类。所以打败人类根本不需要人工智能，人类被毁灭是很容易的事情了。以前，全球的精英最怕的是核战争，现在这根神经有一点松弛了，大众就有一点麻痹了。事实上，这是一个很可怕的威胁：世界上那么多核武器会不会失控？这种恐惧是实实在在的。现在，人工智能出来的能力已经超过人类，把人类毁灭掉，是完全可以想象的，“AlphaGo”下围棋战胜人类只是一个先兆而已。

人工智能与人的本质区别是什么呢？作者尝试基于思维力矢量模型来回答这个问题。人工智能没有第一性的意识意向性问题，因为人工智能是我们创造出来的。如果我们设计、创造这个人工智能时的思路是，这个智能人该怎么设计才可以打败人类？如何设计才能控制人类？如果我们的设计者没有这个意识的意向性，人工智能自己是不会有这个意向性的。是人先把这个设计的思想给它，因此这是人的设计思想。所以，如果未来人工智能打败了人，从根本上说，不是人工智能打败了人类，而是“设计者的恶”打败了人类。设计者居然会进行这样的恶意设计，就是“人的恶”把人类引向灾难和毁灭。当年爱因斯坦发现核的力量时，他感到那么恐惧，我们能够体会他的感受吗？

事实上，即使核能源的发现者没有恶意，使用者却可以有恶意。人工智能也一样，发现者可以不断地拓展创新人工智能，不断地加快运算速度效率，使用者却可以是恶意的。所以这里引出了更深层次的问题，科技本身作为技术而言并不能解决人类自身的问题，人类的问题最终还是道德问题、伦理问题、善与恶的问题、罪与耻的问题。这也是作者认为创造力是具有道德依赖性的思想依据之一，即创造力需要共同体的确认。

思考题

1. 什么是第一性问题呢？什么是第二性问题呢？

2. 什么是第一性对象呢？什么是第二性对象呢？

3. 什么是先验呢？什么是经验呢？

4. 意向性偏移的原因是什么呢？

5. 知识的作用是什么呢？

6. 如何看待杜威的实践论与认识论呢？

7. 一个有创造力的生命应该是怎样的呢?

8. 如何区分好奇与冲动呢? 静心思考一下,这样做会扼杀好奇心吗?

9. 如何看待创新与创造呢?

10. 群体是否会扼杀创造力呢? 如果会扼杀,为什么还需要组建团队呢?

11. 创造力的对象必须是真实的吗?

12. 如何看待创造力与共同体的关系呢?

13. 如何看待小创造力与大创造力呢?

14. 如何看待创造力与功利心呢?

15. 如何将创造力应用于实践中,例如,应用到人际关系中呢?

16. 你是如何理解“人格同一性”的呢? 请尝试用元素法来探索这个概念。

17. 至此,你是否依然认为人的创造力不需要良知道德的约束呢? 为什么? 请陈述你的思考和推理过程。

18. 人不能被人工智能人替代的核心竞争力是什么呢? 人如何改变目前的学习或教育方式才会立足于未来的不败之地呢?

19. 你能推荐一本“第一性书籍”吗? 为什么你认为这属于第一性书籍呢?

第6章

创造力就是“表达力”

本章将继续沿着创造力矢量链模型和创造力 C＝StEP 这个框架向前推进，我们将聚焦创造力公式中的“P”部分，并借助伽达默尔的解释学（也称为诠释学），揭示表达力与模糊原点、第一性对象、语言媒介之间的深层关系，以及“表达”对创造力的本质意义。

一、引论

思维是指用语言能表达的思想意识，表达就是借助语言展示思维意识蕴含的意思。就像常人说话，如果不用语言表达就很难沟通，或者根本无法沟通。表达的语言可以很丰富，可以很简单，但是一定要符合某些规则。如果我们知道这些规则，就可以进行语言沟通，就可以形成一个表达共同体。当我们就某个彼此感兴趣的话题进行讨论时，你的表达可能模糊一些，他的表达可能清晰丰富一些。如果他不能理解你时，就会问：“你是这个意思吗？”然后你会再表达一次，这次的表达可能会好一点，于是他听懂了“你的意思”。这就是你们借助语言（规则系统）表达出来的思维意识。语言交流通常借助常识性的语言结构，甚至根本不需要在学校进行专门学习和训练。所以通常表达思维用到的理性思辨是指人们都能理解的理性思辨，而不是指复杂高端的、专业训练的、哲学家式的那种理性思辨。

本章的讨论中会用到一些哲学概念，但是这些哲学概念都非常简单，表达得很直白，即人们听到这些表达就能够勾起自己内心模糊原点的简单直观的思辨反应。哲学用得好可以启发思维，用得不好会遮蔽思维。所以本章探讨的内容不是特别强调理性思辨，而是强调不经过专业学习训练就能知道的、明白的、简单理性思维，只需要调动普通的日常生活经验就可以了。譬如，1949 年新中国刚成立时国家发现有大量文盲，所以当时首要的任务就是要扫盲。当时的扫盲效率非常高，非常有效，因为那些所谓的没有读过书的普通人其实很聪明，甚至比那些读过很多书的人还聪明，他们善于用朴素的、直接的语言来表达自己的想法。所以，具有创造力的表达是指明白的、朴素的、直接的语言进行的表达和表述，而且越明白、越朴素、越直接越好。作者在这里强调的就是这种直白、单纯、高效的思维逻辑。

通常意义上，所谓表达就是将自己内心的真实意图与想法，通过语言的表述和诉说让别人能够清楚地明白自己的意思。该表述揭示出表达至少具有的 3 个特点：① 内心的真实的意图、想法或思想。它客观地、真实地、隐性地、模模糊糊地存在于人的内心。它有点儿难以把握，容易溜走，但在某种场景下会促使人想要分享，想要别人了解和知道。② 需要借助语言或者某种工具或媒介进行描述。语言是人类表达思想有效的工具或媒介，虽然还有其他各种工具和媒介。但是语言表达的思想具有超越性，可以跨越时间、空间、民族、文化等诸多限制。③ 让共同体听到、看到、知道自己的内心的想法，并尝试与共同体达成某种理解和共识。

由此可见，表达是把客观的、真实存在于人内心的对某种事情或东西的理解、思维、想法、认知和领悟等，借助共同体可以理解的方式、载体、工具、媒介等，以某种形式、结构或模型揭示和展现出来，使共同体的某些认知和理解盲区或暗区被照亮。因此，作者在这里提出的与表达力相关的开场白问题包括：谁在表达呢？向谁表达呢？表达什么呢？为什么要表达呢？表达对人有什么本质的意义和价值吗？表达有什么形式呢？表达形式有什么本质特征或结构吗？如何表达呢？这些问题都会在本章中归类并展开讨论。

二、类比式表达

索斯说:“一般的人都用语言来表达交流思想,而聪明的人则用它来掩饰思想。”巴金说:“我正是因为不善于讲话,有感情表达不出来,才求助于纸笔,用小说的情景发泄自己的爱和恨,从读者变成了作家。”周海中教授说:“数学表达上准确简洁、逻辑上抽象普适、形式上灵活多变,是宇宙交际的理想工具。”这些具有“表达力”的语言表明:表达是对“看不见、摸不到”的,但却是客观存在的并具有无限性、开放性和超越性的规律、思想、情感、意志的有形有体的、类比式的揭示、显现、突出和展示。

表达需要借助某种媒介,这些媒介不仅包括了人在日常生活中使用的话语,广义地说,也包括了人类所有的学科语言,例如,哲学、数学、科学,以及诗歌、音乐、绘画、文学等所有的艺术语言。只不过对这些非语言类的表达,其最终的诠释和理解仍然离不开以词汇概念和语言逻辑为基础的人的日常语言。人内在的思维、思想、意识和情感与自然宇宙表达出来的语言具有“类比性”,或者说类比式语言是人先天的表达与言说思维意识的语言,也是所有人在平时的生活中会有意无意地使用的语言。事实上,人类非常擅长使用类比式表达。譬如,用类比的语言表达有限和无限、抽象和具象等各种不同事物之间的类似之处。表达,即类比式地“说出来”“写出来”“绘出来”“唱出来”“跳出来”“传递出来”我们所指向的某种只能类比表达的东西,如规律,思维、情绪、感受和体验等。

(一) 为什么表达

广义而言,表达的主体可以是个人、家庭、团体、组织、国家、民族、时代……甚至可以是天上的飞鸟、地上的野兽、水里的鱼,花、草、树木等等,这些都可以作为表达的主体。这里我们把表达的主体聚焦为一个普通人。那么作为普通人,通常而言至少有如下4个表达需求:

(1) 体验和情感的表达需求。这是人的感受、情感、情绪交流的基本需求。我们对亲人、朋友、邻居等的各种内心感受的情绪，如友情、亲情、爱情和同情等，都有表达、表现、分享和交流的欲望和冲动。这是人正常的感情需求和能力，天生就有的表达需求和欲望。就如一个牙牙学语的孩子，对表达有一种天然的、单纯的愿望，他们希望通过表达自己的喜怒哀乐，引起大人的关注和回应。

(2) **思维和理解力的表达需求**。一个人内在的才华、能力、特长、聪明才智在经历中被感受、体验和反思时特别需要被表达出来，人们有强烈的表达欲望，通过向外界表达从而产生成就感、满足感和荣耀感。借助说话，或借助作品，或借助自己的成就，展现自己的才华。例如，非常流行的选秀节目、才艺展示节目就非常受欢迎。

(3) **知识和领悟的表达需求**。在不同的职位岗位上，一个人必须将自己学到的知识、技能或者领悟到的东西向共同体表达。这虽然是作为公共角色的需求，也是自己内在理性思考或建议意见必须表达的需求。

(4) **自我更新和自我理解的需求**。很多时候，个人需要通过与人对话或者自我对话，来厘清自己内心真实想法和看法，权衡利弊，做出琐碎的生活日程安排，或意义重大的人生抉择。

这些表达需求我们是可以直观感受得到的。那么除此之外，表达对人有什么更真实、客观、本质的意义吗？表达对人的心智成长有什么决定性的价值和影响吗？为什么作者说创造力就是表达力呢？

帕斯卡尔在《人是一根能思想的苇草》中写道：“人的全部尊严就在于思想，因此我们要努力地好好思想，思想由于它的本性，就是一种可惊叹的、无与伦比的东西。”人类思维与其内在的模糊原点和人的本质规定直接关联。语言即思维，人类作为语言的共同体，理解和自我理解的本质在于思维和思维的表达。语言表达是将隐性思维显性化、模糊思维清晰化、混乱思路条理化的过程。

基于输出式学习理论，语言输出至少可以从3个方面促进思维的有效提升和发展：① 通过对隐性思维提取意义内核和关键词汇，构建合理关系，并组织通顺的句子表达出来，可使思维更加清晰；② 自言自语或自我对话的语言表达过程能够帮助我们完善自我内在的思维图式和结构；③ 通过与同伴交流，将隐性思维用通顺的语言表达出来，有利于帮助共同体对话完善内在思维图式和结构，使其更加稳固。图 6 - 1 所示为来自美国缅因州国家训练实验室的数据，即与被动的听讲相比，教授他人可使学习效率提高十几倍，该实验间接表明，语言输出和语言表达客观上对人的思维和认知提升有着决定性的价值和意义。

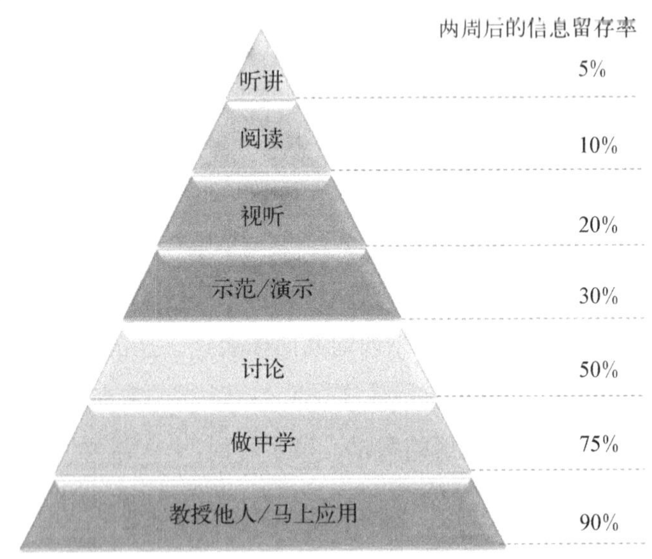

图 6 - 1　学习金字塔：输入式学习 VS 输出式学习

（资料来源：美国缅因州国家训练实验）

（二）表达什么

事实上，一个人每天、每时、每刻都在用各种方式和形式进行表达，表达各种需求、喜好，表达各种观点、看法，表达各种情绪、感受，表达各种才能和智慧。有的通过对话和交流，有的通过作品和产品，有的通过项目和计划，有的通过事情和行动。用这样的思维意识和眼光重新看待世界，看待历史，看待过去、现在和将来发生的一切，我们会发现其实这都是各式各样的表达：山有山的表达，水有水的表达，树有树的表达，丰富多彩，包罗万象。那么对我们创造力有直接决定性意义的表达是什么呢？对什么东西的表达需要创造力，进而提升我们的创造力呢？什么东西难以表达，但是还能激发人的表达欲望呢？

到目前为止,还有什么东西一直都无法表达清楚,但是人类一直在尝试表达呢?尝试提出这些相关性的问题的本身就表达对“表达的理解”,帮助我们明辨哪些是重要的表达,哪些是不重要的表达,以及原因。

作者基于第2章提出的思维力和创造力模型,用直接准确的语言表达深层次的思维张力和冲突对创造力的决定性影响。对思维张力的认知,如果只停留在直觉层面,就无法进入理性思维层面。此时,我们需要把这个模糊的直觉和体验用清晰的语言表达出来。这个语言表达很重要的原因包括以下3个方面:① 思维张力是相对于新的思想或认知而言,虽然表达的是朦胧直觉,但其实是以准确理解和领悟这个新的思想或启示为前提的;② 通过语言表达,能够把我们对思维张力的感性体验上升到理性认知。这个过程本身就有助于强化我们对思维张力的体验,是个人努力与自己、他人对话,因此可以看作是一种创造力的主动开启过程,就是努力用清晰语言把隐秘的感性向自己、向他人表达出来;③ 有助于共同体之间的沟通、理解与帮助,因为语言表达能力本身就是一种特别宝贵的创造力。创造力就是抓取和明辨我们内在的思维张力,并用语言准确、直观、明白地表达出来。这里,作者想把这些理由进行再表达。

首先,面对新的场景、思想、问题或启发时,我们在原来的朦胧感觉、模糊原点里发现确实存在思维张力。我们通常会采用很多方法把这个张力遮蔽、隐藏或消灭掉,这样我们的思维会继续停滞在原来的舒适地带,这会让我们感觉很舒服。这时我们要尝试遏制内心消火思维张力的冲动,就像病人一样,如果病人有焦虑要向医生表达出来,其表达的需求是一样的。其实即便我们尝试消掉它,它又会随时随地从我们心里冒出来,这个被我们企图掩盖起来的思维张力总是在心里蠢蠢欲动,这说明我们是活人。在此意义上表达是如此重要,表达就是让活人喘一口气,而不是变成思维麻木、没有表达欲望的假人。这在我们的思维更新层面是很深刻的东西,这和心理学治疗法是相通的。

其次,表达看似是把“原有的”朦胧感觉表达出来,但是这个新的张力却是相对于我们第一次感受到的、新的理性思维或思想而言。在一个全新思想的清晰启示前提下,我们终于找到合适的语言把它表达出来了。这虽然还是我们自己在表达自己的观点,但是如果没有这个新思想的光照,我们根本表达不出来。表达过程本身就是不断地尝试准确理解别人的思想，语言表达是把我们内心的感性感受提升到了理性逻辑思维层面。在新思想的启示下，我们用新的语言表达出了自己内心真实的感受。这个语言表达过程扩展了我们的思维边界，更新了我们的认知力、理解力和领悟力，并使我们原有的思维与新思想和启示进行了碰撞、衔接和融合。

事实上，人之为人是因为人有借助语言表达进行交流、对话、理解和领悟的能力。语言是我们此生在有限的、物质的生命里可以进行思想交流的唯一媒介，理性的语言功能提供了我们此生进行思想交流的可能性。看到这个事实，我们就会突然意识到语言表达对生命的价值和意义真的是非同寻常。我们把内心隐秘的感觉、思维和意识中存在的张力用语言拉到理性表达层面，就是一个“无中生有”的过程。原先没有这个表达和思维，而现在我们有了，我们就可以把内心思维清晰地表达给自己听，表达给共同体听，这个思维清晰化的过程、理解力提升的过程、认知更新的过程几乎等同于创造过程。

再次，在共同体中的表达非常重要。如果我们内在的思想出现了新的、隐秘的张力和认知冲突，如果不用语言表达出来，谁能够知道和了解我们的内心想法呢？当我们有这种焦虑、不理解和思维张力时，就需要找对这类思维张力有兴趣的共同体去讨论和表达，这就是共同体的功能。这个表达就是在共同体里进行的思想和思维交流、碰撞、理解和升华。很多时候，我们想要表达的是隐秘的内心情感，也许只想让情感发泄出来、表达出来，让别人和自己听见而已。这种情感如果一直压在内心就会变成弗洛伊德所说的潜意识，是感性的、隐蔽的、模糊的和混乱的。而表达出来的思维意识经过张力被揭示过程已经进入语言逻辑和理性思维层面，这个过程使我们原来的思维被光照、拓展、清晰化、理解和升华，实现了内在的、本质的更新和超越。

最后，在感性经历和体验中有意识地、理性地正视和表达感受到的认知冲突和思维张力。我们每天都会遇到和面对大大小小真实的张力。如果我们选择自欺，那就是“假人”；如果我们感受不到丝毫的张力，那就是“死人”。“假人”和“死人”的概念可以非常形象地比喻生活麻木的人。我们作为活生生的、真实的人，面对新的思想、新的问题、新的启示就应该自觉地把原有的前见、道理、理解放下来，尝试去面对新的启示，在清晰的理性里向新领域、新思想和更大的认知框架敞开。作为一个活人、真人，我们的理性有时候也表达为“哇”的惊叹声。

为什么“哇”的惊叹声也叫理性表达呢？这是因为当说者讲到某个思想亮点时，会让人非常惊喜和震撼，因此听者应该发出“哇”的惊叹声。如果这个时候没有“哇”的惊叹声，那就很奇怪。如果你去听音乐会，在该鼓掌的时候不鼓掌，不该鼓掌的时候乱鼓掌，指挥家都是很愤怒的。在对话过程中，如果作者期望你在看到有趣的地方时会笑，但是你不笑，作者就会觉得很奇怪，因为这个期望是基于理性的期望。也许你可能根本没有听懂这里意思，如果你听懂了就应该笑啊！因为这个判断是基于人的理性判断。所以，在我们日常读书、上课、学习、对话、交流时，特别是共同体在进行思维启发式讨论的过程，该笑不笑，该表达不表达，该愤怒不愤怒，就说明在思维层面：要么我们是“死人”，要么我们是“假人”。所以理性甚至可以在这个层面上理解，当然，如果我们在表达惊叹时，用直白和清晰的语言表达会更好，这个表达能力需要不断地进行操练。

（三）如何表达

如何表达这个与“how”关联的问题还包括表达需要采用什么形式吗？不同的表达形式对表达内容和效果有影响吗？影响表达形式的主要因素有哪些呢？选择表达形式的依据是什么呢？表达形式与表达的对象有关系吗？表达的形式与创造力有深层次的和实质性的关联吗？我们曾经见过哪些有创造力的表达形式呢？沿着这个思路，我们可以问出许多与表达形式相关的有趣的问题。基于我们实际的生活经历和经验，首先让我们欣赏一下人类各种各样的表达形式。

(1) **对话**，包括面对面的交谈、采访、网聊、辩论、讨论、演讲、上课、讲座、独语……表达形式的特征是多人或个人采用语言、声音、眼神、表情、动作等多维信息在同一个时空中展开交流，听者和说者同时在场。

(2) **书籍**，包括各种教材、小说、传记、诗歌、专著、报道、画报、宣传资料、书信……表达形式的特征是采用纸张或网络载体，将对话语言文字化或模式化，超越时空进行信息传递，听者和说者没有同时在场的要求。

(3) 音乐。广义的音乐还包括音乐剧、舞蹈、哑剧等，借助各种身体语言进行交流和表达。

(4) 绘画等艺术。例如水墨画、素描、油画、壁画、各式雕塑及建筑等。

除了人创造的各种表达形式外，作为典型的“第一性对象”，自然界中充满了丰富多彩的表达。例如：各种动物、植物、大海、山川、河流的色彩、造型、纹理、声音等展现出无穷无尽、精妙绝伦的表达形式，远远超越了人所能企及的思维边界。那么透过这些多姿多彩的表达的形式，表达是否有着共同的、相似的、同一的表达结构呢？表达形式是否有什么本质特征和结构呢？我们是否能够用简单的模型表达出该本质特征呢？这是作者尝试要表达的内容。

三、表达的媒介结构模型

（一）意志与表象：双层结构

作者这里借用叔本华的《作为意志和表象的世界》将“表达的结构”表达为意志与表象的双层结构，该双层结构也可以类比表达为“动机 VS 行为”“意思 VS 文本”“可见 VS 不可见”“显性的 VS 隐性的”“深层 VS 表层”“本质 VS 现象”“可观察 VS 不可观察”“不可测量 VS 可测量”“无形的 VS 有形的”“无限的 VS 有限的”“永恒 VS 暂存”“超越的 VS 局限的”“抽象的 VS 具象的”，是并行真实地存在于“表达的结构”中。例如，一幅画是具体的、有形的、可观察的，也是暂存的和有限的，但是这幅画要表达的思想、情绪和感情却是不可触摸的、无形的，甚至是稍纵即逝不可捉摸的，而且是开放的、不受限制和自由的。这是画家借助绘画作品展示的“表达的结构”，揭示了表达的双层结构本质。同样，舞蹈家、音乐家、工程师、科学家、哲学家，甚至世间万物的自然表达都具有双层结构的本质“同构”特征。例如，黑夜与白昼的交替更迭，春夏秋冬的往返重复，化蛹成蝶的生命更新……当我们睁开眼睛和打开心灵时就会看到这一切都是该双层结构的绝妙表达。

（二）表达的层次：套娃结构

基于作者的人生体验，了解和理解一个人的思想就像走进一座未知的宫殿，当我们站在外面的时候，这宫殿为双层结构：“可见的外面”VS“不可见的里面”。当我们走进宫殿的大门进入宫殿的内部的时候，这宫殿依然为双层结构：“可见的走廊院落”VS“不可见的客厅接待室及其后面”。当我们走进客厅接待室时，这宫殿仍然为双层结构：“可见的客厅的桌椅壁画”VS“不可见的内室”。当我们走进内室时，这客厅依然为双层结构：“可见的内室布置和装潢”VS“触摸不到的主人的兴趣和爱好”。当我们开始琢磨这房间的主人画像时，这宫殿还是为双层结构：“可见的主人的体型特征和面部表情”VS“不可见的主人的思想意识”就这样，我们可以一层层走进，一层层深入，像打开一个个的套娃，似乎总有无穷的套娃在吸引着我们走向更深处。事实上，人的内心思想表达和追求也具有这样的“套娃结构”，如果要表达清楚我们到底在追求什么、好奇什么、向往什么，也需要一层层进入，一层层深入，一层层开启，一层层看见，这也是一个通向无限的过程。作者称之为表达层次的套娃结构。所以，人内心深处难以表达的思想、意识、思维和想法等总是在尝试不断地表达，并在不断的表达中越来越清晰明白，也越来越深刻和简单。这个结构也可以类比为人类的哲学、科学、艺术、技术、工程、制度、文明等所有领域在时间空间因果律里不断探索、发展、表达的套娃结构。

（三）表达的结果：树模结构

作者想提醒在这里一起探讨创造力话题的共同体：表达的结构还可以从看得到的、大自然中丰富多彩、各种各样单纯的、直白的“表达”中获得启示。这里分享一个来自大自然的启示，即树的启示。树是自然界中最司空见惯的一种真实的存在，这里以苹果树为例。它有树根、树干、树枝、树叶和苹果（果实）。把树的结构进行简化和抽象，并将“表达的结构”与之进行类比，我们可以领悟到自然界有趣的表达方式。

我们把一棵苹果树抽象为三个部分：第一部分为看得见的苹果（果实），也包括看得见的枝叶和花儿；第二部分为眼睛看不见的树根。树根虽然是真实客观存在的，但是因为被埋在土地中，我们的眼睛不能看得到。树根被深埋在土中是树具有旺盛生命力的必需条件，但根无法被看见。这个“看见”和表达对我们理解创造力非常具有启示性，即创造力与我们看见“无”的能力挂钩。这个看不见的根部却是给整个大树（包括树枝、树干、树叶和果实）输送营养的根源，是提供整个苹果树生命营养的最重要的部分。第三部分为树干。它将树根的营养输送到树枝、树叶和果实的各个部分，是贯通和连接“看见”和“看不见”部分的管道。在这个“树模结构”里最吸引人眼球和打动人心的是看得见的“苹果（果实）”，而不是看不见的树根。但是，果实却不可向树根和枝干夸口，因为是树根和枝干托着果实，树根通过枝干向果输送肥汁和营养。

树的表达启发我们：① “看不见”的部分往往比“看得见”的部分更加深刻、本质、根源；② 我们的目光往往会被“看得见”的部分吸引，而忘记了“看不见”的部分，这是我们应该警惕的思维意识的遮蔽效应，这一遮蔽效应可能会最终引导我们走向舍本逐末的歧途。③ 任何“果实”都有“根源”，这也是我们对因果律的一种直白的表达。即把眼光从看得见的果实的“有”（存在）穿越到看不见的树根的“有”（被遮蔽的存在），是思维力和创造力被启发激发出来的意识的意向性：坚持穿越的眼光，坚定超越的意识，保持开放探索深刻的意识。

事实上，人类的表达呈现出来的所有好东西都可以类比为“果实”。果实的呈现形式可以为理论、著作、工艺、技术、创意、行为模式等等，即所有人类创造出来的那些可以有形有体表达出来、直观吸引人眼球、真实打动我们内心、激发我们强烈向往和兴趣的各种好东西。例如，一些学者愿意到欧美国家做访问学者，这是被欧洲和美国的科技这个“果实”吸引。一些外国人喜欢到中国学习汉语，这是被中国文化这个“果实”吸引……所有这些例子，我们都可以放在这个“树模结构”中获得清晰的看见和启示。

溯本求源，产生这些果实的根源和原因是什么呢？基于树的启示：不同的树结不同的果实，果实是对树的内在真实生命状态的表达，是对看不见的、深藏在土地中的树根的真实品质和生命的表达和显现。即看得见的“果实”表达出来的、透露出来的是对看不见的“树根”(树的生命)的揭示。

把果实和树根联系在一起的是什么呢？直接关联果实的鲜嫩和甜美的是什么呢？或者说树的营养是如何有效地输送给果实的呢？贯通果实和树根、供给营养的是树干，或者说是包裹在树干中许许多多看不见的管道把营养输送到阳光下树的可见部分，这才孕育出了鲜美可口的果实。即树干中的管道把看不见的根和看得见的果实客观真实地连接了起来。

基于表达的双层结构模型，树可以表达为两部分：表达为可见部分的是“果实”；表达为不可见的部分是“树根”。但是，基于树的启示，如果这两层结构之间不是毫无关联的存在，那么是否有什么东西关联或者贯通这两层结构呢？这里，作者做一个类比：人的存在(being)可以类比为树中的“树根”，而其言谈举止(doing)，工作/作品可以类比为“果实”。事实上，人的思想和其行为/作品之间一定存在着实实在在的联系。试想，如果人没有思维意识，哪有表现其思维的作品呢？更别说影响人类进程的伟大作品了。哪个人的作品不是直接或间接地表达和揭示他的内在思想、思绪、思维和潜在意识呢？

那么表达的双层结构又是如何联系起来的呢？即表达的媒介和渠道是什么呢？当我们开始问这个问题的时候，我们的思维意识就正在突破自身，我们不满足于原来的表达，我们还要探索这些看得见背后看不见的东西。人的思想意识是如何转变为产品的呢？在这个过程中，什么东西是必不可少，至关重要的呢？什么东西像呼吸和空气一样必须同在呢？难道不是语言吗？就是我们平时生活中司空见惯的语言，时时刻刻帮助我们把自己和别人看不见的、无形的、无限的、思想思维和意识借着各种方式表达和呈现出来。最深刻的神奇往往孕育在最司空见惯的平凡之中，语言是人类最神奇的工具。事实上，自然界中的各种声音也是各种客观存在着的生物界的语言，只不过各种语言之间存在着真实的界限和边界，如果无法突破相应的思维也就无法超越边界。从这个意义上而言，人类可理解的语言不可避免地塑造着我们的思维的边界。

(四) 对话：表达的媒介结构

人类的表达可以是“说出来”“写出来”“画出来”“行出来”“做出来”“唱出

来”“跳出来”“建立起来”“传递出来”……让作为共同体的人，至少是很少数的人在跨越时空的层面可以明白理解。那么与此相关的问题就是他人如何能够理解我们呢？我们自己如何理解自己的思维意识呢？并把自己“隐式”的思维“显式”地进行表达呢？这里需要借助什么媒介进行解释、交流或理解呢？基于前面的分析，我们知道语言对于人类不可缺少，就如连接“果子”与“树根”看不见的营养一样，我们将其称为“对话”。例如一个画家在创作画的过程中，其内心也是充满了自我“对话”：画什么呢？如何画呢？用什么色彩呢？表达什么感情呢？而当这幅画展现在公众面前的时候，类似的对话也会在观众的内心展开：画的是什么呢？作者是怎么画的呢？作者当时想要表达什么样的心情呢？

如果说话是人本质存在的能力，那么“对话”让人的表达灵动起来，让人和人之间的思想交流成为真实的可体验、可感受、可分享的跨越时空的存在。柏拉图的大多数著作都采用对话的形式，这是非常聪明和睿智的，柏拉图很有可能早已洞见了“对话”是人类思想流动、灵动、充满生命活力的本质存在形式。因此，我们把“对话”称为表达的本质结构，借用伽达默尔的哲学思想，对话就是表达的媒介结构。在这个结构中包含“说者”和“听者”。这里的“说者”和“听者”可以是一个人心里的两个不同声音或意念，也可以是真实的两个人。但是，人类最深刻、本质和真实的对话往往发生在一个人的内心深处。

那么如何展开对话呢？或者如何让对话带领我们的思维意识进行一层层突破，更新自我，探索和达到更高的思维层次呢？作者建议我们可以采用第1章提出的突破思维的方法，或者形成自己新观点新认知的方法，寻求解决方向，悬置问题与再突破。也可以采用本节提出的表达的典型结构进行思维训练，也就是对话的双层结构、套娃结构和树模结构。可以借助生活中我们遇到的真实问题，进行追问和实践探索，进行思维训练。

（五）表达力的结构

表达是对个人内在思维意识的外显和展示，因此可以借用思维力矢量模型将表达力的思维结构三要素表达为“表达力的起点”“表达力的意向性”“表达力的效果”，如图6-2所示。那么有关表达力的开场白问题可归结为3类：

① 表达力的起点是什么呢？表达什么呢？谁在表达呢？表达与模糊原点的关系是什么呢？② 表达力意向性是什么呢？指向什么呢？向谁表达呢？与第一性对象的关系是什么呢？③ 表达效果是什么呢？与什么因素有关系呢？知识在其中扮演了什么角色呢？如何评价表达的效果呢？怎样表达效果会更好呢？

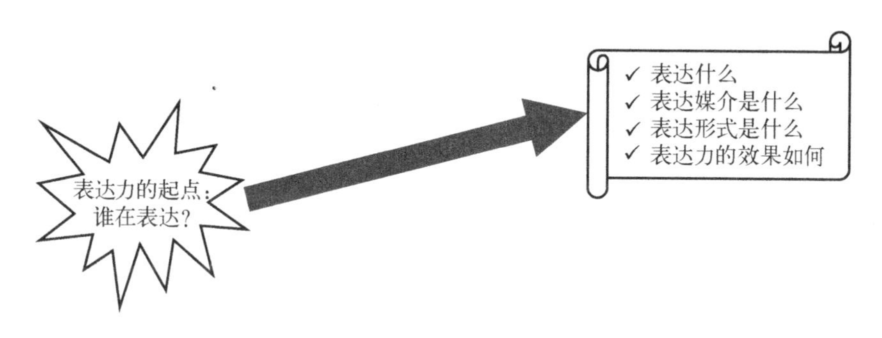

图 6-2　表达力的结构

基于前几章的概念，作者尝试沿着创造力展开和推进方向对“表达”进行提问，在表达的媒介结构“对话”中，可以把所有关乎“表达”的问题在创造力模型中进行推进和深化。

四、解释学 VS 对话

解释学亦译阐释学、释义学、诠释学。广义指对文本意义的理解和解释的理论、哲学体系和方法论。伽达默尔的解释学的研究受益于亚里士多德、施莱尔马赫、狄尔泰和海德格尔对该主题的探索。古希腊亚里士多德的学说已涉及理解和解释卜卦、神话、寓言意义的问题。本节尝试将解释学与本书提出的创造力公式 C=StEP 中的“P(表达)”进行关联，揭示其内在的本构思维方程。

(一) 解释学的演变

1. 直觉和感觉

施莱尔马赫试图认识和探索那些最有天分的“倾听者”和“对话主义者”的理解道路，他将解释学分为语法的理解和心理的理解，就如老师能够辨别出学生理解上是否有困难，学生是否具有提问的能力。解释学是一个人进入到另一个人的思想的艺术和从作者本身的视角理解其思想的艺术，这是因为所有人都具有共同的认知结构，因此理解他人与自我理解是相通的。他采用的方法是调动直觉和感觉，并尝试将自己转化成他人，推进对他人的理解。

2. 穿越→进入→破解

狄尔泰认为解释学是理解的科学，能为人文科学提供方法论基础。狄尔泰区分了解释和理解，它们是能够通达同一事物的两种方法。解释是自然科学的方法，探讨事物的外在显现；而理解把握的则是个体内在和外在的形式。因为人是世俗的、历史的存在，所以人可以根据过去、未来和他们的创造来理解自己。他强调人的历史性，认为艺术创造是对社会和历史生活的表达，理解艺术就是理解我们自己。

基于这种对传统解释学的理解，他认为诠释的任务是“重建文本当时的历史情境”，以便获得客观的历史真实，而要做到这一点，必须克服由时间距离造成的主观偏见和曲解，而将探索历史的过去，理解为一种“破译”而不是历史的体验。并将理解限定在人文科学和破译的方法上，强调采用“穿越→进入→破解”的步骤，克服人和人之间客观的屏障和历史时间的距离。

3. 理解的本体论

海德格尔则颠覆了传统的解释学，他在《存在与时间》中将“理解”看作为一种人的基本存在方式，即理解是本体论的存在，它构成人存在的一部分，是人生活的本性。他把理解看作是一种把握自我的“可能性”和“成为我们所是”的运动。理解能使我们超越自我，走出自我。无论一个人何时理解，都是在理解他自身，并探索自身存在的可能性。历史的理解结构也充分显示出理解具有本体论背景。

（二）伽达默尔的诠释学贡献

伽达默尔(1900 年～2002 年)，德国哲学家，海德格尔的学生。他曾在大学攻读文学、语言、艺术史、哲学，于 1922 年获博士学位，于 1929 年先后在马尔堡大学、莱比锡大学、法兰克福大学和海德堡大学任教，主讲美学、伦理学和哲学。自1940年起，伽达默尔先后任莱比锡、海德堡、雅典和罗马科学院院士，德国哲学总会主席，国际黑格尔协会主席。在海德格尔的影响下，他建立了自己独特的“哲学的解释学”，1960年，他出版了著作《诠释学：真理与方法》，这对现代思想产生了很大的影响。

伽达默尔对解释学的研究是从“艺术的经验”和“历史的经验”开始，认为一切理解都是“自我理解”，强调“对话”对人类自我理解的重要性。认为对话和理解如果可能，就是“存在(being)”的一种方式。他一生都在研究对话和理解，对哲学的解释学做出了巨大贡献，他的教学和著述也都是在与听众的对话中展开。

1. 理解 VS 创造

伽达默尔认为理解并非是接受者对作者原意的复现，而是接受者的精神世界与原作者或表现者的精神世界互相交流、融合，从而形成一个你中有我、我中有你的新的精神世界的过程。也就是说，理解实际上是理解者参与到被理解者之中，从而使自身与被理解者都发生改变的一种再创造活动。理解者与被理解者之间的这种互相参与、融合的特性，必然使得理解活动表现出一种创造性或再创造性。理解的循环是重复与变化的统一，而不是简单的永恒不变的圆周运动。就如大自然年年四季循环，但每一次循环中出现的季节，都不会与以前有过的季节完全相同，而总是有更新和变化。人的精神世界总是在增殖、在演变。而理解是人以当前所有的精神世界(内容、结构、倾向)为基础并以此参与到对象中的具有再创造性的活动。

2. 对话 VS 认知更新

对话作为一种接近文本的模式，既是共时的，又是历时的。在理解的过程中，对话的言语交流使对话者双方都得到了改变，各自的理解范围都会得到调整或修正。从对话的终结处走出来的自我，已不再是原来的旧我，而是一个新我，一个比原来扩大了的自我。同时这个过程又可以是无限延展的：对话，融合，再对话，再融合，循环往复，以至无穷，在这一过程中，它伴随着意义逻辑的不断呈现、深化、扩展，同时也伴随着理解者理解范围的不断转换、更新、提高，这就是由哲学解释学给我们的人类的理解发生、发展、进化的总进程的启示。

柏拉图的《柏拉图对话录》的哲学风格是对话、讨论，一群人与苏格拉底讨论一些主题。通常在一阵探索讨论之后，苏格拉底会开始提出一连串的问题，然后针对主题加以说明。这样的风格是具有启发性的，的确能引领读者自己去发现事情真相，在自我心智成长和更新方面极有力量。怀特海曾说过，全部西方哲学，不过是"柏拉图的注脚"。一些希腊人也不得不承认："无论我想到什么，都会碰到柏拉图的影子。"

3. 理解在遭遇中产生

事实上，伽达默尔推进了海德格尔的研究进路，他认为正是时间距离使理解得以发生，时间距离也是意义的生长域，如图 6－3 所示。人们在理解的过程中，领悟自己的可能性，理解就是"存在(being)"的存在方式。

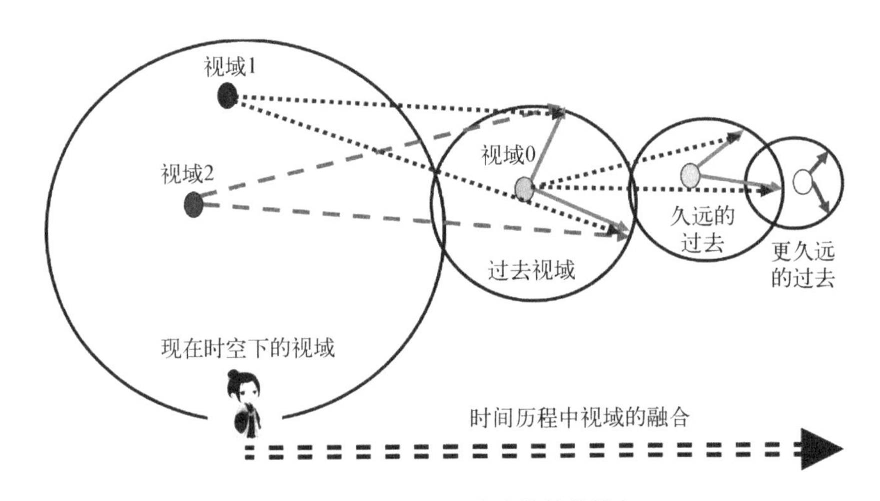

图 6－3　时间距离所产生的效果历史

值得注意的是，伽达默尔的解释学是建立在一元论基础上的，他认为理解的实践和对这种实践的理论反思是不可分离的，他强调人首先要克服自我意识，重新审视传统和偏见的概念。启蒙时代强调理性和自我意识，在主体和客体之间设置了距离，而这一理解导致的直接影响之一，就是将真理局限为科学和概念知识，将艺术排除在外。而在伽达默尔看来，艺术作品也有其丰富的真理性，理解艺术可以使人更好地理解和认识自己，能够克服主客二元分裂的认知模式。对艺术经验和历史经验的反思为伽达默尔发展哲学解释和克服异化的实践任务提供了起点。他洞见了审美的区分和歧视的"前见"，即传统上艺术只是被理解为激发感情，其价值是商品，是伟大的艺术作品或财富，而忽略了艺术体现了我们自身对生活的理解这一方面。

伽达默尔认为，欣赏一件艺术作品就是遭遇一个世界，即进入到艺术作品中，进入到一个世界之中。当我们进入到艺术作品的世界之中时，我们就能通过艺术作品理解我们自己和我们的世界。这个自我理解包括与他者的统一和融合。艺术的经验包括真理，真理在艺术作品中被遭遇，理解就发生在这种遭遇中，这种理解不是主体对客体的把握，而是融合。

（三）对话的媒介结构

1. 听者 VS 说者

在伽达默尔的解释学概念中，解释（或诠释，interpreting）就是在一场对话中，说者向听者做出的努力。注意，这里的说者不是我们通常理解的那种自说自话的说者，而始终只是一个文本的解释者。生活中的实际例子，就是在两种不同语言之间做翻译的翻译者。伽达默尔把他的哲学称作诠释学哲学。

理解（understanding）就是对话中的“听者的努力”，即听者想要理解和明白说者到底想表达的是什么意思。如果听者听明白了，那就意味着听者理解了。那么什么是自我理解（self-understanding）呢？如果说，听者理解了说者的意思是理解，那么听者理解了自己想要表达的意思，就是自我理解。换言之，当我作为他人的听者时，这是理解发生的过程。而当我在与自己进行对话时，即我同时具有“说者”与“听者”的双重身份时，理解的过程就是自我理解。伽达默尔认为：所有的理解都是自我理解。他的意思是说，所有的理解最后都要内化成为“自己与自己”对话里的理解，这个理解与别人无关。

什么是对话呢？对话是如何发生的呢？当说者与听者相遇时，一场对话就应时发生了。在对话中，无论是说者还是听者，其真正关注的，都不是对话中的人，而是隐藏在对话中的“意思”。因此理解不是理解他人，而是努力理解作为说者的他人说的话里的意思。同样，自我理解也不是理解自己，而是努力理解自己作为说者说的话里的意思。生活中的对话似乎无处不在，对话可以发生在两个人之间，也可以发生在一个人的内心。但是，在更多的情况下，对话常常发生在一个人与作品之间。伽达默尔将各种作品称为文本。这个文本可以是一本书、一幅画、一首歌、一座雕塑、一部电影、一座建筑等。那么隐藏在对话中的"意思"到底是指什么呢？它以何种形式存在呢？我们该如何理解这个"意思"呢？

2. 媒介的结构

伽达默尔认为对话中的意思存在于对话之中，因为所有的对话都是在语言中进行，他在这里引入了媒介（media）的概念。这里需要注意，非语言类作品，如音乐、绘画的意思，也只有通过语言才能被人清晰地解释和理解。因此，伽达默尔说语言是"意思"的存在媒介。语言与意思之间的关系，就是一个伽达默尔称之为"对话的媒介结构"。那么如何理解对话的媒介结构呢？结构（structure）是指概念内含的各元素之间，或一个概念与另一个概念之间的内在关系。比如上述意思与语言之间的关系，构成了媒介的结构：语言让"意思"得以存在，语言可以遮蔽和隐藏"意思"，也可以在亮光下让"意思"显露出来，伽达默尔提出的媒介结构如图 6－4 所示。

图 6－4　对话的媒介结构：语言是"意思"的媒介

（四）生活中的对话如何发生

想象这样一幅场景：在展览馆或者博物馆，你面对一件艺术品，你站在它面前凝视许久，你有一种想与它对话的冲动。你的脑海里浮想联翩，生发出许多感受和情绪，甚至涌动一些复杂的情感。你的脑海和心里所有的感受和情感都是在你凝视它的当下发生的，此时你内心的对话已经发生了……你也许会用文字记下自己的所思所想，包括你的感受、情绪和感慨等，你和这件艺术品对话的媒介是语言。最后，你与它达成了某种共识，你确认是它让你在凝视它的时候产生了某种情绪和思想。它成功了，你也成功了，然后你满意地离开了。

如果你在欣赏这件艺术品的时候，发现在旁边还站着一个人，正在与你一起欣赏它。你也许会与那人交换眼光，甚至会注意到那个人脸部的细微表情。你突然发现，那个人眉头紧锁，似乎很痛苦的样子，然后他走开了。几天以后，你发现那个人写了一篇关于这次艺术品展出的文章，你偶然读到了。这篇文章里有一段文字让你很好奇，因为你不是很明白它们的意思："这30件越窑青瓷，既隶属于中国东汉时代富贵人家的日常生活场景，又代表了现代中国人回首传统历史时，内心产生的复杂感觉。"你感觉到这段文字里的张力，它们到底是什么意思呢？这样一个单纯柔美含蓄的艺术品怎么会让他痛苦呢？于是你花了点精力找到了那个人。你们约在一个周末的早餐，在上海的某个咖啡馆，你请他喝咖啡。于是，一场新的对话又开始了……

五、创造性的表达启示

作者认为，就表达的深层欲望和激情而言，人的创造力是对人生渴望真善美的讴歌和赞美，是对生活经历和感悟情愫的流露与升华，是内心深处对他人和自我理解的述说、揭示与传达。基于这个思考，我们可以突破原有的眼界，再看这穹苍之下到处充满了自然而然、浑然天成极具创造的表达力。作者愿意这里分享一些我们司空见惯的却又充满了创造性的表达力。并且相信看见这些"表达"可以启迪和帮助我们打开眼界、拓展心胸和思维，使我们能够在更加广阔高深、自由开放的思维视野欣赏生活中的创造性的表达。

（一）自然界的表达

自然界中充满了让人吃惊、诧异和惊叹的"文本"，所谓大千世界，无奇不有。从静态的巍峨高山，到动态的大江河流，从其大无外的宇宙，到其小无内的粒子，从造型各异的飞禽走兽，从形态造型各异的花卉水果，到让人神清气爽的花香果香……只要我们稍稍留心，就能感受和体验到我们所在的世界充满了创造力。从眼耳口鼻舌能感受的视觉、听觉、味觉，让人全方位经历着大自然的表达力。自然界的表达结构可类比为本章探讨过的双层结构：意志与表象，如图 6－5 所示。即我们感受到的山川河流、花草树木、春夏秋冬、飞禽走兽、各色人等都属于“存在者”，属于双层结构的表象层；而揭示的、寓意的、指向的、表达的是“存在（being）”，属于双层结构的意志层，表达的是内在的喜悦和悲伤、自由与奔放、智慧和善良、美好与快乐。

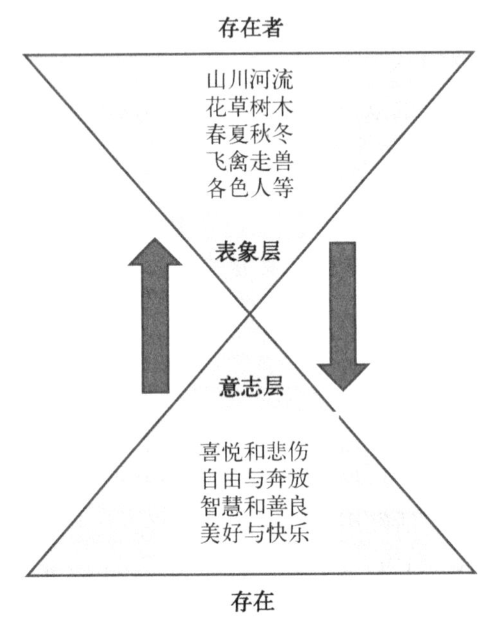

图 6－5　自然界表达的双层结构：意志与表象

这里选取飞鸟作为一个实例。天上的飞鸟是我们生活中的一道靓丽的风景，虽然我们早已习惯了鸟的飞翔、鸣叫、迁徙等存在的事实，可是，你可曾意识到天上的飞鸟在对生命热爱的表达力上充满了创造力呢？这里作者摘录爱德华·格雷在《鸟的魅力——心灵与自然的对话》中对鸟儿快乐飞翔与快乐之声的描述：

原则上来说，白腰杓鹬那美妙的声音都是在展翅飞翔的时候发出来的，而且这种声音和其优美的飞翔舞姿是联系在一起的。这种声音听起来虽然并不是那么激情四射，但是却更能够让人们从它的身上感受到和平、安逸、康健、欢乐，以及对过去、现在和将来的美好日子的自信。在春光荡漾、充满春意的时候，如果能在4月份一个阳光明媚的好日子里听到白腰杓鹬的叫声的话，这将会成为任何一名鸟类爱好者美好的回忆中的又一笔财富。在风和日丽的天气里，人们总是会感受到空气中仿佛震颤着这种“祝福”的声音。它叫的时间很长，从4月份到5月份，甚至还会一直延续到6月份，因而即使在它们生育繁殖之地能听到这种叫声也不是件很稀奇的事情。到了秋天和冬天的时候，白腰杓鹬常常会到河口和海岸一带活动，而且其呼喊似的叫声听起来好像带着某种悲伤的感觉。但是在这一时期，如果天气较为温和的话，人们也有可能会惊奇地听到某一只这种鸟儿发出零星的快乐的叫声。这就已足够勾起人们对春天里逝去的那美好声音的回忆，而且它也会带动附近的其他鸟儿应和进来。

在秋天和冬天的时候，椋鸟在傍晚时分飞回到栖息地的场景可能是鸟儿飞翔过程中最为壮丽的又一幅画卷。经过了一天的劳作以后，一小股一小股的椋鸟开始从四面八方飞来，在它们栖息的上空集结。它们并不急于回去栖息，而会在上空以一定的速度飞翔盘旋，远远望去，这数千只鸟儿都快要形成一个大大的圆球了。它们在一起飞得很近，而且在飞行的过程中还会多次快捷地变向和转弯，然而却又不会出现任何碰撞的意外，仿佛在这一时刻每一只鸟儿都抛去了个人的独立而融入整个的大集体之中，行动协调一致，俨然成为一个整体，大有触一发而动全身的架势。这种蔚为壮观的景象会持续很长的一段时间，此后随着这个由飞鸟形成的大圆球经过一棵棵的月桂树，会有相当一部分的鸟儿飞落了下来。在它们降落并穿过月桂树坚硬的树叶的时候，它们会发出一种急促的强烈的吵叫声。一部分接着一部分椋鸟从中飞出，降落在它们自己栖息的树枝上，直到还剩下一小部分的鸟儿在那里飞翔。不久这部分鸟儿也会很快地降落下来。现在，在这片常青树林中就有了成千上万的鸟儿栖息，而且在随后的一段时间它们还会躁动不安地吵吵闹闹、喧嚣不停。这种吵闹声很大，以至在较远的地方听起来我还误以为这是瀑布飞下来的声音。

虽然鸟儿的飞行的主要目的有功利实用主义色彩，或是为了帮助抵达觅食的地点，或是为了躲避敌人的侵袭，或是为了寻找合适的生活环境，等等，但是它们也会用自己的飞行来表达其内心愉悦的心情。这点和它们的歌声一样，它们展示给人们的是生活在大自然中的幸福和快乐，而这是其他任何动物所办不到的。至于这种感觉的程度到底会有多深，我不便加以评论。但是我认为，对我们来说能看到它们，听到它们的歌声，知道它们的行踪着落绝对是一件令人心情倍感愉悦的事情。

除了飞行或者声音以外，鸟儿还有另外一种展示自己快乐和幸福的方式，或许可称之为鸟儿快乐的神情。我能见到这方面较好的例子就是黑鹂在草地上享受阳光的样子。那只黑鹂躺向一侧，其另一侧的翅膀向上抬起，这样，温暖的阳光就穿过其细小酥软的毛羽到达了其身体的表层。这种样子的鸟儿病了，还是受伤了，或者还是受到了挫折，但是实际上它是在那里享受着阳光的沐浴。

当我们能够看见和欣赏自然界的创造力时，就会发现大自然中充满了创造力。例如草原上的奔马和猎豹，水里的游鱼和鳄鱼，其身体的结构、比例、造型，个体和群体活动的姿态、行为、动作无不充满了天然的、启示性的深刻创造力。

事实上，类比生物界创造力的"仿生学"在启发人的思维力方面具有不可替代的效果。对设计师而言，自然界是个取之不尽、用之不竭的"设计资料库"：这些大自然中天然的存在者，有的机能完备，让人叹服；有的结构精巧，用材合理，经济节能；有的色彩绚丽，美不胜收；有的甚至是根据某种数理法则形成的合乎"以最少材料"构成"最大合理空间"的完美需求。这些形形色色的奇特存在耐人寻味，激发人的内在的创造灵感。

（二）艺术的表达

艺术一般是指人的作品、创作或文本，泛指借助某种媒介，即艺术语言，包括色彩、造型、纹理、声音、旋律、动作等多种手段或载体，对人的内心感受、情感和思绪进行表达，表达方式如绘画、书法、音乐、建筑、雕塑、电影等。事实上，对艺术表达内容的准确交流和沟通还需要借助"语言媒介"来进行。艺术在展现和揭示人的内心思维、思想意识和情感意境方面充满了丰富多彩的创造性表达力。

作者将艺术的表达结构类比为"模糊原点"对"第一性对象"表达的媒介结构，如图 6－6 所示。这里的媒介就是所谓的"艺术语言"，可以是色彩、纹理、质感、造型、结构等，都可以用来表达“模糊原点”对“第一性对象”的体验、感情、认识和理解等。包括人对自己、他人、社会、经历等客观存在的内在思想、感情等丰富多彩情感的表达。这里以绘画艺术作品为例，让我们驻足片刻平心静气地欣赏品味一下艺术的卓越表达力吧！

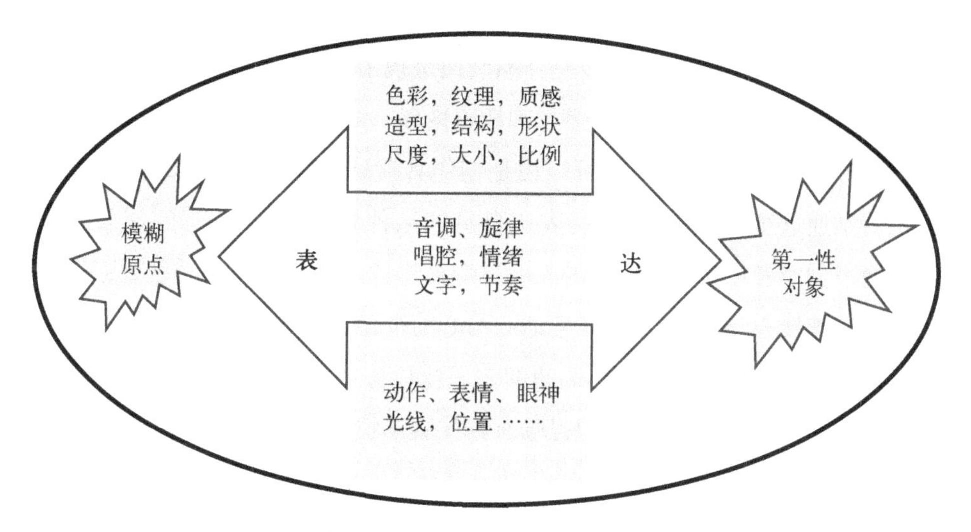

图6-6　“模糊原点”对“第一性对象”表达的媒介结构

人们生活在充满色彩的世界中，不同的色彩可以使人产生不同的感觉，给人不同的情感暗示，色彩可以激起人的情感波动。对于绘画艺术而言，色彩是其不可或缺的外在表现形式，是最基本的组成元素，色彩的运用需要情感的支配，绘画艺术创作者将个人情感融入色彩之中，并通过使用具有冲击力和感染力的色彩传递给受众，进而促进了创作者和受众之间的心灵沟通。例如，文森特·梵高在绘画艺术创作中的色彩运用别具一格，独特的色彩运用带给大众强烈的精神震撼。他通过自身主观情感来用色，又通过对色彩的巧妙运用表达出其独特的内心情感，诸如《向日葵》《星夜》等经典绘画作品都具有强烈的精神震撼力。他在创作《向日葵》时采用明亮、欢快的色彩来描绘花儿，绚丽的色彩和其火热情感的结合使作品画面呈现出了勃勃的生机。

绘画创作是一种充满情感色彩的艺术创造活动，情感是绘画创作的不竭动力，是绘画创作的灵魂，情感对于绘画创作具有重要的影响。在绘画艺术创作中，创作者只有尊重并投入自身真挚的情感，赋予作品新的生命力，才能更好地引发大众的情感共鸣。艺术随心而动、随感而发，跟着创作者的感觉走是艺术永恒的生命。许多画家将自己对于客观世界、客观生活的体验和感受进行情感的积聚和浓缩，用画笔通过线条、色彩、构图等绘画元素及一定的绘画手法，将情感淋漓尽致地展现和传递出来，表达自己内心真实的情感。因此，一幅优秀的绘画作品中，不仅仅是作品画面呈现出来的视觉效果，更重要的是作品画面蕴含和传递的深厚的思想和情感内涵。绘画艺术创作需要情感作为支撑，绘画创作在一定意义上可以说是创作者情感升华、锤炼的载体，很多艺术家就是通过绘画创作来抒发、表达自身的某种情感，实现情感的释放和宣泄。通过创作者在作品创作中融入的自身真挚情感，引发观者的情感共鸣，艺术作品是连接心与心的纽带，是连通心与心的桥梁。

在绘画艺术创作中，娴熟、高超的艺术技巧与手段作为创作精美的绘画艺术作品的必然要求固然重要，但是唯有倾注真挚情感，才能使作品焕发出生机和富有活力。纵观古今中外绘画史，每一位绘画大师的经典绘画作品无一不蕴藏着深厚的情感和精神意蕴，这些蕴藏着深厚情感和精神意蕴的传世画作能够给予大众心灵的震撼，引发情感共鸣。只有绘画艺术创作被注入了丰富的情感，才能使作品具有内涵和生命力，每一幅优秀的绘画作品都是创作者的真挚情感在积聚和浓缩之后通过画笔的宣泄与爆发。例如罗中立的《父亲》油画作品运用超现实主义的自然刻画对人物形象进行塑造和描绘，画面中人物如老树皮一样的皮肤、干渴破裂的嘴唇等都蕴藏着其深沉的敬爱之情，融入了作者真挚的情感。因此，该油画艺术作品能够传达给大众无比丰富的情感和心灵震撼。情感作为艺术创作的灵感源泉为绘画艺术提供了不竭的动力支持，使绘画艺术作品充满强烈的感情色彩和精神意蕴，能够引发受众的情感共鸣，也就是艺术的体验和表达。

（三）哲学的表达

古希腊哲学家亚里士多德认为，哲学起源于好奇，人们是由于好奇而开始哲学思考的。哲学的最初含义是关于“爱”和“智慧”的学问，即对人类终极问题的好奇和思考,既单纯又深刻。哲学的根本问题是思维和存在、精神和物质的关系问题,常见的核心问题包括但是不限于唯名论和实在论、时间和空间、因果论、自由意志和决定论、身心问题等。

所有逻辑科学(数学、逻辑学、符号学)、自然科学和社会科学的立论基础和理论前提的问题,既是其本学科的问题,也是哲学问题。哲学的本性是反思,反过来说,反思是哲学的本性,这意味着反思过程在哲学活动中是不可缺少的。哲学通常是研究根本问题的,这就需要对表面的问题进行批判性的反思,通过这种反思更清楚地认识世界、认识他人、认识自己、认识人生。所以说哲学是通过批判性的反思对人自身和外在世界的终极性思考。

结合以上表述元素,作者将哲学思考的表达类比为表达的“套娃结构”,如图 6－7 所示。哲学思考向无限的宇宙和未知的存在敞开,从神秘的想象着眼,一层层地剥开神秘自然现象、历史奇迹景观、工程技术工艺,直达科学的严谨逻辑,穿越文化的灿烂与丰富,一层层进入人的内心世界,又一层层地深入未知的存在,哲学思考像一把双刃剑直插人的内心最隐蔽的思维,又探入宇宙甚至宇宙之外的未知领地,连通着“大无其外、小无其内”向无限敞开的思维意识。

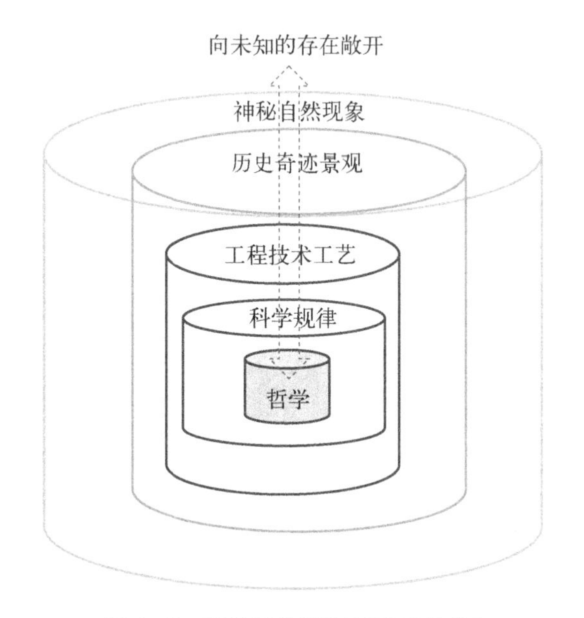

图 6－7　哲学思考表达的“套娃结构”

(四)科学的表达

科学起源于喜好研究自然本身的规律、乐于探讨人与自然关系的古希腊。中国古代墨家学派是重视自然科学研究和技术探讨的学派,墨子对小孔成像的研究是中国古代为数不多的科学发现。现代科学最终诞生在欧洲,科学区别于宗教和伪科学的本质和要素有 4 个:可质疑性、可量化、可被证伪性及普适性。

求真是最重要的科学精神。科学研究中的奥卡姆剃刀原则意味着,当我们面对导致同样结论的两种理论时,选择最简单的、实体最少的那个!科学的目的本来就是要寻找对自然现象最简单、最美的描述。除简洁之美,科学还有逻辑之美、对称之美、完备之美。科学方法比科学研究的内容更重要,即使所有具体的知识都丢失了,科学家运用科学思维、科学方法仍旧可以重新发现宇宙奥妙法则和微观世界规律。作者将科学的表达结构借用树的启示,类比表达为“果-根-干”(树模)因果逻辑的三层结构,如图 6 - 8 所示。科学思维的重

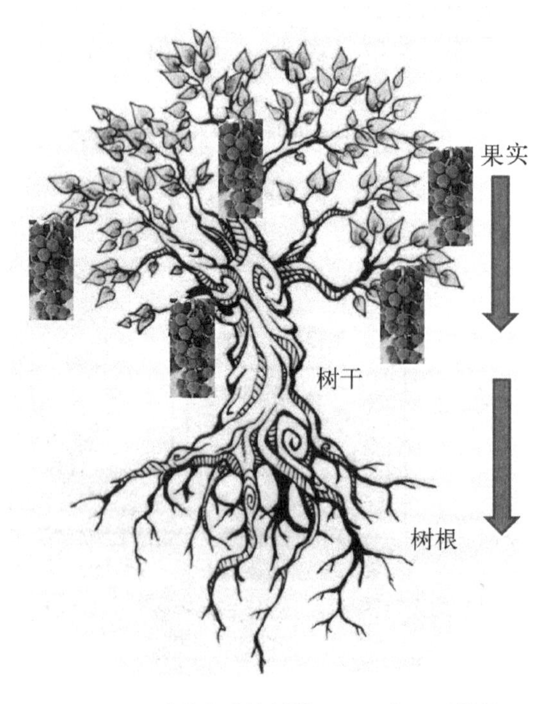

图 6 - 8 科学表达的树模因果逻辑三层结构

要方法就是溯本求源，穿越表层现象看到深层规律，即探寻决定各种“果实”的根基和规律的根源是什么，其实就是指向“第一性对象”的思维矢量模型在科学实践中的真实探索和应用。

（五）工程的表达

工程和人们的生活需求关系最密切的功能性存在包括，房屋、桥梁、铁路、汽车、飞机、轮船、各种工具器皿等满足人们对生活品质、安全、便捷、健康的需求，甚至直接影响人们对生活的幸福感受和热爱程度。因此，工程在某种程度上是更直观、显性、集成、浓缩、创造性地表达了工程师对自然、生活、人生、历史、文化、情感以及人的各种内在盼望和希望的理解和领悟，充满了类比式的想象力和生命力，表达了自由、开放、快乐的生活态度，以及人类社会与大自然和谐相处的强烈意念和向往。例如，飞机作为工程产品，其设计、制造，甚至材料选择的许多灵感直接来自对天上自由自在地飞翔的飞鸟，经过漫长的岁月，从最初的木制飞人发展到今天的超音速飞机，终于实现了人类在蓝天上自由飞翔的梦想。汽车的减重设计、材料选配比例的灵感也直接来源于奔马，而轮船和潜艇的造型设计、制造工艺和材料优化理念以及灵感也直接来源于游鱼。

工程师通常需要借助图纸载体，即工程语言，准确地表达自己内在的、隐性的设计思维理念和思想。目前，随着计算机技术、信息科学、传感器科技等技术的高度融合发展，很多计算机语言、软件平台和集成工具可以很方便地把工程语言用二维、三维、四维甚至更高维地、显性地、动态地、具有视觉冲击力地展示和表达出来。而且通过信息流通、传递、共享、互换等交汇和融合，这些硬件和软件工具大幅度地提升、扩展了工程师原有的表达疆域和表达力。工程师的这种创造性表达也有效地提升和改善了人们的生活质量，拓展和刷新了人们对于生活和人生的认识和理解。作者将工程表达的结构思维的隐性与显性启示，类比表达为工程师的思维媒介结构，如图6-9所示。

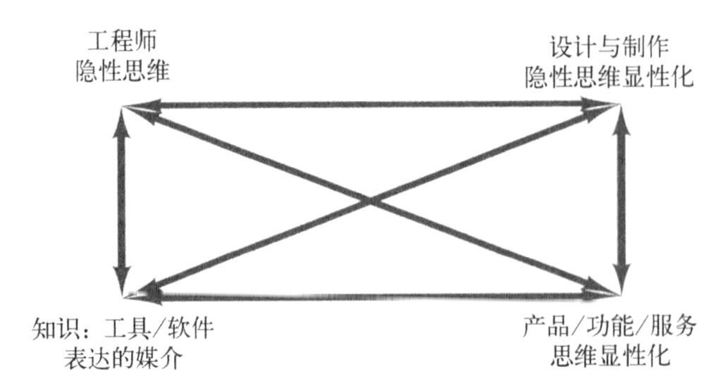

图 6－9　工程师思维表达的媒介结构

思考题

1. 什么是诠释学呢？

2. 什么是媒介结构呢？

3. 什么是二元论呢？二元论有哪些相关的学说呢？

4. 什么是一元论呢？一元论有哪些相关的学说呢？

5. 什么是理解和自我理解呢？

6. 对话包括什么元素呢？

7. 说者和听者的相同点和不同点是什么呢？

8. 自然界如何表达自己？请观察并尝试提出自己的表达模型。

9. 自然界中的动物如何表达自己的欲望呢？

10. 自然界的表达力单纯吗？简单直接吗？丰富多彩吗？有创造力吗？尝试举一个例子分享你从大自然的花草树木展示的表达力中得到的对创造力的启示。

11. 你曾经尝试用文字、书信、小说或者画画等方式表达过内心无以名状的感情经历或感受吗？你觉得有人能透过你的表达进入你的内心世界体会你的感受和感情吗？为什么？

12. 你能从一座建筑或园林中感受到设计师的情感吗？尝试进入一个园林体验和感受设计师的设计思维和意图。

13. 你曾经感受过哲学、科学、工程或艺术对你的吸引力吗？你知道为什么自己喜欢这些作品吗？试用元素法分析一下自己的感受和思考。

14. 表达与个人生命成长有什么本质的关联呢？尝试用本章的任意模型进行自我对话。

第7章 什么是批判性思维

本章的实例讨论仍然基于理性思维力矢量模型，以使我们的探讨思考可以达到某个比较深刻的思维点。作为有效的思维力和创造力训练，我们需要经历这样完整的思维训练历程，即基于思维矢量模型，通过提问和质疑，进行理性思考，并坚持沿着提问的方向向深处推进。当思维遇到挫折时，我们可以尝试把自己的经历和体验放进来，识别并找到思维困境中真实的思维张力。然后再继续理性思考，直至抵达某个比较清晰的思维点。

在此之前我们可能从来没有意识到，或者不愿意，或者不知道该如何进行这种思维训练，如何进行深入的思维推进、探索和再思考，那么本章就借着对"什么是批判性思维"这个有趣的话题的探讨，尝试进行这种模式的思维训练，并把前面学习到的很多概念、知识、方法结合进来，做一次思维力和创造力探索过程的实战演练。

一、引论

作者选择把讨论"什么是批判性思维"作为探索思维力与创造力的切入点，不仅与前面提出的思维逻辑矢量模型有关，而且与我们切身的学习、生活、经历、体验和反思都密不可分。本章的讨论就从我们真实的学习和生活中遭遇过、体验过或实践过的批判性思维开始，摒弃传统上从定义难以把握的、抽象概念分析入手的方法，尝试从全新的视角对这个题目进行探讨和分析。即对“什么是批判性思维”的探索过程不再采用完备、清晰、严格的定义法，而是采用我们在第 1 章学习过的模糊的、宽松的、灵活的元素法，并尝试进一步清晰化、深刻化和丰富化“批判性思维”这个概念。讨论这种话题或概念，如果没有进行过前面严格的思维训练，关于“什么是批判性思维”的讨论就会变成前面提到的两种典型的反应和感受，要么我们被填鸭，要么我们跟他人争吵，就是所谓批判性地指出别人的错误。

现在让我们从实践、感受、体验的角度出发，基于个人直觉体验一起探索批判性思维，特别要识别和找到“什么是真正的批判性思维”，而不被伪装的或者错误的批判性思维误导和欺骗。这个思维探索过程可以采用一个有趣的方式展开，即假定我们是“警察”，而真正的批判性思维是“在逃犯”。我们对这个问题的思维探索过程就是要找到这个真正的在逃犯，因此这一过程中有很多的思维难题需要研究、讨论和明辨。这样我们才能一起努力，尝试真正揭开批判性思维的神秘面纱。

作者首先提出如下引导性问题从而帮助读者以全新的视角探索该题目：批判性思维经常作案的场景有哪些呢？有哪些伪装的批判性思维呢？什么是真正的批判性思维呢？批判性思维的真实动机是什么呢？有罪还是无罪呢？我们为什么需要批判性思维呢？

二、约翰·洛克的白板理论

这里补充一点关于这个主题的预备知识。约翰·洛克(John Locke，1632 年～1704 年)是英国的哲学家。在知识论上，约翰·洛克与大卫·休谟、乔治·贝克莱三人被列为英国经验主义的代表人物。洛克认为，能力是天生的，知识是通过后天的经验获得的。他假定人的心灵如同一块白板，上面原本没有任何标记，没有任何观念。后来，通过后天的经验在心灵白板印上了记号和印痕，形成了观念和知识，这就是“白板理论”的简单描述。约翰·洛克认为知识源于经验，即我们的全部知识都是建立在经验上，知识归根到底都来源于经验。我们对于外界可感事物的观察，或者对于我们自己感觉到、反省到的我们心灵内部活动的观察，就是供给我们理智的全部思维材料。这两者乃是知识的源泉，从其中涌出我们具有的或者能够自然地具有的全部观念。与约翰·洛克的“白板理论”相对应的学习理论，其实就是笛卡尔倡导的“模糊原点”理论。

基于白板理论我们可以合理地推测：过去受教育的经验和经历会在我们思维意识里留下比较持久深刻的思维痕迹。这些原有的、内置的、惯性的、自然而然的思维模式会在不知不觉中重新把我们的思维带回那个往返重复的相似思维模式中。因此，在问题讨论的开始，我们非常有必要反思一下原来固有的思维模式。

通常，作为刚进入大学的学生，我们大都经过了中考和高考的应试考试强化训练，因此我们的思维通常会留下 3 个明显的特征：① 不完整的思维训练，即重点关注中间段的思维训练。这个思维模式在前面章节已经重点讨论过，这里不再赘述。② 脉冲式思维，即无法进行创造力的链式推进，使思维难以进深。因此，在讨论的过程中我们要尝试克服这种脉冲式思维，让思维不仅仅停留在“昙花一现”或者“灵光一闪”的境地，而要尝试把思维向纵深处推进，进行深入探索。这次对“什么是批判性思维”的讨论就是一个克服脉冲式思维的实践演示。③ 白板式思维，即个人意识的意向性、关注点总是想要找到一个正确的答案，而对提出的问题或者对问题本身的兴趣不大。这其实是我们思维不能进深、推进的一个很大盲区，也是我们常常忽视的一个很严重的思维模式，即我们非常喜欢答案，却很难欣赏问题本身。而且很难尝试辨别好问题、差问题、真问题、伪问题，更不愿意进行较深刻的思考，例如：为什么别人能提出这么好的问题，而我却提不出这么好的问题呢？造成我们白板式思维的思想根源是什么呢？请驻足回想一下，你对白板式思维有什么体验吗？是不是很多时候，你常想，如果这个结论是正确的，就可以写在我的白板上；如果这个答案不正确，我就不让你在我的白板上写！假如我们的关注点是想看这个答案正确与否，那么这个思维模式其实就是典型的白板式思维，我们需要时刻警惕。

（一）经验论 VS 唯理论 VS 批判论

经验论认为没有天生的知识，人的一切认识（知识）最初都来自经验，更确切地说是来源于人的感觉。理性进行解释和阐明经验事实。经验论者一般拒绝承认所谓的终极性的知识公理或理性根据，否认所谓永恒不变的真理性知识的存在。在思维方式上，他们大都采用了相对主义的立场，主张怀疑和批判。经验论的代表人物是洛克、贝克莱和休谟等。

唯理论则采用证明数学定理的方式来证明哲学的真理性，并把这种演绎方法作为唯理论哲学的基本方法。唯理论认为就认识的根源和基础而言，认识应是先天的、与生俱来的、依存于理性的，而不是后天的、依存于感觉经验的，这也被称为先验论。例如我们先验地知道以下4种规律：① 因果律，每一个事件都有一个原因；② 矛盾律，即没有一个命题同时既是对的又是错的；③ 同一律，每一个事物都与它自身相一致；④ 排中律，每一个命题或真或假。理性的观念是天生的、自明的，而且理性的这些性质是可以通过理性的怀疑方法获得确证的。这就是笛卡尔提出的"我思，故我在"。唯理论对于经验作用的贬低和忽视显然不能对认识过程给予完整的说明。唯理论的代表人物是笛卡尔、斯宾诺莎和莱布尼茨等。

批判论则是由康德建立的先天综合判断理论。康德对先天知识的可能性问题的解释是从区别分析判断和综合判断开始的。康德认为，谓语至少是暗含在主词中的那些判断，是先天性的；谓语并不包含在主词中的那些判断被他看作是综合判断，是后天性的。他认为，现实的认识活动是人的先天的理性与后天的感觉经验相结合的产物。一方面，认识的形式是先天理性赋予的；另一方面，认识又不能脱离经验，因为超出经验范围的知识是不可能的。感性认识提供直观对象，理性认识则通过概念思考对象。理性认识的实现，就是把经验纳入理性范畴加以整理的过程。理性形式只与逻辑判断的形式有关，而与判断的内容无关。依照康德的论述，正是"感性和理性的范畴"才是先天的。它们不像唯理论者所说是"不证自明的判断"。他同意经验论者的观点，我们是通过感觉认识对象的。但是他使人们对这个问题的理解更加清楚明白，即感觉包含了形式与质料的综合，以及加于其上的时间和空间形式。康德以其哥白尼式的思维革命真正确立了认识的主体地位，把理性主义传统推向了前所未有的高度。被经验论和唯理论分割开来的认识形式和认识内容，在先天综合判断理论中得到了有机统一。海涅评价康德哲学时说，康德的哲学比刽子手的屠刀还厉害。刽子手的屠刀只能砍下人头，但康德的哲学却能在思想的领域中起到毁灭一切的作用。

（二）白板式思维模式的影响

就我们的经历而言，洛克的白板理论与我们的思维如影随形，它通过应试教育成功地塑造和强化影响了我们思维意识的深层结构，成了自我认知和自我理解的思维模式。而我们对笛卡尔的“模糊原点”学习理论知之甚少，更谈不上在“意识的意向性”上看到并聚焦在自己内在先验的模糊原点上，有意识地进行启发、引导、探索和操练这方面的学习和认知能力。那么，我们的思维就在这样的认知前提下起步，我们甚至可以看到，我们对“什么是批判性思维”的思考和探讨也可能深受“白板式思维模式”的影响。所以当我们探讨“什么是批判性思维”时，让我们同时启用“反思性眼光”观察我们自己的思维过程。即当我们探讨“什么是批判性思维”时，我们要尝试用另一只眼睛，即打开“第三只眼”看看我们自己是如何进行思考的。譬如我们可以关注和反思：我的大脑是怎么开始启动的呢？我到底在寻找什么呢？我对这个问题是单纯地好奇，还是在试图寻找一个正确的答案呢？

我们很可能自以为知道什么是正确的批判性思维，什么是真正的批判性思维。这是我们的思维前见，这里需要尝试用“清零法”暂时去除这些前见。我们很可能压根就不知道什么是批判性思维，或者在我们自己原来的思考中从来没有开始过真正的批判性思维。这与我们平时缺乏相关的思维训练关系密切，因为我们训练最多的批判性思维很可能还是思维矢量模型的“中间段”的思维训练模式。我们会推导出中间段逻辑上的对错，但是这些还都是单向的、线性的思维模式。

通常我们会在中间段的思维逻辑线上进行判断，并发出声音：哦，他错啦！他又错啦！他也错啦！你们都错啦！这里作者希望我们能够认识和理解批判性思维到底是什么，并通过我们的讨论、思考、阅读、对话和交流，采用要素法把它一点点清晰化、具体化、深刻化、丰富化，同时使我们对批判性思维有很真实的体验和反思。因此这次讨论采用“模糊原点”启示的学习方法，尝试逐渐认识"什么是批判性思维"这个概念，并能清晰地将其表达出来。这将是一个非常有趣的思维进深之旅。

（三）什么是正确思维

在开始这个思维旅程之前，我们还要尝试克服一个"不正确"的惯性思维，这也许关乎我们过去全部的学习经验，也许大部分是不正确的思维，那么我们为什么不能进行正确思维呢？很可能是因为我们从来就没有经历、体验或反思过"什么是正确的思维"。那么如何开始进行正确思维呢？这里介绍一个小窍门，也许可以帮助我们开始启动正确思维，就是我们不要尝试打击、嘲笑、挑剔其他人的观点。

作者曾经出国集训英语，当时我们的英语很差，老师的英文水平也不高。所以，国外老师为了锻炼和提高出国学生的英语水平，就带我们到广州进行为期三个月的英语培训。培训老师说，你们要开口讲英语，不能只做作业。于是老师就组织我们进行英语讨论和辩论。大家的英语都很差，所以讨论进行得很艰难。作者只记得当时全部的学生用得最多的一句英语就是"You are wrong！（你错啦！）"试想一下，这个同学开口，这个同学错了！那个同学开口，那个同学错了！因为没有一个人是都对的！"You are wrong"这句话把所有人都打倒啦！这就导致最终没有人再开口说话啦！所以，这是个很常见的"不正确"思维盲区。今天我们要有意识地避免这种不正确的思维模式。

当我们追问"什么是批判性思维"时，我们可以想一想关于批判性思维的不同观点是什么，批判性思维的不同表达是什么，可以尝试用不同的形式表达什么是批判性思维，并尝试在更开阔宽广的认知和理解层次上直接明确地表达我们自己的观点和看法。经过如此的思维意识准备之后，现在我们就可以开始这次探案之旅了。

三、侦破"真正的批判性思维"

我们采用元素法来探讨"什么是批判性思维"，可以尝试给出任何一个我们能够想到的关键点，尽管它不是一个严格的定义，但是可以揭示批判性思维的某些真理性特征。事实上，假如一个严格的定义能够彻底解决这个问题，那么这里提出的这些相关问题都应该被解决，而实际情况并非如此。因此这里首先采用元素法把与批判性思维相关的“亮点”罗列出来：

(1) 非黑即白，批判应该有一个客观标准。

(2) 批判的对象应该是知识，而不是给出观点的那个人。

(3) 批判要讲究方法，要结合当时的具体情况。

(4) 要一分为二地看待问题，要全面系统，不能只看它是否是权威的观点。

(5) 批判思维的目的不是为了直接解决问题，而是促使人思考。

(6) 可以通过提问，有怀疑地思考，即批判性思维是要通过问题的方式，提出自己的怀疑，而不是盲目接受。

(7) 有一定基准的开放式的思维。这个基准是指模糊原点，开放式是要运用创造力，不要单线提问，不要盯着结论，而要用问题推进。

(8) 全面、透彻、辩证地看问题的思维方法。

(9) 批判性思维不仅要批判别人的前设条件，还要仔细辨别推理过程，以及得出的结论里的谬误。

(10) 批判的立场要中立，而不是有强烈的偏见。

诸如此类的这些观点都很有启发性，但是这里有什么问题吗？你发现了吗？是不是大多数的观点都是关乎“如何进行批判性思维”，而不是“什么是批判性思维”呢？而且这里似乎有一个前设条件，好像大家都已经知道了“什么是批判性思维”，而现在我们要探讨的只是“如何进行批判性思维”的技术性问题罢了。我们有没有这种感受呢？事实上，我们甚至还不知道为什么要进行批判性思维呢！如此看来“什么是批判性思维”这个“罪犯”隐藏得相当幽深，所以我们要在思想上真正重视起来。

如何侦破这个棘手的案件呢？作者提议，基于本课程里学过的思维结构矢量模型，采用 3 个基本步骤展开侦破过程：① 通过我们的生活经验、真实的体验和反思寻找“批判性思维”经常出入的场合和场景，进行外部观察；② 调动我们的直观的、先验的“模糊却往往正确的模糊原点”进行自我对话、自我反思和内部探寻，并找到内部探寻与外部观察之间的真实张力；③ 运用理性逻辑思维，基于“三段论”进行合理的推理，查找探寻“批判性思维”的神秘行踪。

（一）外部观察

警察破案要先进行作案场所的观察，找出可能的蛛丝马迹，并调动过去的经历和经验对这个作案场景进行判断：过去的经历中是否存在过类似的场景。有人说，警察之所以这样做是因为他在进行批判性思维。这个思维可以作为我们思考问题的起点，因为批判性思维在我们的生活中是如此重要，似乎不可缺少。那么试想一下，我们过去的生活经历和学习工作中应该多次碰到过、参与过、遭遇过批判性思维吧。那么我们遭遇到的“批判性思维”到底是什么呢？好吧，我们的思维探索之旅就从这个问题开始：我们曾经遭遇过“批判性思维”，当时是一种什么样的场景呢？我们的内心是否还能记起来类似的与“批判性思维”迎头碰面的遭遇和对话呢？

设想这样一个场景：假如你是一个白板理论的实践者，选择了“思维力与创造力”这门课，走进授课教室，然后开始和老师和同学们对话，而你的目的就是要寻求答案，寻求到一个正确答案。那么什么是关于思维力与创造力的正确答案呢？其实任何人都可以给你一个答案，然后你的问题就会消失。你选择的同你对话的人越厉害，给你的答案越完备，越有说服力，越迅速，你的问题就会被扼杀得越快。这样你的问题就解决了。你就没有问题了，对不对？在这个对话的场景里，你发现有什么地方不对劲吗？还是你觉得一切都很正常呢？也许这是你在传统教室里面司空见惯的场景。可是“这个事件”本身就是一个相当严重的问题，你居然认为没问题了，你的问题居然就这样消失了！

那么在这样的场景里有没有批判性思维的影子呢？好像没有！因为你没有问题了，没有疑问了，也就没有寻求的欲望和动力了！没有问题，没有疑惑，即没有“思维张力”的地方，就没有批判性思维！通过分析这个场景，我们暂时得到一个简单，但是又很有价值的结论。现在让我们的思维跨过这个思维节点继续向前推进。

那么在什么情形下需要批判性思维呢？譬如，你确实有疑问、有问题，想去找人求问和解惑，也一定有人能回答你的问题，可是如果你不太愿意第一时间就接受他人给你的答案，或者你觉得他的回答不全对，可能有问题，虽然他的回答好像符合真相，但是你不能轻易接受，于是就会出现对话、讨论、辩论，甚至还会出现争吵的情形。那么这类经常发生在我们生活中的现象是不是卷入了批判性思维呢？

事实上，我们在这里点出了一个现象：争吵。这里好像出现了批判性思维的影子。这个“争吵”体现出来的，难道不就是我们理解的批判性思维吗？我们需要批判对方给出的答案、前设条件、逻辑、结论等是否合理，是否完善。这不就是我们在前面提到的批判性思维的“要素”吗？假如到目前为止，你认为这就是批判性思维，那么这就是关乎你的思维意识的真相：你还是在寻找答案！只是别人给你的答案，你不想轻易接受，更不想盲目接受而已。

你也许会争辩说，为什么这还不是批判性思维呢？难道这不就是我们正在调用我们全部的理性和知识甄别、辨别、判断虚假信息和他人的逻辑矛盾点吗？他人给的答案的确有很多方面没考虑到，而且他人的答案太绝对、太片面了。难道我们现在的思维模式不就是批判性思维吗？别人给的答案，我们不盲目接受，难道这也不是批判性思维吗？是的，就其深刻的本质而言，这个还不算是批判性思维！很多人误以为这就是批判性思维。

为什么这不是批判性思维呢？因为我们有可能抓错了“犯罪嫌疑人”！这个“犯罪嫌疑人”很可能是伪装、包装而成的，并不是我们正在寻找的“真正的批判性思维”。你可曾遭遇过这种伪装的批判性思维吗？你体会过这种伪装的批判性思维吗？这种所谓的批判性思维是不是充斥在我们每个人的生活经历中呢？可是这并不是真的批判性思维！由此可见，侦破这个案子还是非常具有挑战性的。但是，我们的思维推进到这个节点，还是非常有价值的。我们的思维还是沿着正确的方向在推进，因为在这个思维节点上我们识别出了一个狡猾的伪装者，而且它是长期欺骗我们的“伪批判性思维”。如果说这种批判性思维只是伪装的假罪犯，那么真正的批判性思维到底是什么呢？

现在让我们的思维继续向前推进。采用类似的方法，调动我们的生活经历和体验，让我们再继续搜寻一些真实的、批判性思维可能出现的一些场景。譬如在课堂上，当老师说“知识是第三者”时，你很激动地站了起来，说：“老师，你说错了，知识不是第三者！”然后，你开始给出理由，而且讲得头头是道。你发言的冲动是认为自己调动了“批判性思维”：难道因为你是老师，你说知识是第三者，知识就是第三者吗？难道老师就是真理的化身吗？难道我就不可以质疑和批判老师提出的“似是而非”的理论吗？

在这个场景的对话里似乎包含了批判性思维的所有要素，那么这是不是批判性思维呢？此时，有人会说，这不是批判性思维！因为这是在批判一个结论或者貌似真理的东西，这其实没有必要！我们批判的应该是这个结论性的理论是怎么形成的！可是作者的回应是，即使我们批判的是形成过程的逻辑错误或漏洞，这也不算是真正意义上的批判性思维。此时此刻，你是不是会问：假如这还不是真正的批判性思维，那么到底什么才是批判性思维呢？批判性思维深藏在哪里呢？它到底是什么呢？目前关于批判性思维，你是否还有其他的想法、看法和观点呢？此时此刻我们的思考似乎有些困难了。

但是请不要气馁，因为到目前为止，我们虽然还没有得出有关批判性思维的最终结论，但是关于这个话题，我们还是获得了一些实质性的共识，而且我们的思维似乎正在朝着期望的目标靠近。深呼吸一下，让我们尝试进入第2个步骤：内部追寻，继续探寻什么是真正的批判性思维。

（二）内部探寻

现在让我们的思维再次回到在课堂场景中有关“知识是第三者”的对话。请你仔细反思一下：你为什么要拒绝这个观点（知识）呢？你真实的内心体验是什么？是想要和老师辩论吗？还是否定老师教导这个做法本身让你感觉很开心呢？还是你只想在同学面前表现一下自己呢？也许这些都不是你的想法！你能够捕捉到自己内心稍纵即逝的感受吗？这需要非常敏感地进行直观反思。你真实的内心体验可能是，我之所以拒绝这个观点（知识）是因为在日积月累的不断学习过程中，我的“白板”都快饱和了！因此，当我们面临一个新知识时，就会不由自主地面临这样一个选择，我们想用批判性思维来检验和甄别一下这个新知识，即我们该不该接受这个新观点（知识）或结论。

此时，有个学生非常激动地站了起来，说："是的！我的做法应该是有点自卫性质的。当外部的东西或者知识要进入我的内部的'白板'时，我必须进行思维过滤。"

对话到了这一环节，作者很惊喜地认为，我们有关批判性思维的讨论推进到这个思维点上真的很棒！到目前为止，我们有关批判性思维的讨论还是非常有效的。也就是说，我们进行批判性思维的目的可能不是为了证明对方不对。那么这里有关批判性思维的"箭头"是不是有点"方向性翻转"的感觉呢？那么，当我们尝试调用理性进行批判性思维时，我们真正想说的到底是什么呢？这里作者提出批判性思维的 3 种可能性动机：

(1) 第 1 种可能性动机：我们想说别人错了吗？经过上面的讨论我们开始意识到，批判性思维的动机也许不是为了批判对方是错误的。世界上有那么多人，那么多经历，那么多故事，那么多问题，那么多书，那么多观点，那么多理论，有的正确，有的错误，而且都和我们的认知不完全相同，难道我们都要去批判吗？我们完全没有必要这么做，我们也不会这么做，事实上我们也没有这么做。由此可见，当我们调用批判性思维的时候，并不是想要批判对方的错误或者逻辑上的不严密。

(2) 第 2 种可能性动机：可是我们为什么还要质疑呢？如果不是为了证明对方的错误或者荒谬，我们为什么要"审问之，慎思之，明辨之"？如果对方的观点是对的，对方的那些知识都是正确的吗？难道我们都要接受吗？难道我们就要把这些正确的观点、知识、理论和方法全部纳入大脑中吗？显然我们不会这么做，我们也没有这么做。那么我们内心真正想表达的也许是，即使那些知识都是正确的，我们也不愿意"被白板"。我们的人生时间和精力是如此有限，而正确的知识、理论、观点是那么丰富繁多，相对我们的有限性而言，正确的观点和知识几乎是趋向无限的，而且我们在受教育的过程中白板空间都快被填满了。可见，批判性思维的真正动机并不是为了全盘接受正确的思想或者教义。

(3) 第3种可能性动机：当我们进行批判性思维的时候，我们渴慕的到底是什么呢？也许我们真正想说的是，无论对方是错还是对都不重要，真正重要的是无论对错，我们都不愿意“被白板”，因为“被白板”就意味着我们丧失了独立思考能力。这种可能性似乎更接近那个关于“什么是批判性思维”的真相。事实上，每一个健康的活人都不愿意成为一个不会思考的、思维意识麻木的人；所有的真人和活人都不愿意成为一个“被白板”的“假人”和“死人”。因此，所有真实的活人在有可能“被白板”的关键时刻，都会采取反抗行动。

到这里为止，我们探讨了批判性思维的真实动机，可以看出，有关批判性思维的讨论并不是漫无目的，而是正在逐渐逼近目标。现在让我们在这个思维节点上稍微休息一下，然后从这个节点出发继续沿着这个思维链条推进对批判性思维的思考。我们将尝试采用严密的逻辑推理探讨“什么是批判性思维”。

（三）逻辑推理

1. 推理步骤一

第1个疑问：批判性思维是进攻性的还是自卫性的呢？已有的推理线索显示，批判性思维的作案动机不是别的，而只是我们不愿意“被白板”，即不愿意失去独立的思维思考能力，可见它是自卫性的。

再让我们调动自己的生活经历和体验，思考一些我们经历过的类似场景。例如，当我们发现老板、同事、同学或者朋友的陈述、推理或者结论有错误时，我们就会指出这个错误。我们诚实地进行自我反思，为什么我们会站起来批评这些错误呢？而且批评时还感觉很痛快呢？这是因为我们咽不下对方的话，因为我们有限的白板面积已经填进去太多东西了，很多东西填进我们的记忆仓库以后不知道什么时候就又消失找不到了，所以我们现在特别谨慎，非常地小心，不愿意轻易把这些东西放进去。难道说无论是谁，只要想把他的想法、观点、知识、理论填进我们的“白板仓库”，我们就必须接受吗？只要是正确的知识，想填进去就填进去吗？这在理性上也是不可能的，在直觉上也是不对的。

那么我们进行批判性思维的目的和动机到底是什么呢？基于以上的讨论，我们在自我体验和反思里看到：批判性思维的目的几乎是自卫性的，是自我保护，甚至都不具有攻击性。由此可见，批判性思维首先是思维而不是批判，但是这个思维带有批判性的特征。这是到目前为止我们看到的一个有关“什么是批判性思维”的比较深层的事实性真相。

那么让我们再次回顾一下什么是思维呢？如何思考呢？笛卡尔就是在这个地方教了我们一些重要的思维原则。作者将这些思维方法总结成了笛卡尔思维五原则：① 单纯原则；② 直接原则；③ 解构原则；④ 建构原则；⑤ 系统原则。由此可见，白板理论也不是一无是处，它可是大名鼎鼎的洛克提出来的，我们怎么能把白板理论认作为垃圾理论呢？

事实上，严谨思维的中间段推理需要批判，快捷有效的思维都需要做判断。在共同体中，判断就会产生刺痛，批判就会产生张力，共同体不会是一团和气。那么原初是自卫性的批判性思维，到后面怎么就开始转变或展现出很强的攻击性了呢？你意识到这个问题了吗？在这个转变的过程中，就是批判性思维的意向性发生了偏移。你是不是对此有点感觉了呢？

如果我们看到了这一点，明白了这一点，我们就不会那么轻易地拼命和别人进行争执，我们心中的愤怒就不会那么轻易地被调动起来，我们也不会经常错误地拿起批判性思维这个武器到处砍人和打人。如果我们看到这个真相，朋友之间就可以说真心话，诚实地分享彼此的观点和看法，我们就不会轻易地去指责别人，看到这个事实性真相会帮助我们重建和谐的人际关系。

至此，可以公布我们侦查的第1个重大发现：批判性思维不是进攻性的，而是自卫性的。所有的真正的批判性思维都是人出于内心的、合乎情理的、自然的、无可厚非的、不愿意“被白板”的、自卫性的自我保护行为。

2. 推理步骤二

第2个疑问：既然批判性思维是一个自卫性行为，那么到底是谁或什么东西在攻击我们呢？是别人的陈述吗？是别人陈述里的错误吗？还是别人陈述里的正确观点和结论呢？好像都不是。已有的推理线索是我们往往误以为是别人陈述里的错误在攻击我们，其实不是。因为即使在正确的陈述面前我们也不愿意“被白板”。既然这个攻击对象与别人的正确与错误都没有关系，那么我们的批判性思维为什么总是要分析和批判别人呢？

这是一个重要的思维盲区。批判性思维是自卫性的，但是它又常常以“批判”的形式和形态出现。在前面讨论时，有人提到真正的批判性思维不是对陈述的批判，应该对“这个陈述的形成过程”进行批判。事实果真如此吗？让我们继续沿着这个线索推进对批判性思维的思考。

当我们得到一个以陈述形式出现的新知识时，我们需要判断一下，这个陈述对吗？如果有人故意要欺骗我们，其实只要稍微拿到一些证据就能证明这是欺骗，因此我们可以用基本正常的理智和理性进行判断，模模糊糊就能够判断出对错和正误。也就是说，这种判断基本不需要批判性思维。譬如在微信朋友圈里，如果别人阐述自己的观点（观点不是很片面），提出的结论也比较合理，我们根本无须调动批判性思维进行判别。因为这种判断对我们的生命而言可能没有什么意义，所以我们完全可以选择走开，也可以选择和这些朋友进行较宽松友好的讨论。

至此，可以公布我们侦查的第2个重大发现：以前自以为是的批判性思维，的确搞错了！我们以为是别人陈述里的错误在攻击我们，其实不是。因此，所有外向型的批判性思维行为，都可以归结为“伪装的批判性思维”。

3. 推理步骤三

第3个疑问：那么我们为什么采用批判性思维呢？什么地方真正需要批判性思维呢？我们用批判性思维到底要做什么呢？真正的批判性思维行为到底是什么呢？假如批判性思维仅仅是为了自我防卫，而且我们的目的非常单纯：在我们成长过程中，面对铺天盖地的信息、知识、观点、理论，我们必须拿出批判性思维进行自卫。当这些东西要进入我们的脑海中而成为我们生命的一部分时，我们就必须进行自我反问和反思。

我们的思维推进到这个节点，一定要维持住这个思维节点。这个思维盲区不仅对我们，而且是对任何人都至关重要。因为如果我们的思维意识在这个节点失守，那么我们思维意识的最后一道防线就守不住了，我们的思维就会彻底“被白板”了。

已有的推理线索表明，既然外部的他人的陈述，无论正确还是错误，如果都没有真正攻击我们，那么攻击我们的东西很有可能来自我们的内心。即当我们遭遇一个新知识时，在我们的内心会不会同时有两个声音，一个说，“是的，这个知识(这句话)看起来不错，接受它吧”。而另一个声音却说，“不，别人的思考不能代替自我思考。否则长此以往我就会失去独立思考和判断能力”。如果第一个声音一边打开“被白板”的按钮，一边却坚决关上“独立思考”的按钮时，我们不会感受到内心思维的张力和痛苦。而当第二个声音在按下“被白板”按钮的同时还开启“独立思考”的通道时，我们的内心就会出现巨大张力，这就是使我们真实地感受到“被攻击”的东西。其实当我们“被白板”的时候，我们的内心会自然而然地坚持一个观点，即我们需要独立思考。不能别人说什么，就是什么。

单纯从这个意义出发，思考这个问题，即当我们准备咽下去一些东西时，准备把这些东西拖进我们的“白板仓库”变成自己的一部分时，我们要进行的批判性思维的批判对象就是知识。事实上，任何知识都是第三者，没人强迫得了我们。在此意义上，批判性思维其实就是反思性思维。前面作者也讲到这一点，就是我们要反思，为什么要接受这东西呢？反思性思维本身是非常重要的。

在批判性思维里面，我们面对的所有知识、观点都是“第三者”，当我们决定是否要将它接收到我们的“白板仓库”时，其实需要调动的是反思性思维。但是，反思性对象对准的是我们自己，就是我们自己的内心，就是我们内心里面“从无到有”的所有内容。看到这个思维盲区其实非常关键，譬如我们甚至可以看到：噢，我原来那么乖啊！当时我是在完全不知情的状况下吸收了这部分知识。可是后来我的人生经验让我意识到自己当年是多么幼稚啊！这其实就是我们的成长经历，也就是我们形成自己的历史经验、观点、信念，包括我们的知识结构和思维模式的过程，即我们是如何一步一步地变成今天这个样子。

如此看来，批判性思维就是我们内心的一道防线。当我们接受一个一个知识时，当我们接受一个一个观点的时候，我们需要辨别，是不是该把它们变成我们自己的一部分。假如现在讨论的这个点是另一个事实性真相，那么批判性思维就是自我批判。你同意吗？伽达默尔说，原来一切理解都是自我理解。类比这句话我们可以说，原来一切批判都是自我批判。

至此，可以公布我们侦查的第3个重大发现：批判性思维是人内心里的“喜欢独立思考”按钮向“喜欢被白板”按钮发出“不”的声音。这个“不”的意图就是拉响我们内心的警报，让我们警惕“被白板”！要坚持锻炼独立思考意识和明辨能力。

（四）侦破结果公布

根据前面的逻辑推理，我们看到了如下几个事实性真相：① 所有外向的、进攻性的批判性思维行为，都是“伪装的批判性思维”。② 真正的批判性思维都是自我批判和自我警惕，当我们内心在开启“白板机制”的同时也开启了独立思考的机制。③ 我们在共同体的讨论和表达中要学习欣赏和尊重知识这个“第三者”。事实上，我们原有的、不假思索的、经验性的、关于批判性思维直觉就是拿着批判性武器去批判他人：批判他人的观点，批判他人的结论，批判他人的推理逻辑，批判他人的前设和前见，批判他人的逻辑偏差，凡此种种都是“伪批判性思维”。

我们对批判性思维的探讨到目前这个思维节点上，一切的批判都要“转变”为自我批判。这个思维的弯是不是转得有点太大了呢？大家是不是有点受不了或者跟不上了呢？这是因为我们的第一个经验直觉就是批判别人。因为别人的观点和我们的不一样，我们不想同意，不想盲从，所以我们采用批判式思维和别人沟通、讨论，讨论的心态或是心平气和，或是气急败坏，现在怎么突然变成了自我批判呢？我们在这里尝试站在以下三个思维节点上完成这个思维逻辑的推理和转变。

1. 自我保护机制

批判性思维的真实动机是自我保护。为什么我们的批判性思维会产生批判性行为呢？这个批判性行为可以是讨论，可以是争吵，可以在这个过程中彰显出很大的张力。但是，出现这个张力最根本的原因是我们需要自我保护。

也许以前我们从来没有从这个角度思考过批判性思维。

我们的内心不应该是对任何人都敞开的。如果我们内心的大门敞开，岂不是任何一个人都可以推门进来占领我们内心的房间吗？所以人天然的自我保护意识就是要拒绝乱七八糟的东西。所有那些外在的东西要进入我们的内心，必须首先过我们自己这一关，镇守这个关口的法宝就是要坚持独立思考，也就是拒绝“被白板”。自我保护其实是个常识，特别当我们“读了万卷书，走了万里路”，经历了那么多大大小小的事情后，面对别人的说辞，岂能是他说对，就认为是对呢？他要进入我的内心就可以进来的呢？所以这是人很正常的自我保护机制。

2. 知识是中性的

虽然他人的知识、理论、观点和看法是中性的，但是我会理解为“他在攻击我”，而我需要进行自我保护。所以当我感觉自己好像受到了攻击时，我就开始攻击他人。这其实是个错觉，因为全部的知识都可以看作是“第三者”。

事实上，每一个人在进行独立思维时都会有自己的观点和理论，会产生各种知识。如果他人对自己的思考成果很得意，想和你讨论一下他的观点，这又有什么关系呢？你要么接受，要么不接受；要么欣赏，要么不欣赏；没有人能够强迫得了你。从根本上而言，这世界上想强迫或者控制别人几乎是不可能的，或者很难做到，当然应试考试除外。

事实上，如果我们可以客观地分享别人的观点、结论、作品，甚至理论时，我们的思维会因为接触到知识这个“第三者”而更加清晰。所以要学会欣赏一个作品、产品或者理论（知识这个第三者）。别人分享的这个知识可以非常好，也可以不那么好；可以有漏洞，或者没有漏洞；可以看起来很美，也可以看起来很普通平常。这是别人思想和观点的表达方式，仅此而已。同样，我们自己的思维、思想和观点，最后表达出来也可能是作品、产品或者理论，我们自己可能会很珍惜，很自豪，但是这在他人看来也都是作为“第三者”的知识而已。

这里作者想提醒大家的是，这个将思维表达为知识的“过程”对一个人有本质的意义，超越了知识“第三者”本身。因此，我们要学会欣赏知识，使我们的思维具有借着和透过“第三者”(知识)看见他人创造力,洞察他人对第一性对象的意向性。

3. *启动独立思考*

当我们意识到其实他人并没有攻击我们时,我们也就不需要去攻击他人的观点或理论(知识)了。这个自我保护机制其实是人天生的、直觉性的、自然而然的内部机制。但是我们是如何失去这个机制的呢? 我们能否意识到在怎样的程度上已经失去这个机制了呢? 我们是如何才“被白板”的呢? 我们是从什么时候开始主动想“被白板”的呢? 当我们开始思考这些问题的时候,有一点是非常确定的,那就是仅仅因为我们自己没有进行思维的明辨和反思。如何重建独立思考的机制呢? 作者想借用《礼记·中庸》的表述:“慎思之,明辨之,笃行之”作为回答。

这里我们探讨的批判性思维,就是提醒我们内在的明辨机制要警觉、警惕,随时随地有意识地提醒自己进行反思。事实上,当他人的句号或者结论非常正确的时候,我们就很容易同意,很容易放弃,很容易“被白板”。这就是权威、专家、传统很容易让我们放弃继续思考的深层原因。可是当我们内心的另一个声音说:这里好像有问题,有问题吗? 真的有问题吗? 如果能够在看似没有问题的地方提出真实的问题,我们就必须进行独立思考,这个内在警醒的声音是对独立思考能力的自我保护。批判思维的本质不是批判,而是让别人的“观点和思考”进入我们的思维视域,我们可以欣赏、甄别、判断、拓展,同时看见自己原有思维视域的边界和前见,从而让我们自己的思维视域越来越开放、越来越自由和包容。

四、批判性思维的PB模型

基于以上对批判性思维的侦破过程,我们对批判性思维有了比较深刻的认识。这里作者基于以上的对话和讨论采用元素法,总结了批判性思维的5个主要元素,建立了一种批判性思维PB(即五个元素首字母的缩写:PeeBa的简称)模型。

(1) 第1个元素：防止思维被白板(prevent being ducked feeding)。保持独立思考意识的意向性和能力是一个人提高辨别力、鉴赏力、欣赏力、理解力和创造力非常关键的步骤。如果我们的思维“被白板”，被填鸭，被各种标准答案和完美的陈述充斥，那么我们的思考能力就会逐步丧失，辨别能力会变得越来越软弱和麻木，自己的独立思维的防线就会失守。在虚假、扭曲和错误的信息面前就会毫无分辨能力。其机制与“知识是如何让我们失去创造力的”这个问题的思维结构是相通的。

(2) 第2个元素：启迪主动反思性思维(enlighten active self-reflection process)。生活中，尝试用敏锐的心灵去感受和体验诸多细小、具体的日常经历里他人的思维、思想、观点和意见和我们内心认知的真实张力。在体验中坚持自己的意识意向性不要被批评、打击、嘲讽他人的欲望牵引，而是始终转向并聚焦在自我内在的认知盲区和理解张力中，进行自我反思，并在思维张力和冲突里实现思维突破和超越。这是批判性思维的方向性颠覆，把批判的箭头对准自己的思维，而不是别人的观点或思维盲区。

(3) 第3个元素：提高自我理解能力(enhance self-understanding)。通常，我们认为自己最了解自己。但这却可能是我们思维中至暗的盲区。事实上，我们对自身和内心深度隐藏的东西往往看不清楚。我们是什么样的人呢？当面临从前完全未知的境遇时，我们真如自己所了解所知道的那样行事为人吗？苏格拉底有一句著名箴言：认识你自己。同样说明我们可能并不了解自己，并不真正地认识自己。所以，能够坚持在日常生活场景中、对话中、阅读中、事件遭遇中，用同理心、宽容心、开放地倾听和尝试理解他人，就能够更多地理解和认识我们自己。

(4) 第4个元素：自我心智成长(being growth/ development)。开启批判性思维，将批判的箭头对准自己已有的观点、看法、思维模式、思维结构和思维惯性等，有助于我们清楚地看到自己被遮蔽、被隐藏、被忽略的思维盲区和暗区，而这种意识的意向性是开启自我心智成长的必由之路。

(5) 第5个元素：欣赏新知识、新观点(appreciate new knowledge/ idea)。他人的思维、观点和认识都是他们主动思考和思想的结果，可能与我们的想法大相径庭,但还是值得欣赏和赞赏。所谓君子和而不同,这样的心态是开放的、宽容的、动态扩展的、不断丰富的、持续更新的、充满活力的。看待他人的观点、作品、产品或者理论方法的态度,会把我们的意识意向性从纷争、争辩、争吵、指责或嫉妒中彻底解脱出来。这样的认知会让我们有一颗真正欣赏别人思想、思维、知识的态度和心胸,受益良多。

作者把批判性思维PB模型称为"琵琶模型""枇杷模型"或者"批吧模型"。这是将"批判性思维"创造性地表达为3个有趣的模型,如图7-1所示。① 琵琶(PB)模型,其寓意是弹奏起来,要时刻警醒自己不要丧失批判性思维的意识意向性和能力,要随时随地进行主动反思,如图7-1(a)所示。② 枇杷(PB)模型,其寓意是要把这颗果子吃到自己肚子里,批判性要成为自己心智成长的养分和养料,如图7-1(b)所示。③ 批吧(PB)模型,其寓意是批判性思维的对象是对着自己的思维进行"批判",进行主动反思性思维,而不仅仅是看到别人的不足、弱点和不完全而对别人的思维进行批判,如图7-1(c)所示。

(a)　　(b)　　(c)

图7-1　批判性思维PB模型

(a) 琵琶:弹奏警惕;(b) 枇杷:自摘自吃;(c) 批吧:自我反思

五、批判性思维再思考

(一) 为什么要进行批判性思维

众所周知,在历史上被正确的结论、道理和理论"白板"或洗脑的情况有很多。例如欧洲民众曾被天主教进行过宗教洗脑。如果我们对吸收进来的知识没有进行明辨，很多时候也没有精力和时间仔细消化那些知识，就会被作为“第三者”的知识，即“他者”填满我们的“记忆仓库”。假如我们没有将批判性思维作为一个前防卫性的预警，我们的思维就会越来越脆弱、空洞、苍白和无力，根本无法进行任何筛选，或进行任何评判和甄别，因此任何东西都能进入我们的内心。这说明我们个人的自我保护的预警功能基本丧失，无法正常启用。就此意义而言，批判性思维就是提醒我们不要轻易地被填鸭，并要警惕“被白板”的思维惯性。所以用自我评判这个词表达批判性思维似乎更加准确，就是自我警惕，这其实是启动一个正常的反思性思维模式。

事实上，在学习过程中我们会同时启动两个功能，第一类功能是“白板”功能，即记忆、储藏、归类功能。该功能使人有类似机器人的特质。第二类功能使你变成今天“你这个样子”，使你已经变成了一个有判断力、有价值观、有美学取向、有思考能力、有创造力、有表达力的情感丰富的活人。假如你的第二类学习机制从来就没有被启动过，启动的只是白板机制，那么你就会成为一个机械地、被动地喜欢答案和他人陈述语言的记忆仓库。所以一个正常人，这两个功能都需要存在和启动。其中，当第二类的功能启动时，进行独立思考的自我警惕性就高一点，警报声音就大一点，心智成长就快一点。

事实上，人是没有办法完全成为一个只有记忆功能的机器人的。把一个正常人完全变成“白板仓库”是做不到的。但是，如果一个人长期仅仅启动白板功能，他的记忆仓库的东西就没有条理，思维就会很混乱。有时候一个人没有理性，是因为他的第二个功能，即那个非白板功能不健全，长期闲置。在这个意义上而言，所有的批判性思维都属于反思性思维。长期“被白板”的思维是没有自我明辨和反思。所以，如果我们不刻意去强化批判性思维，并尝试锻炼思维表达力，从而使思维清晰化，那么这个功能就很容易萎缩和退化，甚至被完全遮蔽，我们更不可能成为有创造力的人。

1. 基于创造力模型的思考

作者基于创造力模型尝试对“什么是批判性思维”进行再表达，并尽可能地把前面讨论过的概念包含进来，这里采用结构性思维的表达模式，如图 7－2 所示。

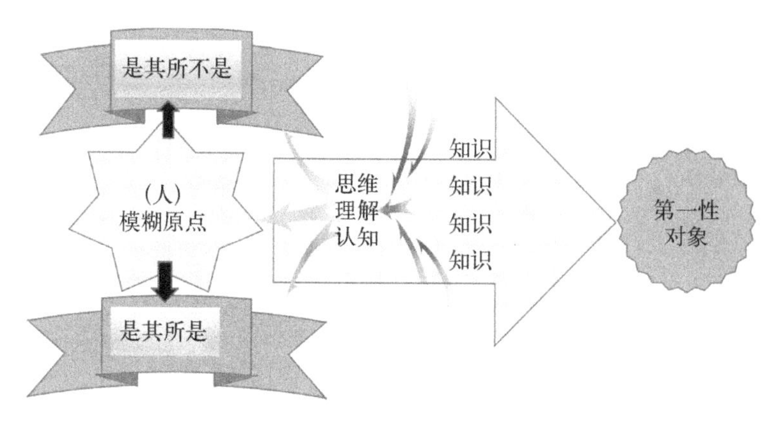

图 7－2　基于创造力模型对“什么是批判性思维”的再表达

真正的批判性思维是指人(拥有内在的模糊原点和自我认知)想要提升或者拓展自我思维、认知和理解,从而和他人(第三者、知识)进行有关“第一性对象”的对话时,能够主动地对自己(自我、模糊原点)进行反思。反思箭头有两个方向:一个指向自我,使自己内心的认知由模糊变得清晰,认知得以提升和拓展;另一个指向“第一性对象”,即可以穿透和超越“第三者”,或者可以借助“知识”直达第一性对象,使思考更加深刻和本质。

真正的批判性思维能够在两个维度或更高层次上提升自我认知和自我理解的思维力与创造力:① “是其所是”的境界就是可以把自己的潜能挖掘出来,使深藏于自己内部的创造力释放出来,从而提高思维、理解和认知能力,使自己具有通过借助知识直达“第一性对象”的创造力;② “是其所不是”的境界就是可以把自己创造成为一个全新的、充满创造力的人,超越自己原本可能达到的最高境界,使自己的思维、理解和认知能力可以实时更新,不断突破已有的知识框架和边界,从而实现与“第一性对象”进行互动,并在这个过程中使自己焕然一新,达到福柯提及的“创造自我”的境界。

2. 基于约哈里窗口模型的思考

作者基于约哈里窗口模型(结构性思维)尝试对“什么是批判性思维”进行再思考和再表达(见图 7－3)。

谁是具有批判性思维的人呢?批判性思维对个人的认知更新有什么益处和帮助呢?这里按照约哈里窗口模型逐一进行讨论。

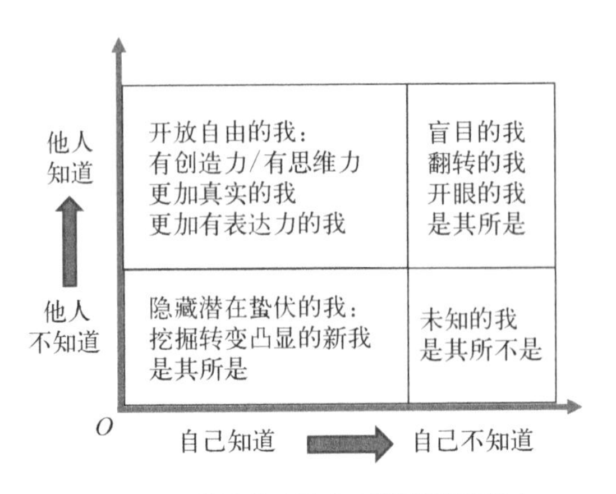

图 7－3 基于约哈里窗口模型的再表达

第 1 扇窗：这是在公众面前展示的“我”。随着批判性思维的深入剖析，这个逐渐扩展扩大，直至越来越开放、自由、更新中的我，是内外更加一致、真实的自我。这里的“我”是具有创造力和思维力的“新我”，是个人的认知力、理解力、行动力和生命状态上逐步彰显出来的“内在的我”，是自己可以体验、别人可以知道的“显性的我”。

第 2 扇窗：这是不认识自己的盲目的“我”，作者称之为“不知道自己是盲人的盲人”的老我状态。通过和他人的交流和主动批判性思维，这部分会逐渐缩小、萎缩，人们能够认识到“自己是盲目的”，需要被开启。因此这里的“我”是会被逐渐翻转或逆转成为“显性的我”。

第 3 扇窗：这是在批判性思维训练中，不断地凸显、挖掘和转变这个原本是隐藏起来的“我”，包括各种能力、品质和潜力，也是学习教育能够达到的一种人类期望的境界。第二扇窗和第三扇窗表达的是更新中的生命，借用存在主义哲学的表达就是“是其所是”的生命。

第 4 扇窗：未知在黑暗和蒙蔽中的“我”、那个在至今整体人类尚且无知领域的“自我”。可以称之为“知道自己是盲人的盲人”，为突破和超越这个状态，我们需要借助各种各样的真实生活实践经历、第一性对象、第一性书籍、第一性学习、反思和判断进行思维拓展和认知更新，从而使我们（人类）到达前所未有的高境界，创造出新的自我，这就是“是其所不是”的生命。

3. 基于思维视域的思考

基于思维视域模型对“什么是批判性思维”进行思考，作者从三个层面上展开表达，如图7-4所示。

（1）亮区扩展，被光照的生命。丰富与扩展，追求人类命运共同体，追求真善美，追求人类共同追求的神圣目标。

（2）盲区消减，看到自己在时空中的有限性，遮蔽中的自欺性，心思意念的虚妄性。

（3）暗区转变为亮区的过程被启动，原有的自我认知不断被提升，思维边界不断被拓展的过程，使生命更加丰富、真实和丰盛。

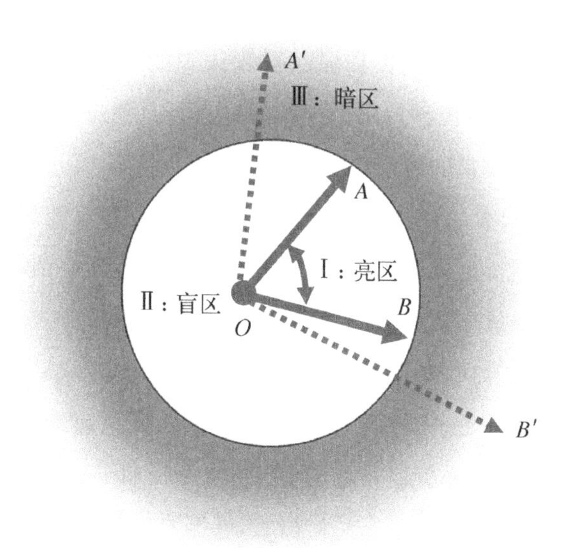

图7-4　基于思维视域模型的再表达

（二）谁需要批判性思维

批判性思维是不是一种特别高级的思维呢？是不是只有很高级的知识分子、职位高的人或者特殊的人群才特别需要批判性思维呢？其实，批判性思维是“人之为人”的基本的思维方式，是所有人都需要的理性思维。如果一个人不反思，怎么会有真正的生命成长呢？而且自我反思只有自己做才有效果，他人无法代劳，只能亲力亲为。不仅是大事上需要反思，小事上也需要反思，学习中、生活中、工作中、家庭中、各种关系对话中，处处需要反思。在人的成长过程中，有以下需求的人特别需要批判性思维：① 想不断成长、成为有趣的人，而不是想在日久天长里变得越来越无趣和无聊的人；② 热爱生活的人；③ 渴望突破思维捆绑，寻求灵魂自由的人。

（三）什么时候需要批判性思维

什么时候需要批判性思维呢？什么地方需要批判性思维呢？作者认为"凡事"都需要进行批判性思维。这是因为以实际经历事件为载体的反思和批判，是以人内在的心智成长为重要的意识的意向性目标。生活中的凡事，事无巨细都可以成为启发心智成长和提高自我认知的养料，只要我们始终如一地坚持以批判性思维PB模型揭示的思维模式进行自我反思和自我理解。

威斯敏斯特大教堂的碑文中写道：

"我在年轻的时候有一个伟大的愿望，想改变世界，但是随着我的年龄的增长，我发现我不能，所以我想改变整个国家；但是等到我的年龄再大的时候，我发现我没有这个能力改变自己的国家，那我就想我的愿望就是改变我的家庭。等到我年老的时候，我发现我也没有能力改变我的家庭，我就想我要改变我自己；等到我行将入土的时候，我才发现我依然没有改变我自己。这时候我就想，如果我一开始的愿望就是改变我自己，那么我自己改变了，同样就有可能改变我的家庭，就有可能改变我的国家，甚至有可能改变整个世界。"

（四）如何培养批判性思维

有很多讲解如何培养批判性思维，探讨锻炼批判性思维的理论、方法、工具和步骤等的书籍。但是需要注意的是，这些书籍关注的批判性思维大都是箭头外向型的，即对他人的评判机理。然而我们关注的批判性思维的意识意向性的方向是指向自我，是内向型反思机理，即本章探究的批判性思维的聚焦点是紧紧锁定在我们自己内在的体验和反思中，关乎个人的内在认知和心智成长，关于理解和自我理解疆域的扩张和超越。因此，当我们阅读这些书籍的时候，要有意识地结合自己的经历和体验，尝试在自我反思中提升内在的理解和认知，并有意识地运用这些方法和工具锻炼自己的看见力、经验力和表达力，从而使我们的思维意识兼顾理性、感性、灵活性和更新性。基于本书建立的思维力矢量模型和创造力模型，作者提出以下 4 点帮助读者培养批判性思维。

(1) **提高看见力**。主要通过“去遮蔽”，让知识这个第三者退场，从而让第一性对象清晰地显现出来。作者也称之为“清零法”。

(2) **提高经验力**。主要通过与第一性对象的互动，将模糊意识原点与第一性对象进行交联互动，在改变实际环境和解决真实问题的同时，实现内在自我生命认知的更新。

(3) **提高表达力**。尝试以疑问开路的开放式思维，借助语言媒介将隐藏的第一性对象，也包括模糊原点，更加清楚、清晰、明白地表达出来。并在表达的过程中使自己的认知力、思维力、理解力、领悟力和表达力得以更新、提高和拓展。

(4) **灵活运用知识**。面对真实的问题，可以探究一些有关“怎么做”的技术性问题，将该领域的相关知识用起来，灵活解决自己的“第一性问题”，并在这个过程中使知识这个第三者成为实现自我更新的桥梁和垫脚石，而不是拦阻和遮蔽的绊脚石。

思考题

1. 什么是真正的批判性思维呢？
2. 常见的批判性思维的误区有哪些呢？
3. 我们如何看待和运用白板理论呢？
4. 我们如何避免陷入无意义的争辩呢？
5. 我们如何避免无效思维呢？
6. 什么是真正的教育呢？
7. 教育和洗脑的相似点和不同点是什么呢？
8. 我们为什么需要批判性思维呢？
9. 我们很容易在什么时候失去批判性思维呢？

10. 如何进行批判性思维呢?

11. 批判性思维和反思性思维有什么相同点和不同点呢?

12. 本章的讨论对你有启发吗? 特别是有关提高创造力方面有无帮助呢? 请反思这个讨论是如何帮助你的。

13. 尝试用元素法探讨你原来的批判性思维的前见是什么呢? 这些前见形成的原因是什么呢?

14. 请你分享一个采用“清零法”提高自我认知的实例。

第8章

创造力就是“更新力”

本章继续沿着思维力和创造力的整体思维框架推进人在“存在（being）”层面的创造力，即人内在的心智成长、认知更新、自我更新和创造新我。超越创造力通常所指向的“存在者（doing）”层面上的知识增长和能力提高，使我们对创造力的认知思维框架向纵深处拓展。

一、引论

本书有一个整体框架，当我们的思路沿着这个整体思维框架推进到此时，我们应该意识到本书探讨的创造力直指人在“存在（being）”层面的创造力，指人内在的心智成长、内在的认知更新、自我更新和自我创造，而不是仅仅指“存在者（doing）”层面上的知识增长和能力提高。那么一个有创造力生命的being和doing是什么样的关系呢？是分裂的、疏离的和毫不相关的呢，还是相互联合、水乳交融的存在呢？具有创造力的生命是如何孕育出来的呢？具有创造力的生命是如何茁壮成长，而不是逐渐萎缩或中途夭折呢？这可能是我们一生都需要关注和思考的问题，这里作者提出的引导性问题是，阻碍人的心智成长的因素是什么呢？阻碍自我更新的认知模式是什么呢？促进自我更新的思维结构是什么呢？如何进行自我更新呢？自我更新的有效途径有哪些呢？

二、自我更新与心智成长

(一) 人的异化

通俗地说,异化概念,是指人的思想非常僵化,异化的生命不像有机生命一样,能够进行不断生命更新。比如在人幼小的时候任何人体组织,都是非常柔软的,随着年龄增大,很多人体组织也会越来越僵硬,人的生命也是类似。作者有一个学生,他当过眼科医生的助手,帮助眼科医生做手术。他因此有机会触摸过人的眼眶内部的眼球,他说三四岁小孩子的眼球像水一样,很软很有弹性;他说随着人的年龄的增长,眼球就会变硬,当年龄到了六七十岁时,眼球就会很硬。这就是说,人的眼睛组织都会随着年龄增长而自然而然地变硬。

那么到底如何理解人的异化呢?异化这个概念其实是哲学概念,简单地说,就是人一点点变成非人。Alienation 来源于拉丁文的 Alienus,字面意思是“其他、异类、异乡人”。异化的英语词汇 alienation 也有“外星球化”的意思,就是人变成了外星球人,不是我们通常理解的人(真实的人)理所应当的样子了。本来这个人是“人”,后来变成了非人(不是人)。即指人最初很自由、很柔软、很良善、很有灵性,生活到最后异化得“不是人”了。一般而言,现代人的异化归纳起来有三种:动物化、工具化和宗教化,宗教化也包括虚无主义。

1. 动物化

人作为万物之灵长,与动物的区别之一就在于人的心智成长不会停滞,是向无限发展和敞开的。人的认知和理解力是在不断地随着心意更新而变化的。人的身体虽然一天比一天衰老,但是内心却可以一天比一天丰盈。如果大家只追求那种身体的快感,吃喝玩乐的享受,只注重感官层面的快乐,而忽略了人之为人的非常有价值的部分,即心智的成长,长此以往,人的心智成长功能就会萎缩,最后会变得与动物一样,只关心肉体的需求,这里称之为异化中的“动物化”。

2. 工具化

工具化也称作机械化，就是人变成了工具，即能够创造价值、实现实际效益或利益最大化的工具，而不考虑“人之为人”天生的对爱、自由、安全、幸福等人性的本然需求。康德曾提醒人类说，人是目的，不是工具，不是手段。但是现在，随着科学技术的进步和生产效率的提高，人在高效的忙碌中像陀螺一样机械地重复工作，对内在心智成长和生命更新的认知渐渐麻木，失去感觉，越来越多的人陷入“被工具化”的危险境地，这里称之为异化中的“工具化”。

3. 宗教化

宗教化是一类比较奇怪的人类异化现象，它不是纯粹的工具化，但是确实是一种比较奇怪的异化，所以可以把它归成很重要的一类异化。现在最严重的就是宗教极端组织，几乎已经到了完全反人类的地步。

（二）哲学家是什么样的人

当面对异化的巨大张力时，几乎所有人都逃跑了。但是有一类人没有逃跑，这类人就是哲学家，他们还想成为真正的有灵性的活人。作者对哲学家的认知可以概括为两句话：在人类面临异化的巨大张力面前不逃跑、不逃离、不逃避；哲学家的任务是反对和阻止人类异化。哲学家觉察到人类的首要问题是人不能持续更新，人一旦异化，就不能更新。哲学家发现了这个问题，他们要行动起来阻止人的异化，然后提醒并告诫我们：不要变成非人的样子。其实哲学家是很辛苦的，他们每天热衷于这个事情，也不在乎做此事是否赚钱。当我们说自己很幸福时，哲学家会说，你们的幸福是多么浅薄啊！所以哲学家就是这样的一类人，其任务是反对人类异化，不想看到人变得“不是人”、人成为“非人”。

1. 反对主客二元分离异化

什么是主客二元分离异化呢？简单地说，就是认识论里有关本体的异化，即人变得“不是人”。主客二元分离异化是从启蒙运动以后开始的。启蒙运动的特征是从中世纪的神本到人本，高举人本大旗，强调人的主观能动性，包括人的认知能力，启蒙运动为人们带来了这种认知。现代哲学家觉得这种认知导致了一个很大的问题，即把“主体”与“客体”拉开了距离，使两者成了二元分离状态。例如，审美强调“我”是一个认知主体：我是有理性的；我是有尊严的；我是有一个独特的眼光。试想，我们如果没有自己的眼光，那么怎么去发现规律呢？怎么去认识这个世界呢？粗浅的表达就是这样一个现象，即主体、客体分开，产生距离，形成二元。这里作者想提醒大家，我们自己也大都持有这种观点。基于这种观点，在我们关于学习的模式、做人的模式等一些基本认知上，都存在主客二元分离的问题。例如，主观与客观的分离、对象与认知主体的分离等。虽然我们并不觉得这有什么问题，做人不就是应该这样吗？这个思维模式最早是从笛卡尔的理论开始的。笛卡尔说，这个世界存在两个本质：一个是人的灵魂，一个是物质的世界，二元论就从这里产生萌芽了。

2. 反对形而上学异化

通俗地说，形而上学是指不要把眼光总放在眼前可见的物质肉体层面，而忽视、漠视、不关心精神层面上不可见的东西，而那个东西叫作形而上学。所以，单纯的“形而上学”这个词是中性的，它并没有贬义和褒义之分，主要指我们精神活动层面客观存在的东西，偏向于看不见、摸不着的那种理念性的东西。例如，什么叫美，什么叫公正，什么叫幸福，什么叫道德，这些就是形而上学研究的对象。但是，形而上学是如何变成贬义词的呢？这是因为后来的“形而上学”发生了异化。

作者在这里稍微解释一下发生异化的原因。事实上，形而上学的老祖宗是苏格拉底、柏拉图。所以，哲学家反对形而上学的根源追溯到了柏拉图。柏拉图的理论是说：世人好像是“活着的”，其实那个“活着的”不重要，重要的是其背后还有一个理念，还有一个灵魂，还有一个“存在”，而那个存在其实更本质。所以柏拉图指出，人能够体验的东西还不够本质，更本质的东西是其背后的“理想国”。该思想奠定、影响了整个西方的思想哲学界，所以这个理论的意义很重大，以至于人不会掉到这个看得见的物质世界里，可以思考崇高，思考道德，思考任何非物质的东西。柏拉图的理论本质是说，人的本质是一个“形而上”的存在。

形而上学异化是指，假如人的生命中存在一个超越这个人的更本质的东西，无论这个东西是什么东西，“这个东西”就已经被异化了。假如人根本就没有这个本质的东西，这个本质只是人自己想象出来的；然后人就为这个本质而活，就被这个本质控制；而这个本质可以是任何看不见、摸不着的东西，包括理念、理想。假如这个本质不是客观存在的，而是人臆想出来的一个虚幻的本质，然后我们的生活全部围着那个本质转，我们就已经“被异化”了。

所以，后来的哲学家否定了形而上学的“这个本质”。激烈的、典型的进化论者说，人根本就没有本质！进化论从根本上否定了形而上学的本质论，因此其在后现代很受欢迎。它认为人是进化的，是朝着适者生存这个方向进化的，谁也不知道这个方向到底是什么东西。在这个意义上讲，后现代的哲学家基本上否定了人的本质论，所以后来的发展方向是朝着“虚空”这个方向发展，经验主义者其实也否定人的本质论。

3. 是其所是 VS 是其所不是

哲学家特别关注人的本质问题。关于人类的本质，这里先简述前面提到的“存在”和“存在者”两个哲学概念，便于读者将其作为预备知识。

一切事物，凡可用名词表达的(包括概念)都属“存在者”层面。浩瀚宇宙、大千世界，不计其数的东西均属于“存在者”层面。但是这些存在者却拥有一个共同特点，那就是它们都“存在”。因此，存在者背后都有一个支撑，那就是存在。一切“存在者”都存在，在这个意义上所有的存在者是一样的。

而在“存在者”层面上的东西就太多了，五花八门，分类很复杂。那么“存在者”背后的“存在”能不能分类呢？还是所有的存在都是一样的呢？还是有不同方式的存在呢？存在主义者主张说，其实只有两种存在，即在“存在者”背后支撑的“存在”只有两种：一种叫作“自在”的存在；另一种叫作“自为”的存在。什么是“自在”的存在呢？自在的存在是“是其所是”的存在。什么是“自为”的存在呢？自为的存在是“是其所不是”的存在。这两个表达非常有意思，而且对我们理解人的生命本质有很大的帮助。

那么，人的本质到底是什么呢？宇宙万物作为“存在者”存在，可以是有形的、物理的、时空的，也可以是精神的、心理的。那么他们之间有什么共同的特点呢？哲学家将一切“存在者”背后的共同特点抽象为“存在”，但是这种抽象的“存在”适用于除人以外的一切“存在者”，而“人这种特殊的存在者”背后的存在却有所不同。事实上，哲学家的这一观察与思考抬高了人的地位。他们认为，人是万物之灵，宇宙万物可能都是为人这个特殊的存在者而存在。那么“人这个存在者”背后的“存在”与其他一切存在者背后的“存在”到底是哪里不一样呢？这就是我们在前面概括的两种不同的“存在”。

(1)“是其所是”的存在，即“自在”的存在。人以外的所有存在者背后的“存在”，“是其所是”的存在本质是不变的。存在主义鼻祖之一萨特举例说，这个瓶子可以装水喝，也可以养花，还可以顺手抓来砸人，你可以不断发现它的新用途，但是所有这些用途（发现的与未被发现的），都作为它的本质规定的内容，这些是不会变化的，即它的本质不变，这就叫作“是其所是”。是其所是的“自在”世界也很精彩，并不是表面看起来是什么就是什么，其中也有很多奥秘，很多内在的本质内容还没被人们发现，等待被人们发现。

人也可以是“是其所是”的存在，即不断地发现他“自在”的潜能。例如，发现他会唱歌，于是把他唱歌的潜能发挥出来，但是本质只是发现而已。一般而言，教育的很大功效就在于此，即把人的潜能发掘、发挥出来。萨特却说千万不要把人变成“自在”的存在，因为这样就降低了人更高贵的本质：“是其所不是”的“自为”的存在。这是哲学家的思想、眼光深刻和厉害的地方。

(2)“是其所不是”的存在，即“自为”的存在。自为的存在与自在的存在的区别在于，自为的本质等待你（人）自己去否定。注意，不是等待你去发现和开发。你是你的那个“不是”，你不是你的那个“是”。你的本质的存在是等待自己被否定、被更新、被改变、被创造。读到这里，你是不是有点感觉了？假如你这个人此生没有不断地否定自己，没有更新出一个本质上完全不一样的生命，那么你的本质生命根本就没有开始！当然也就没有完成你本质生命的旨意，你的存在只能降到“物”的水平。

有人说，其实认识这个世界也很重要，我们通过了解这个世界，和世界互动，并把自己的潜能自由地发挥出来不是很好吗？的确非常不错，其实这就是目前流行的教育观，甚至还是世界上的先进教育观。不幸的是，认识和改造这个世界还只是“自在”的认知水平，人的更本质的生命却没有被否定、被改变、被更新。事实上，人的生命需要在本质上得到更新，人的生命的本质可以完全不一样，这是因为在生命本质上否定了原来的生命，而不再是原来生命发挥潜能的层次和认知。在这个意义上，人的生命本质的否定就是对“自在生命”的否定，想要成为“是其所不是”的生命。所以严格来说，“自在的生命”不是人的本质，人的本质是“自为的生命”，即在真理里被更新。我们在有生之年最宝贵的经历应该是这样被更新的过程，是在更新过程中的自我否定，并由此被更新到更高层面、更自由的境界的过程。

（三）人的认知更新与心智成长

人的认知更新与成长离不开个人经历，这些经历即人在世界上，对整个人生经历的所有事情的感受、体验和反思。那么什么是感受呢？什么是体验呢？什么是反思呢？感受什么呢？体验什么呢？反思什么呢？如何感受呢？如何体验呢？如何反思呢？这些丰富的内心感受、体验和反思需要在共同体中表达、解释、交流和理解吗？这些表达和交流对克服人的异化有帮助吗？其实，这些问题都与我们内在认知更新和心智成长有着密切的关系。在这里，作者先对提到的概念稍作解释，然后再逐层展开，进行深入讨论。

1. 感受

感受可解释为受到影响，接触外界事物得到的影响和体会。在所有人的感受里，凡是基于良知的感受，即笛卡尔和康德等启蒙运动思想家认识论里的那个既模糊又清晰的先天的认知原点的感受，称为“第一性感受”。它是出于天生的良知而本能地做出来的人内在的感受和反应。其实，人所有的精神痛苦都属于基于先天认知原点的生命反应，都是动物不具备的。例如，我们对未来的恐惧、自尊心的受伤、失败的焦虑等都是第一性感受，都是本然的。我们的自尊心会受伤，因为良知使人追求尊严；我们会为失败焦虑，因为良知使人追求荣耀的生命。因此出于良知的本然反应，被伤了自尊心人就会难受，失败了人也会难受。除了基于良知的第一性感受以外，人还会有其他第二性、第三性感受吗？是的。人还有其他的不是基于良知而产生的感受。例如，出于认知、观念、文化、利益、习惯等而产生的感受。我们可以把它们统称为“非第一性感受”。这些非第一性感受游离在良知之外，甚至与良知是背道而驰的，即人的内心里还有许多不是出于良知，而是出于非良知的欺骗和谬误做出来的感受和反应，这是非第一性和非生命的感受，最多属于非生命、基于知识的感受。

2. 体验

体验是人对经历的事情的第一性感受的内心反应，包括生理的、情绪的、心理的和心智的反应。人对经历的体验，总是个人的、具体的、情景化的。可以是基于良知的，也可以是基于非良知的欺骗和谬误感受的反应。作者把前者称为第一性的体验，把后者叫作第二性的体验。

3. 反思

反思即对体验的再体验，是体验的多次重复与更新。但它不是简单重复，而是在新的理解亮光下全新的不同的重复体验。正如尼采的比喻，反思类似一个镜像的重复映照，每一次重复，都从最初的“外在事件”往后退，越退越远，最后成为纯粹的“内心事件”了。

如此看来，人的体验与反思的对象，表面上看是指“人的经历中发生的事情”。不过，此生经历中发生的“事情”也可能仅仅是一个“媒介”而已，人的“体验和反思”，或“理解与自我理解”都隐藏在“事情”背后各种“对话”的发展中。其中最重要的对话是自问自答式的“自我对话”。

注意，无论是“体验和反思”还是“理解与自我理解”，它们都是带宾语的及物动词。于是，真正的问题是它们的“宾语”到底是什么呢？还有，它们“与宾语的关系”是什么呢？这个“关系”就是“结构”。我们可以发现，正是在这个地方，我们心中有一个无比强大的思维“前见”需要被光照和撼动。

（四）两种认知结构

人的心智成长需要体验和反思，值得推敲的问题是“体验和反思”的宾语到底是什么呢？从字面意思看，“体验和反思”的宾语是我们的经历，也就是这个“世界”以及发生在其中的“所有事情”。在这里“我”始终是主体，“世界(包括事情)”是客体。“人”与“世界”之间是一个主客分离、互为他者的“二元关系”。正是这个“主客二元”的结构，就是我们在应用“体验和反思”概念时一个未加思索的思维“前见”。

1. 主客分离的二元认知结构

当我们运用主客二元论的定势思维时，我们对真实世界中的事物，可以是任何一个事件，包括一个人、一本书、一件事情、一段经历、一个回忆等，进行认真地“体验和反思”，并在过程里收获或愉悦、或感动、或经验、或教训、或智慧的启迪，甚至失败的警醒等。我们可能从中发现了人生的意义和价值，或没有发现任何意义和价值。无论哪种情况，主体“企图”从客体里获取这一立场，巍然未动。

我们说这是一个认知结构，是因为无论是“理解”“认识”“体验和反思”，还是“理解与自我理解”，都与认识论密切相关。那么这样的认识论“前见”是怎样成为我们的思维定式的呢？

粗略的回答是，它主要通过欧洲近代史上的启蒙运动进入现代人（我们）的思维。在这样的思维框架下，我们借着认知的体验，可能不断收获而成了人生的乐观主义者，比如黑格尔哲学、马克思主义、科学进步观、儒家；或因不断挫折而最终一无所得，成了人生的悲观主义者，比如现代的虚无主义。可能是无论哪一种情况，其实我们都不能摆脱以“自我为中心”的认知框架。就这个意义而言，主客二元的认知结构与人的“自我为中心”的思维模式是同构的。

2. 一元认知的媒介结构

那么与之相对应的认知结构是什么呢？对此我们在前面已略有描述，这个认知模式由5个概念构成：① 主体，即人；② 对象，即遭遇的对象；③ 媒介，对象存在于媒介之中；媒介可以遮蔽对象，也可以让对象显露出来；④ 语言，即主体与对象交互的媒介；⑤ 体验与反思，或理解与自我理解，即主体与对象交互的方式，体验和反思发生在语言的媒介里。在这五个概念中，核心概念是媒介，因此叫作“一元认知的媒介结构”。

这里媒介结构的“对象”，与主客分离的二元结构里的“客体”用的是同一个英文单词：object。无论用“对象”还是用“客体”，都是指称“相遇”的宾语。相遇什么呢？对象。而“相遇（encounter）”的意思是直白的。比如在一个场景里，你与一个人相遇；在一本书里，你与文字相遇；在文字里，你与句子和段落相遇；在句子和段落里，你与它们表达的人物和故事相遇；在人物与故事里，你与作者在人物与故事背后想表达的意思相遇等。上述例子表明“媒介的结构”是一个多层次结构。每一个层次都是一个“媒介的结构”，就好像俄罗斯套娃一样。多层次的“媒介的结构”是认识的存在方式。

3. 两种认知结构的对比

在认知的主客分离的二元认知结构里，相遇（即认知）的目的是主体对客体的单向理解、操控、管理、改造和征服。但是，在认知的“媒介结构”里，主体在语言（媒介）里与隐藏在其中的若隐若现的对象相遇并融合。可以说，这里的相遇是主体从自己的世界里撤出来，进入对象的世界里。注意，这里的“进入对象的世界里”这句话不是一个比喻的说法，而正是字面表达的那个直白的意思。不仅对象打开自己让主体进去，主体也打开自己让对象进来。两者之间敞开心扉的一场对话，可以作为我们个人生活中一个非常有感受和体验的例子。

难道说，这个神秘的对象，即语言媒介里的意思，有那么大吗？可以让主体的人（你、我、他）全身心地投入其中吗？融合的意思是指主体消失不见了，犹如“一滴雨水融入海洋”的那种融入吗？不是的。在“一元认知的媒介结构”里，认知的主体的自我意识，不仅没有消失，反而始终保持着连续性和完整性。但是这个有着“连续性和完整性”的同一个人，在语言的媒介中，通过主体的“体验和反思”或“理解与自我理解”，被神秘的“对象”非连续地、完整地改变了。那么人在语言中与“对象”相遇并在体验和反思中被对象改变与更新。这是一种什么样的体验方式呢？我们体验过这种方式吗？这个问题正是哲学家伽达默尔提出的，而且他沿着这个问题方向，开启了激动人心的探索和发现之旅。

三、伽达默尔的游戏人生

如果我们不再用主客分离的二元认知结构去体验与对象的相遇，而是用“一元认知的媒介结构”方式去体验与对象的相遇，那会是怎样的一种体验呢？对此，伽达默尔提示说，我们可以用“对游戏的体验”作为一个近似的类比式思考。

让我们先回顾一下相遇的概念。当我们说，主体与客体相遇，主体当然是人，客体可以是任何东西。比如一部艺术作品、一段历史或回忆、一个不认识的人等。可见，这里相遇的意思是直白的，就是我们平常说的遇见。但是在一元认知的媒介结构里，相遇一词与认知论的所有动词（如认知、体验、感受、理解、反思等）可以互换。因此，这样既保持了它原来的直白意思（遇见），又赋予了其丰富的全新含义（认知）。

那么，我们对相遇一词的认知含义有过实际体验吗？有过！我们对游戏的体验就是一个生动的类比。当然，我们对游戏的体验，也可以分成两种情况。一种是一般人对游戏的主客分裂的二元认知模式的体验，即人始终是游戏的主体，游戏只是供人娱乐，我们从游戏中获得身体或精神愉悦；另一种是真正的游戏玩家的体验，即全身心投入式的体验。这时候，作为主体（人）的“自我”在游戏过程中消融在游戏（客体）中，他全身心地被正在进行的游戏占有，他似乎像换了一个人一样。若不是这样，他就好像还没有进入游戏。那么什么是游戏呢？游戏有哪些特征呢？什么是真正的游戏呢？什么是伪游戏呢？什么是游戏的结构呢？游戏的结构与自我认知更新和成长有什么关系呢？下面作者就这些问题展开讨论。

（一）什么是游戏

作为例子，这里的游戏可以是小孩子玩“扮家家”、各类竞技的球赛、各类戏剧和电影、各类宗教仪式和节庆等。在这些例子里，游戏的参与者不仅包括场内的实际参与者，也可以包括场外的观赏者。参与者与观赏者没有阻隔地一起进行了游戏。与其说他们遇见了游戏，不如说游戏遇见了他们。他们与游戏共同构成了正在进行的游戏。这里我们可以用学过的概念和方法对“什么是游戏”进行一些有趣的探究。

（二）游戏的沙漏模型

这里作者采用元素法，归纳出一个游戏的简单模型来进行表达：有哪些必备的要素，才能构成一场真正的游戏呢？

(1) **游戏需要一个可被感知的场景或道具**(situation/scene/spectacle)。这个场景可以是真实的、虚拟的、复杂的、简单的、豪华的，但一定是在“空间—时间”维度上的真实客观存在，否则就是虚假的游戏，也是伪游戏。

(2) **游戏需要规则**(rule/regulation)。即所有的直接和间接参与者都是这场游戏的共同体，都需要知悉、遵守和尊重这个规则。只有这样，这场游戏才可能是一场有趣的、严肃的、认真的游戏。如果规则被任意破坏，玩家进行幕后交易，那么严肃的游戏也就成了走过场、走形式，失去了游戏真正的内涵。

(3) **游戏里面要指定真实的角色**(role)。当各个角色进入游戏场景时，才能有序进行自己的责任、义务和必要的行动，而且要配合其他角色，完成整个游戏。参与人要真实地参与到游戏中，进入场景和角色，否则就无法真实地感受和体验游戏。

(4) **共同体的参与**(community)。游戏，例如节庆日的表演，一般都是多人参与并且包含对话。我们的阅读体验其实也是一种游戏体验。这里由我们自己、作者、故事的主人公组成一个共同体。如果我们无法穿越文字，进入文字背后的故事，无法进入主人公的世界和内心，无法进入读者的思绪和表达的意思里，那么这就是一个分裂的、虚假的共同体。在这场阅读的游戏中，如果没有心灵的对话、思想的碰撞和真诚的交流，人很难获得心智成长。

(5) **语言的媒介**(language)。因为有多人的参与、配合、沟通和协调，所以游戏一般需要有沟通的媒介。我们通常采用语言对话的方式进行沟通和交流。但是，也有一些游戏，例如哑剧、猜谜游戏，是采用肢体语言来进行的，但是这些肢体语言转化成人内在的理解力，依然需要对这些肢体语言进行语义解读和思考。

这样我们就可以建立起一个简单的游戏 SRRCL 模型，作者称之为“游戏的沙漏模型”，如图 8-1 所示。在暂时的、稍纵即逝的游戏过程中，我们的生命如同沙漏一样流逝，而在这个过程中，我们的内在认知在重建、更新、成长，渐渐成为一个巍峨的真实存在。

图 8－1　游戏的沙漏模型

（三）游戏的媒介结构

现在让我们尝试思考自己过去的经历和体验。在我们的人生经历中，提到游戏时，我们的直观感受和体验是什么呢？我们可以想到的是有趣、放松、自由、角色转换、忘我、乐此不疲……这里我们要讨论的是那种全身心投入式的真正的游戏体验。那么真正的游戏体验有哪些特征呢？这些特征是否揭示了游戏的结构呢？基于伽达默尔关于游戏体验的特征和游戏的结构，作者在创造力的总逻辑线上进行展开和表达。

游戏体验的第 1 个特征是它的正在进行时态。我们对游戏的体验（或叫遭遇）不能从时间里抽离出来，它只能存在于具体的进行时间中。当游戏停止了，我们与游戏生命（灵）的“遭遇”就随之停止了。我们也似乎觉得自己从游戏里“出来”了。游戏给予我们明显的“进去”“出来”的体验。这时候，那个正在进行的游戏，只有当它还在“进行”时才真正“存在”。伽达默尔把游戏体验的这个特征也叫作游戏的“时间性”和“暂存性”。

游戏体验的第 2 个特征是游戏的“事件性（event）”。比如说，在“扮家家”的游戏里，一旦小孩子进入到游戏里扮演了角色，他就成了游戏的一部分。这时候，与其说小孩子在玩游戏，不如说游戏在玩小孩子。其实所有的游戏都是这样的，人在游戏里被“游戏的精灵”充满、占有。所有人，包括游戏的参与者与观赏者，真正关注的都不是人，而是那个正在进行的游戏本身。此时此刻，游戏作为一个正在发生的“事件”存在着，成为真正的主角。伽达默尔把这个特征叫作游戏的“事件性”。如果我们要淡化“事件”一词的名词感，而强调它的动词感，也可以把“事件性”叫作游戏的“发生性”。

游戏体验的第3个特征是游戏的“媒介性(media)”。如果我们仔细观察游戏就会发现，所有游戏都具有媒介的结构。参与者并不单单与作为事件的游戏相遇，参与者真正相遇的是那个隐藏在游戏之中的、伽达默尔将它称为“游戏的精灵(spirit)”的东西。它(精灵)存在于作为媒介的游戏之中。它不是那个看得见的正在进行的游戏或游戏规则本身，甚至都不是由场内的参与者或场外的欣赏者的主观态度或情绪建立的。恰恰相反，人的主观态度和情绪只是它的产物。对于这些具有主体意识的游戏参与者来说，这个就是他们此刻在游戏里相遇的精灵，是一个彻底的“它者”。游戏作为“媒介”将人与游戏规则带入自身之中。人被投入游戏之中，受游戏规则制约，从而与它(精灵)相遇。

游戏体验的第4个特征是“往返重复性(repeatability)”。从整体来看，所有的游戏都是一种“往返重复的运动”，即说到底，游戏只是一些有趣的往复重复而已。注意，正是这种“往返重复性”决定了任何游戏只是一场游戏而已，并不存在一个会将游戏引向终极的宏大目标或意义。比如，某种对抗性的球类竞技比赛，其赛事每年都有，没有一场赛事是决定性的。因此一方面每一种比赛都有一套自己的规则，但是只有当比赛者专心投入游戏，并认真扮演游戏角色时，比赛的规则才成为规则，比赛才成为比赛。人若不认真，那么我们正在投入其中的游戏世界就会瞬间消融了。但是另一方面，人对于比赛(游戏)也不能太当真，因为并不存在一个会将游戏引向终极的宏大目标或意义，如果参与者这样想，游戏对于参与者而言就会太沉重了，游戏也就不是游戏了。因此，我们可以认为游戏在本质上是“认真”与“不认真”的二律背反。

游戏体验的第5个特征是打破一维时间限制的“时间融合性(contemporaneity)”。因为游戏的“往返重复性”使得游戏的每一次重复，都是对过去事件的重复，又是一个全新的当下事件，因此在游戏的时间结构里，它将“过去”“现在”和“将来”融合到了当下的事件里。参与者的每一个当下，都是一个对过去和未来事件在场的类比式体验。比如，我们对每年重复的节日的体验，就是如此。所有国家的节日庆典，都具有这种“重复的结构”，都可以看作是一个游戏。我们体验今年的春节，即是一个对去年春节体验的重复，但因为今年有今年的“在场”，所以今年的体验又是一个有别于往年的全新的体验。换言之，我们正是在对游戏的体验里，打破了线性时间纬度的体验局限。

这里我们可以扩大一下游戏的领域，其实玩电子游戏、下棋、读小说、看画展、看电影、看喜剧，以及参加节假日典礼、各种球赛、比赛等，不仅可以看作游戏，也是我们和“遭遇”的每一个人、每一座建筑、每一个艺术品、每一首音乐……之间的对话，都可以看作是进入了一场游戏体验的实例。这些活动都具有游戏的媒介结构。

其实，人生则可以看作一场真正的游戏，人从出生到死亡，真实地进入人生的各种真实场景、感受各种真实的角色、遇见各种真实的人物、经历各种真实的事情、开启各种对话、品尝和体验各种人生滋味……在人生大舞台上本色出演自己的真实人生！在这个过程中，理解和自我理解正在发生，创造和自我创造正在发生，我们的生命在更新和成长，经历风雨洗礼，成就更丰盈的自我。伽达默尔的游戏的媒介结构为我们打开了世界的大门，让走进并融入这个真实的、精彩的、丰富的世界人生“存在者”，开启理解和自我理解的创造自我“存在”之旅，如图8-2所示。那么有创造力的人生(真正的游戏)是一种什么样的

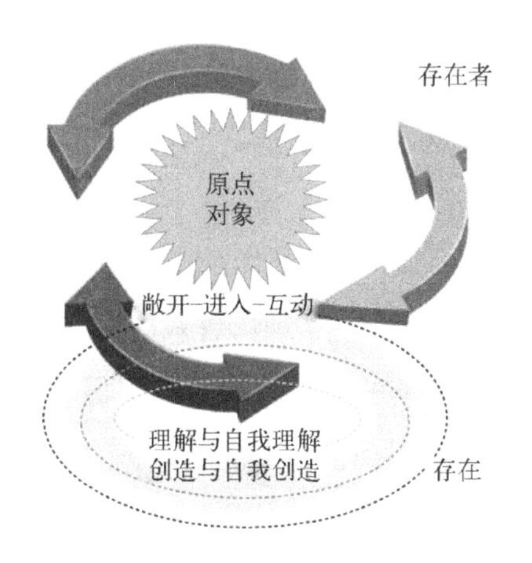

图8-2 游戏的媒介结构

体验呢？如果我们真正地体会人生，是不是会有一种人生如梦的虚幻感受呢？

（四）创造力的再表达

结合创造力逻辑框架以及我们在学习中遇见的三位哲学家笛卡尔、杜威和伽达默尔的理论，作者对创造力进行了再表达。创造力可表达为“基于模糊原点的体验与反思”。事实上，这个表达包括了两个极具张力的前提：① 所有的体验和反思都是基于人后天的经验；② 真正具有生命意义的、我们将之称为第一性的、生命性的体验和反思，都是基于人先天的模糊原点进行的。于是经验与先验同时成了这个表达包含的题中之义。

如果把这个表达里的体验和反思等同于学习，这个表达就成了杜威思想的招牌；如果把体验和反思看作认知，这个表达就接近笛卡尔的认知理论；把两者融合在一起，其实正是伽达默尔哲学想要表达的东西。

这里作者需要对上述两个概念“学习”与“认知”做一些说明。在杜威看来，所谓学习不是主客分离的知识积累，而是指主体自身的改善和改变。在笛卡尔看来，所谓的认知，也不是主客分离的认知，而是指能够带来主体自身改善和改变的那些认知。这样，虽然笛卡尔强调先验，杜威看重经验，但是两个哲学家也有一致性。他们都同意，人的主体是可以改善和改变的。只不过一个强调基于先验的认知，另一个更强调基于经验的学习。于是，基于先验的认知和基于经验的学习，在同一个“基于模糊原点的体验与反思”的平台上融合了，并且都指向人的改善、改变和更新。这个先验与经验的融合，并最终达到人的改变和改善正是伽达默尔的哲学思想。

（五）理解的结构

伽达默尔说“解释”是这样的一种努力，即把一种语言翻译成另一种语言，让隐藏在前一种语言里的“对象”，在听者能够听懂的语言里显露出来。让听者在自己语言里与那个对象相遇。“理解”是听者的努力，在理解的努力中，听者在自己能够理解的语言里，与翻译者努力传达的对象相遇了。在“解释”与“理解”的过程中，语言是一个媒介，对象隐身在其中。因此，对象的存在方式是语言性的。所有的解释与理解都是向着对象的解释与理解。因此解释与理解也是语言性的。在解释和理解的努力中，说者与听者在语言的媒介里达成共识，一个关于对象的共识。解释与理解的过程，就是说者与听者达成共识的过程。

我们通常认为，对于人来说，语言是一个沟通的工具，而不是一个媒介。事实上，这取决于人沟通的目的，如果是为了做事，语言可以是工具性质；若沟通是为了解释与理解，语言就是媒介，而不仅仅是工具了。语言作为工具的一个具体例子：主人吩咐佣人打扫房间的具体指令。语言作为媒介的例子：一场关于共同体内部决策的讨论和交流。

那么如何区别“工具”与“媒介”呢？事实上，一个工具只有在它正常发挥功能时才存在并被人注意到；而媒介却恰恰相反，在正常情况下它似乎不存在，被人忽略，只有当它的功能受阻时才被人注意到。前者的例子是一把榔头，后者的例子有“水”对于“鱼”。另外，作为工具被人用于做事时并不用要求人“置身于工具之内”；但人只有置身于“语言”之中与隐藏在其中的对象相遇，才能使解释与理解真正发生。换言之，主人通过工具(语言)操纵和管理佣人。但人无法通过操纵媒介(语言)来控制对象。人唯有进入语言才能与隐藏在语言里的对象相遇，并让对象作用于自身。

那么，隐藏在语言媒介中并与我们相遇的那个对象是什么呢？用最直白的话说，就是语言想表达的“意思”。对话中的“解释与理解”都是冲着它去的。可是这个意思难道不是来自说者的主观意思吗？不是的，它应该是属于对话共同体的，即同时包括了说者与听者。我们把这种不单单属于任何个人主观性的客观性叫作“真理的事实性”。注意：真理的事实性不是科学事实的那种客观事实。虽然都是客观事实，但在科学里，事实可以被人的解释和理解所掌控、操纵、改变，甚至创造出更多新的事实，让这些事实为人所用。比如，科学将对客观事实的认识(解释与理解)转化成技术和产品。在伽达默尔的哲学概念里，客观的“真理的事实性”不仅不能被人(主体)操纵和改变，恰恰相反，是人(主体)在“解释与理解”的过程中与对象相遇、融合并被改变的一系列事实的发生。这里表达的人、理解和对象之间的交互关系如图8-3所示。

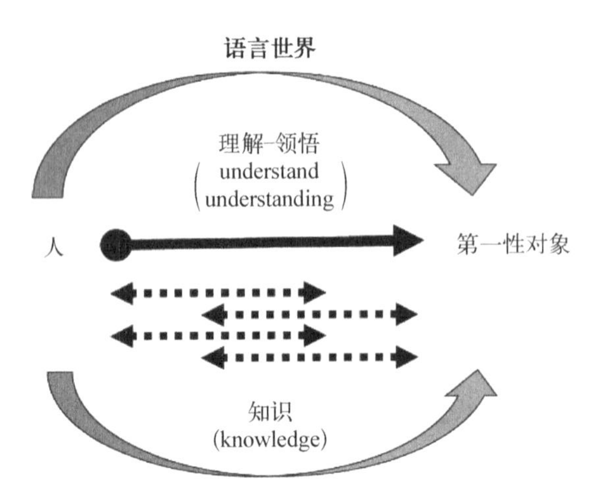

图 8-3 理解的结构：人↔理解↔对象

因此，我们可以把伽达默尔关于对象的概念看作某种接近真理（真相）的东西。人与对象融合，就是与真理融合。这与科学实践里的主客分离的静态关系是不同的。在伽达默尔的解释里，主体借着解释与理解与非主体对象（真理的事实性）相遇与融合，共同让人“被改变”的事实发生了。这里发生的遭遇、融合与人被改变的系列事实都属于真理的事实性的整体性事件，所有的“发生”都属于一个整体，是不可分的。伽达默尔把这种发生的整体不可分性称为“真理的事件性”，即在真理（真相）里，所有这一切都同时发生了。

上述的表达里，有一个重要概念是发生。也可以说，原来隐藏在媒介（语言）里的对象，在“解释与理解”的过程中显露出来了。显露是一个发生，“解释与理解”是一个发生，“融合与改变”是一个发生。所有的发生都是作为一个事件的整体性发生，都是在同一个过程中发生，都是在语言（媒介）中发生，都是在主体人的改变中发生的。我们可以用海德格尔的经典作品《存在与时间》作为一个实例。把语言看作“《存在与时间》的字句”；把“对象”看作“字句里的意思”；把“解释与理解”看作“人读懂《存在与时间》的努力”。于是人在“解释与理解”即读懂《存在与时间》的过程中，与隐藏在语言（《存在与时间》字句）里的“对象”（字句背后的灵）相遇了。主体（人）与“对象”（灵）相遇并融合，主体（人）相遇对象，并被对象（灵）改变了，那么人的改变便“发生”了。即人的改变在语言中发生，在遭遇中发生，在解释与理解的过程中发生。什么是真理呢？在海德格尔的哲学理论里，真理就是正在发生的事件。

四、体验与反思

从本质意义上，真正的学习是体验和反思，即我们可以把生活中遭遇的任何事情（事件），无论是直接经历，还是间接经历，都看作是与我们相关的个人经验，把它们放进我们的“人↔理解↔对象”结构框架里，进行“体验与反思”。根据亚里士多德哲学思想，人唯有在对人类经验的体验与反思里才能窥探理解和领悟的亮光。因此，我们必须愿意在平时忙碌的生活中停下来，对那些触动我们心灵的事件，进行体验与反思。这个工作无人可以代劳，唯有我们亲自开启，主动参与才可以发生。

（一）什么是体验与反思

什么是感受？什么是体验？什么是反思？事实上，体验和反思都是对经历的第一性感受。两者的区别可以表达为，体验是对“某一经历的感受”，而反思是对“某一经历产生的感受”这一新经历的感受。因此，我们用数学里的乘方做类比：体验是“对经历感受”的一次方，反思是“对经历感受”的二次方或多次方，我们称它为“对感受的感受”。体验就是抓住我们内心对事件的第一性反应，包括我们的快乐、惊喜、失望、伤心等真实、直观、没有任何掺杂的个人感受。然后，让自己的心智从遮蔽和围剿中不断地被打开，敏锐捕捉在体验和反思过程中内心反应的变化。

人对经历的感受大概有两种：生理性的以及精神性的，包括情绪性和心理性。因此感受是第一性的，也是个人的，是任何人无法替代的。我们通常说的思想，包括联想、分析、结论等，都不是感受，而是由感受派生出来的第二性的精神产物。人的体验包括对自然律、审美律、伦理律的体验，这“三律”都与笛卡尔认知理论里人内心的朦胧原点有关。所有的人都活在这“三律”之下，并以此为依据对各自的经历做出体验。在体验和反思的过程中有两条原则很重要：① 真实不自欺；② 不作事不关己的点评和自我控告。

通俗地说，人的反思其实就是对话。当我们进行反思时，我们对话的对象首先是我们自己：今天的我与过去的我、此刻的我与前一刻或下一刻的我。至于事件中涉及的其他人，以及我们对他们的评价，都是次要的、附带的。他们是通过不同的"我"参与进来的。比如说，前一刻的"我"欣赏他们的观点，后一刻的"我"却表达相反的意见。当我们进行反思时，我们需要应用理性之光，以合乎逻辑的理性方式，一层层地、清晰地、跳跃式地向前推进，而不要让思想轻易停留而不继续往前走。非理性或不够彻底理性往往是思想混乱的原因所在。

我们现在可以尝试思考，在"体验和反思"过程中是不是存在一个学习的机制呢？如果说，学习的真正意义不是为了目前公认的一些功利性的目的，比如说获得职位、薪金报酬或某种能力，而是为了另外的目的，比如说是为了获得心智成长，让人获得关于自身变化与成长的第一性体验。那会是怎样的一种学习机制呢？注意，这里学习的真正目的，是为了努力发现和看见，原来在我们内心的第一性反应里，居然还隐藏了如此多浅薄、混乱、似是而非的东西，遮蔽和围剿我们的心智成长。换言之，真正学习的价值在于一次次的自我（老我）破碎和纠偏，让我们的心智从各种根深蒂固的前见、有形无形的捆绑和虚妄自欺里释放出来。这个过程才是心智（悟性）成长的过程。我们会发现，正是这样的心智成长和飞跃，才让我们的思想，连同我们的生命，变得越来越简单、轻松、自由和有力量。

在体验和反思里，真正的主体是自己，是人作为真正的主体进行体验和反思。让我们仔细分析经历和体验两者的时间顺序。经历在先；体验是裹挟其中，紧随其后；很多体验是在事情发生以后才开始被意识到，才开始反思，即反思跟在体验以后。注意，这里的反思主要不是指思考"意义"，而是对体验的体验。换言之，反思还是体验（即感受），是对前面的体验（感受）的体验（感受）。在这个机制里，我们的体验可以步步深入。每深入一步，作为主体的人就从经历（事情）里后退一步，逐渐抽离却在体验里深入一步，以至无穷。

那么，这是否说明在反思过程里仅仅有感受，不存在任何"思"呢？是的！因为在新的感受里，我们对世界的认知会发生变化。但是有趣的是，真正的变化不是以句号的形式出现，而是以问号的形式出现，因为每一个句号都会立即转换成问号。我们会问自己：是这样吗？真的是这样吗？于是，由新的体验和感受产生的问号有一个特征，就是指向真假的问号。因此反思里的“思”是以由新的体验产生新的问号的方式，步步逼近真相，对终极真相的追问。这样的“思”与头脑的思辨、追求自圆其说的道理和答案可能完全不同。这正是学习机制的真正含义，即真正意义上的学习不是通过头脑，而是通过多次体验进行的。

（二）体验是如何进行的

如果说体验的真正意思是经历和感受，那么请问，人是如何感受经历的呢？除了最简单的生理性感受以外，人对经历的感受主要应该是精神性的，包括情绪性和心理性。人的精神性体验的基本路径是由人内在的良知提供的。这句话的意思是人具有一种朦胧的感觉，对何为美丑、何为对错、何为善恶、何为真假等问题，都有一种朦胧的内在判断。在判断的过程中，带给我们或情绪或心理的一系列精神感受和联想，就是思维意识流。

基于前几章的分析，我们知道人的思维起点是被塑造的、有限的，甚至是遮蔽和扭曲的，而任何与真实相断裂的体验和判断都是不完全的，甚至是虚假的。那么人如何获得对“真假”的体验呢？获得真相的另一个难点是人无法辨别何为真。有趣的是，人可以借着自己的模糊原点和内心的良知，辨别何为美、何为善，正是因为这个原因，人对“真假”的体验，一定是并且只能是依靠对美、善（或不美、不善）的体验和反思，而且必须是在信念的思维亮光下进行开启，并往返重复地进行。

（三）人生体验三层面

人的一生，除了经历的事情以外，就是对所经历的事情的体验与反思。对此，克尔凯郭尔曾将人生体验与反思分为 3 个层面：① **审美层面**，即对自己经历的各类美好的事物的感叹、赞美和留恋。比如我们对大自然的美、艺术的美、健康的美、美食的享受与赞叹等。② **伦理层面**，即对人性善的感动、向往和景仰，以及对人性恶的反感、拒绝与鄙视。③ **真理（真相）层面**，即对所有假的和会朽坏的事物的疏离感、遗憾和不满足。克尔凯郭尔认为，真正意义上的宗教追求和体验是指人在第三层面上对真相和永恒的追问和体验。因此，这里的真相也特指人借着信念启示的真相的体验、反思与领悟。人若没有信念的启示，他的人生体验是不可能突破审美和伦理层面的局限，因此也无法进入对真相与永恒的追问与体验。

之所以克尔凯郭尔把第1层面（审美）和第2层面（伦理）的人生体验放在一起，是因为在人的先天的良知里，美善是连在一起的，并对什么是美善（或不美善）有一个朦胧而明白的标准。人以此作为衡量，做出评估。无疑，所有这些体验是人生体验。可能有些人敏感感受也就强烈些，另一些人通过各种自欺和遮蔽手段变得相对迟钝些。

第1层面美学体验和反思最多只能把我们带进自然的世界观里，许多科学家就是这样的状态。第2层面伦理道德体验与反思最多只能把我们带进各种各样具有善恶报应观的宗教里。唯有第3层面，即真假层面的体验和反思才把我们带进真正的真相里。

那么我们如何能在日常的经历里，不仅体验到美学与伦理层面，而且能够进一步上升到真假层面呢？这是一种深刻的人生体验，但是有一点是非常清楚的，那就是我们的思维和认知必须建立在日常经历的体验和反思里，才会产生真实具体的认知。

（四）对话 VS 共同体

在伽达默尔看来，所有的对话都起源于人类对解释的需求和依赖。譬如，当人想要解释什么，那么这个“什么”一定是先于解释而存在的，而且一定是共同体共同关注的。即这里的次序是，在人企图进行解释以前，先有被解释的对象（“什么”）的存在，而且这个对象属于共同体；然后才有解释，再然后才有理解；最后才有自我理解。这样的全部过程就是一个人体验和反思的真实人生。简而言之，人在一生中有意义的对话大都起源于对解释的需求。

对话中，无论是说者还是听者，一定都是向着解释而去的。伽达默尔没有直接解释这个先于解释存在的、被解释的对象（“什么”）到底是什么。但是伽达默尔坚信人类对话的意义和目的是达到“共识”，并且对于共同体的存在和发展而言，达成共识具有决定性的意义。可是追求达成共识并不容易，因此伽达默尔说，诠释学的任务就是探索和发展“如何达成共识的对话的艺术和科学”。

作者在这里特别提醒一点，人们要想达成共识必须有一个必备的前提，即在对话发生之前，确实有一个存在于话语中的意思（“什么”），它自始至终就不属于个人，而是属于对话共同体的客观存在。例如，当一个自说自话的说者把只属于他自己的意思翻译给我们听时，他所说的话，对于他自己而言就不是解释（翻译）了，因为那个意思只属于他自己。因此这个说者从一开始就是一个冒牌的翻译，也是一个冒牌的“对话中的说者”，因为他说的话只属于他自己。对于这样的冒牌说者，我们认为听者没有责任和义务与他达成共识，因为客观上他的意思不属于对话共同体。因此，伽达默尔特别强调诠释学不是探索关于方法论的问题，而是探索一个关于人的生存，即存在论的问题。因为人在对话中生存，在对话中获得生机，并在对话中拥有了无限发展的可能性。

五、艺术的体验

为了帮助读者在阅读的同时保持思考，作者在这里特别提出 3 个问题：① 人为什么需要艺术体验呢？② 如果说人采用主客分离的二元认知结构的体验方式是主体（人）希望从对客体（艺术作品）的体验里获取，那么人基于一元认知的媒介结构对艺术体验又是为了什么呢？③ 如果对问题②的回答是“为了心智成长”，那么我们还可以继续问，心智成长又是为了什么呢？就让我们带着这些问题开始艺术的体验的探索之旅吧！

（一）何为艺术的体验

艺术作品中的“作品”一词，对应的英文是 work，即“工作”。因此可以把“艺术作品”一词解读成“人的精神创造品”，即艺术作品里展示的世界是人的精神创造的作品。譬如,《哈利·波特》里展示的世界是英国作家J.K.罗琳(J.K. Rowling)在自己的精神世界里创造的。除了语言类作品以外,艺术作品还包括了许多以非语言文字作为媒介的形式,例如,声音(音乐)、身体动作(舞蹈)、色彩(绘画)、光影(摄影)、表演(戏剧),以及综合性的演绎(电影)等。但是伽达默尔坚持认为,所有非语言的艺术作品只有在转换成语言媒介以后,才能最终真正被人理解。

当然,并不是所有人的精神产品都可以称为艺术作品。称得上艺术作品的人的精神产品一般需要符合3个条件:① **得到共同体承认**。这一条原则要求艺术作品不能是一个人的自说自画,而需要达成某种形式的共识,即便在许多情形里达成共识的人数极少,例如能完全理解与欣赏梵高的画的人很少。② **原创性**。这一条原则强调了艺术作品的产生与人的创造力有着密切关系。③ **真理性**。这一条原则特别重要,共同体的人很难清楚地表达和理解。

这里作者尝试用认知的媒介结构概念下的"对话"表达艺术作品的真理性。在一部艺术作品里,一定存在着某种东西(对象),"它"可以被我们的心智朦朦胧胧地辨认出来。这个我们原先就似曾相识的"它"既不属于作者(说者),也不属于读者(听者),而是活在艺术作品中。当我们与一部艺术作品相遇,其实是指我们对艺术作品的体验与反思里与"它"相遇。伽达默尔把我们对艺术作品的这种体验叫作艺术作品的真理性。

这里作者用一些生活中经常经历的事情作为例子对这个概念进行揭示。例如,在一次看电影的经历里,我们"遭遇"这部电影是从我们进入电影院那一刻开始的:一个熟悉的电影院场景,灯光暗淡柔和,稀稀落落的观众,你找到座位落座了。然后你期待几分钟后电影开始。此时你心里也许会想,这可能是一部烂电影,就好像最近看过的几部电影一样,尽管你对什么是烂电影、什么是好电影的标准也讲不清楚。然后,电影开始了。因为坐在影院的第一排,你仰着头看电影。但是渐渐地,你作为观众的自我意识在一点点淡化,你与电影世界之间的距离感开始消失,你进入了电影情节与电影场景。更重要的是,在对电影的体验里你发现了某种似曾相识、难以言喻的心灵触动。如果这是一部好电影,在这种被触动的体验里你会有一种被唤醒和被照亮的感觉,觉得在电影里有一些东西是你既陌生又熟悉的。当你走出电影院以后，你还为此若有所思，难以释怀。但是你苦于无法清楚表达这个让你若有所思、难以释怀的“它”到底是什么。

现在假定你面对的是一本书，或一幅画，或一首音乐，你的认知方式若是一元认知的媒介结构模式，那么你完全可以把面前的作品看作是一扇打开的门，“它”热情地邀请你进入它的世界。这时你可以把构成作品的文字、颜色、声音等都看作媒介，你的意识进入作品，如同你进入电影世界。在作品里面你与“它”相遇。对此，伽达默尔认为，我们可以把这样的遭遇、进入和似曾相识的体验类比成我们对游戏的体验。因为这种体验符合游戏结构的五个特征，即“时间性”“事件发生性”“媒介性”“往返重复性”和“时空融合性”。

从你凝视一幅画并意识到作品正在邀请你进入它的世界的那一刻起，一个静悄悄的只属于你和它的过程就开始了。也许这个过程只延续了几秒钟或者更长，你就转身离开了。但是无论这个过程是如何的短促，这仍然是一个发生在你生命中的“当下事件”。就在这短促的对视中，你也许被画中的色彩、形象、结构和主题吸引住了，于是你反复凝视，猜测它想表达什么。如果这是一幅好的作品，你会觉得自己心中某种沉睡的东西被唤醒，感觉到某种久别重逢的喜悦。这是一种人生体验里的某种似曾相识的“往返重复”，某种同时隐藏在主体(你)与客体(作品)里的东西被“照亮和认出”来了。换言之，我们把上述人生经验里的遇见、照亮与认出，理解成一个我们生命当下正在发生的事件。在这个发生的事件里，人被改变了，这里的发生与改变同时进行。即便你感觉到自己心中的改变是在很久以后才发生，而且也可能这个“正在发生的事件”延续到很久以后。因此，当你与一个艺术作品相遇时，如果采用的是主客分离的二元认知结构，你和作品还没有真正相遇，你就自以为已经相遇了，其实你只是与艺术作品展示的那个若隐若现、似曾相识的“它”擦肩而过。

在上述的表达里有一个很大的挑战：我们在对艺术作品的体验里到底发生了什么呢？我们被改变了什么呢？对此，即便伽达默尔这样的大哲学家都说不出更多的话了。他也只能反复说：“我们心中某种正在沉睡的东西被唤醒了，我们处于昏暗中的东西被照亮了”。可是，什么东西在沉睡呢？什么东西在死去呢？那个唤醒和照亮我们的“它”又是什么呢？“它”是如何唤醒或照亮我们的呢？在不同的艺术作品里那个神秘的“它”都是一样的还是不一样的呢？对于这一系列疑问，伽达默尔居然也说不出更多的话了。坦率地说，发现这个“无法言说”的事实曾让作者深感吃惊。这大概就是指类似的无法言说、朦胧却强烈的内心体验吧。而这种体验的极致就是由艺术作品表达的那个“意思”。

让我们继续努力沿着这个方向思考。既然目前我们对艺术的体验能够表达的只是这样一句话：某种你心中似曾相识的、沉睡的东西被唤醒，某种处于昏暗中的东西被照亮，可见这已经是我们的共识。作者认为，在这里非常有必要对这句话进行深究，看看这句话里到底隐藏了什么有意义的、却被我们忽略了的信息。那么该如何深究呢？当然只能从这句话里的文字入手。作者认为这句话里的“唤醒”和“照亮”两个词，向我们透露了解开这一系列疑问的玄机。意思是说，当我们在艺术作品里与“它”相遇时，我们在自己身上体验到的改变不是别的，就是纯粹地被唤醒和被照亮，仅此而已！因此作者认为，对发生在我们身上的改变的最准确的解读应该是，在我们对艺术作品的体验里有某种足以对抗沉睡和昏暗的力量正作用在我们的身上。这个能够对抗沉睡和昏暗的活泼力量，使我们心中某种处于沉睡和昏暗中的东西被唤醒和照亮。如果我们没有与艺术作品中的“它”相遇，也许我们心中的那个东西就会在不自觉中继续滑入更深的沉睡与昏暗中。

由此看来，往返重复的被唤醒和被照亮就成了我们生存的必须经历和体验，因为我们里面那个导致沉睡与昏暗的力量犹如自然律一样，持续地作用在我们身上，使我们进入麻木和遮蔽之中。因此，艺术作品里的对抗力量不是让自我(老我)加强的力量，而是一种使我们内在具有创造力的力量。更确切地说，这种力量可以警醒我们，免得我们动不动就沉睡了或陷入心智的昏暗中了。

很显然，若从物质肉体意义上的生命层面看，我们既没有睡着，也没有陷入昏暗，我们每天似乎生活得很正常，很有活力。可见，这里指向的沉睡和昏暗并不是人的肉体物理层面的东西，而是指人的内在心智层面的东西。如此看来，我们心中那个动不动就会沉睡或陷入昏暗、我们称之为心智的东西到底是什么呢？我们可以把它理解成“人之为人”的内在的东西，例如好奇心、求知欲、表达冲动、理性思维、求善意志等。事实上，我们确实已经有了这样的人生体验，即人大都有这些与生俱来的渴慕，若我们不刻意去呵护，就会无可奈何地随着年龄的增大而逐渐减弱，甚至彻底失去活力。为了对抗这个趋势，人需要与艺术作品里的“它”相遇，以求往返重复地拯救我们正在走向衰亡中的生命力和创造力。

如何区别这里所说的“发生与改变”与我们平常所说的改变或进步之间的不同呢？也就是说，如何判定基于“主客分离的二元认知结构”思维里的自我（老我）加强与基于“一元认知的媒介结构”里的“发生与改变”不是一回事呢？对此，伽达默尔把前者称作改变（change），而把后者称作转化（transformation）。他说，在转化里，某种原先存在的东西不再存在了，即死去，而某种在过程中被照亮显露的东西乃成了全新的生出，就是“是其所不是”的神奇发生。

对此，作者认为可以用生命体的新陈代谢作类比。在生命体的存活和生长过程中，每时每刻都发生着旧的细胞死去，新的细胞生出来，即身体把营养成分转化成新的细胞取代死去的细胞的事件。与此对应，我们也可以把“主客分离的二元认知结构”里的自我（老我）加强类比成工程师在原有的旧工具上加上新的功能的例子。这样看来，我们若用主客分离的二元认知结构思维模式，把对艺术作品的体验仅仅体验成了人从艺术作品里企图获取到什么，例如，感性的愉悦、精神的感动、思想的启迪等，那么这种主体企图从客体“获取什么”的体验模式恰恰是人对艺术作品体验的严重异化，是工具型老我的自我加强，反而促成了生命力的衰竭并死去的效果。

（二）如何阅读小说

在阅读小说时我们至少与 3 个（部分）人“遭遇”：小说中的人物；小说的作者，就是那个给我们讲故事的人；我们自己。所谓“遭遇”的意思，就是我们有机会体验他们的体验，让我们的体验与他们的体验有交集。首先，我们体验到了书中人物的经历和体验；其次，我们体验到了说故事的人在讲故事中传达的体验；最后，也是最重要的，就是我们体验到了自己与他们相遇后引发出来的情感体验。正是这个体验，把他们的故事和体验都引向了我们自己的阅读体验。而我们的阅读体验又引发出我们对自己过去经历的重新体验和反思。这里作者想再往返重述：什么是体验呢？体验首先是对经历（发生的事情）的内心感受，然后才是由感受引发的一系列联想和思考。什么是反思呢？反思首先是“对体验的体验”或“对感受的感受”，然后才是由我们对体验的体验所引发的一系列联想和思考。

读小说的最大困难是，我们只对故事情节和自己的收获有好奇和兴趣，例如，到底发生了什么呢？这些故事有什么意义呢？从这些故事里我又学到了什么呢？而独独对体验没有概念，因此也没有兴趣。然而，我们阅读的正确角度应该是包括上述三部分：感受、体验和反思，人应该如何体验这些故事的呢？这三部分在人的体验中最后是如何融合在一起的呢？

就阅读小说而言，作者想要提醒读者：在阅读过程中，我们要特别注意体验在此过程中感受到的思维张力，诸如不同人物的情感体验、老体验与新体验、表达出来的体验与隐藏不露的体验等。在对体验张力的认知里，我们理解了自己当下的生存境遇：原来我们就生存在这些复杂的张力之中啊！

（三）《长日将尽》引子：读书笔记

现在经石黑一雄介绍你认识了一个人：他是一位来自英国的绅士，此时的时间是 20 世纪 30 年代，背景是欧洲第一次世界大战后与第二次世界大战爆发前。他的职业是知名公众人物的私人管家，通过《长日将尽》这本书你偶然与他相遇。这是你此时阅读经验的起点。你，一个生活在 21 世纪初的中国人，有自己忙碌的生活和工作中，还有各种现实的压力，工作上，学习上，眼前的，未来的。由于你生活环境里的大多数人几乎不读虚构性文学作品，所以你也几乎快十年没有好好读一本现代小说了。你差不多有点忘了读小说是为了什么？为了消遣、娱乐、学习、还是陶冶性情呢？你还是无法给自己一个充足的理由。但是，看着介绍给你这本书的那个好朋友的面子，你想试试看吧，于是你读了序言部分。

虽说你与管家的相遇是石黑一雄介绍的，但事实上石黑一雄好像什么也没有做，他把这位管家突然推到了你的面前以后，就躲得远远不发声了。你就这样开始与管家先生相遇了。但是这种相遇的方式好像与我们在现实生活中与人相遇的方式很不一样。因为在这里你可以看见他在忙碌操劳，可以听见他的心声，而他却丝毫没有觉察到你的存在，就这样你与他相遇了。好像非常不对称，他在明处，你在暗处，你甚至有点像在窥探人家隐私的感觉。可是，读着、读着，你突然觉得好像也不完全如此。因为你对于他而言确实是隐藏的，但是你对于自己却是敞开的。也就是说，通过书本里的叙述，管家的心思向你敞开，但是你在阅读他的心思时，你内心里所产生的感受和思考其实也是敞开的。向谁敞开呢？你是向你自己敞开的。于是，对于你来说，他和你都是敞开的。你与他，在你面前是对称的。他与你，两个完全不同的陌生人，穿越时空的阻隔，将借着这次阅读经历在你面前敞开。这个想法倒是非常有趣。

于是，你与管家先生之间没有半句寒暄就直接相遇了。立即进入他当时的情景和内心的所思所念。你甚至还没有看清他的容貌、长相、年龄和背景什么的就直接进入他的内心了。这又与我们在现实生活中与人相遇的方式很不一样。在现实中与人相遇总是从外表的感觉开始的，我们很难很快进入他人的内心。不过与阅读有一点是相似的，就是所谓相遇的“偶然性”或“突兀性”。比如，你在某个场合与人相遇了，前一刻（或一个礼拜前）你都不知道这一刻里会发生这个相遇，完全不可预测的相遇，好像是“被相遇”一样。有着同样的“被相遇”的“偶然性”，你遇见了眼前这位管家先生，真的无语了。

当你看见了他的内心中如此复杂细腻的活动时，你也许感觉有点好奇，也许觉得非常无聊和无趣。你干嘛要关心他想什么呢？这与自己有关系吗？对你来说，了解他的这些事情又有什么意义呢？别忘了，你手头还有很多事情没有做呢！但是，你注意到这个管家很特别，心很细，一点小事就能想大半天。可是你有你的生活，你有你的所念所想，你与他的世界没有半点交集。既然你与这位以前的人（虚构的人）之间也没有任何感情上的牵连，那么你干嘛要耐心读他的心理活动呢？这是你在阅读时遇到的第一个严重的困难。你很想与他说：“你好，祝你好运，再见！我很好奇你的故事，可是故事进展得太慢了，有关心理活动的叙述实在有点啰嗦！我还有现代的忙碌生活呢。”总之你想把书本放下，你实在对书中的主人公没有兴趣。即便是石黑一雄先生介绍的，你也只能对不起了，你于是把书本放下，忙碌自己现实生活的事情去了。

（四）《无可慰藉》：读后感

在读石黑一雄的长篇小说《无可慰藉》时作者发现，许多优秀深刻的现代小说都有一个特征，就是荒诞感。随着故事情节缓缓推进和故事场景梦幻似的随意切换，读者感受到越来越强烈的荒诞感，挥之不去，如入梦境。作者还发现，这种阅读的荒诞感之所以产生，首先是因为小说中的场景切换打破了所有的规矩，比如因果逻辑、时间与空间、人物的身份。正因为如此，我们越努力跟上作者的思路，就越感觉吃力。但是奇怪的是，虽然故事中的场景切换非常随意，但是作者对每一场景的描述，却又具体又细致，又生动又真实，引出了我们"似曾相识"的强烈感受。我们甚至觉得自己就是故事里面的人物，或者里面的场景我们曾遭遇过。这当然是不可能的。那么为什么会有这样的感觉呢？难道在梦中吗？于是荒诞感就产生了。这种荒诞感带给我们一个巨大张力，即真实感与虚假感，同时存在。这一切到底是怎么回事呢？注意，这是一个关于真相的追问。为了从荒诞感中脱离出来，我们可以尝试说服自己，把整个阅读经历当作无聊的娱乐，都是胡闹瞎掰而已。可是，我们平时的生活已经够忙了，干吗要读这样既无聊又没有娱乐（甚至很累）的书呢？

当然，我们还可以从另一个角度来看待这次的阅读经历。我们会发现，虽然场景之间的切换是虚构的，但是作者对每个场景和场景里的人物心理的描写是如此生动和真实，以致我们许多的相似的"感受"居然被激活了，并因此带出来我们活跃的诸多联想和一些以前从来都不存在的问题思考。这时候我们可能才会突然发现，阅读整本书的意义：不是因为在人物和情节背后还存在什么意义，或有什么可以指导我们生活的道理。没有意义，那个背后什么也没有。因此，就追问"背后的意义"而言，这本书可以说毫无意义。这本书之所以伟大只是因为它居然激活了我们的许多相似的感受和联想和一系列全新的问题思考。这里的激活的意思是指我们对那些感受、联想和问题的追问原本都已经死光光了。可是就在阅读的过程中被激活了！太好了！可是请问，这样激活了我们原本已经死了的感受、联想和问题思考，又有什么意义呢?

（五）《绿皮书》的启示

《绿皮书》是一部根据真人真事改编的喜剧片电影。一般影评会把这部影片归入 20 世纪 60 年代美国南方地区对黑人种族歧视的故事类型。但是作者认为，这部电影的深刻之处是揭示了每一个人都活在各自狭隘的偏见和有限的视野和理解里。正是因为这些偏见和有限性，造成人之间沟通的困难、张力和冲突。大部分人的偏见和有限性，其来源包括种族、阶级、教育、家庭背景、习惯、过去的经历等的特定局限。

伽达默尔对人的偏见和有限性作了概念修复，他并不认为它们是纯粹负面的，而倾向于认为它们是中性的，因为它们是每一个人理解与自我理解的起点。在这个意义上，由于人的偏见与有限性带出来的人与人之间的张力，不仅是不可避免的，甚至都应该看作是它们对人的认知的自我完善具有非常重要的意义。但是，这里的现实问题是，张力与冲突却可以有两个完全不同的结果走向：① 谅解与爱；② 误解与仇恨。

事实上，人类文明的全部努力是让张力和冲突走向谅解与爱，但是事实上仍然无法避免误解与仇恨。我们可以这样问自己，人类达到谅解与爱的前提是什么呢？启蒙运动以后的欧洲知识分子对此的答案是理性。但是爱是这个世界上最大的非理性啊！怎么可能单单从理性出发却能够到达最大的非理性呢？试问，以进化论为主要理论框架的丛林原则，即弱肉强食是理性的，还是非理性的呢？当然是理性的。请注意，就其基本原理而言，当代市场经济理论与丛林原则也是一致的。人类之所以可以达到谅解与爱，不单单是因为理性，而是通过人的基于良知的体验与反思。因为良知是所有人内心里的普遍共有东西，超越了所有人的偏见与局限，也在所有的人际关系之间架起了沟通与理解的桥梁。

如果作者的观点是对的，即人是通过基于良知的体验与反思达到谅解与爱，那么一个正常的人与一个失去了基于良知的体验与反思的异化人之间就很难达到谅解与爱了，单方向的爱难以敲开一颗由于偏见与局限而紧闭的心。

可是，我们也许疑惑，既然所有的人都具有良知，那么为什么有人会因为逐渐失去了基于良知的体验与反思，成为异化人了呢？作者猜想，这可能是因为一个人长期缺乏操练这种意识的意向性，并变得越来越懒于实践基于良知的体验与反思过程，他就会越来越活在偏见与有限当中，将自己遮蔽和封闭起来。以至于最后，原本客观存在的、中性的、无害的偏见与有限却让他成了无可救药的、认知上的异化人，即在认知上可能会画地为牢，无法突破偏见和有限认知的辖制和拘禁。这样看来，电影《绿皮书》的意义，就是通过一个具体生动的案例，向我们揭示了人与人之间通过基于良知的体验与反思的不断操练是可以达到谅解与爱这一主旨的。

思考题

1. 你认为一个有创造力的人有哪些特点呢？

2. 你认为自己是一个有创造力的人吗？

3. 你是否能够记得过去曾经在某个时刻，你认为自己很有创造力呢？

4. 创造力可以预测吗？

5. 创新力和创造力之间的异同点有哪些呢？

6. 创造力与他人有关吗？

7. 什么样的处境与体验能够激发你的创造力呢？

8. 作为一个没有创造力的人，在生活中能够精彩地生活下来的诀窍是什么呢？能够生活得好好的条件、环境是什么呢？

9. 如何进入真实处境呢？

10. 什么是心智成长型学习呢？

11. 心智成长型学习有哪些本质特征呢？

12. 你对学习经历有哪些不同的体验呢？你是如何进行学习的呢？

13. 你是否有过类似心智成长型的学习体验呢？那是一种什么样的体验呢？

14. 你是否体会过主客二元分裂式的学习经历呢？尝试描述一下当时的情景和内心的体验。

15. 你是否体验过沉浸式、融合式或忘我式的学习过程呢？尝试描述一下当时的情景和体验。

16. 若只用三个关键词，你如何描述“主客分离的二元认知结构”呢？

17. 若只用三个关键词，你如何描述“一元认知的媒介结构”呢？

18. 举例说明你在音乐体验里，或者在绘画艺术里，或者诗歌欣赏里感受到的“往返重复性”。

19. 有人说，“听摇滚乐时感受到一堵墙。你要进去，它把你弹回来。”在这个描述里，你认为他在说什么呢？

20. 有人说，读小说就是要感受小说中人物的感受。对此，你同意吗？

21. 请举出20个艺术作品的例子，比如小说、戏剧、舞蹈、绘画、音乐、电影、体操……

22. 你怎样理解艺术体验里的“审美”与“愉悦”等感性元素呢？

23. 你怎样理解艺术体验里的“伦理”感动呢？

24. 你怎样理解艺术体验里的“悲剧”或“喜剧”元素呢？

25. 若只用一段话，你怎样描述艺术体验里的“真理性”呢？

第9章

创造力就是“生命力”

本章基于思维力与创造力的整体逻辑、思维力矢量模型、元素法和多种思维表达模型等，对创造力有关问题进行结构性的再表达，使已有的“模糊原点式”的理解和思维越来越清晰，并尝试将这些结构性的思维表达与我们的心智成长进行挂钩和关联，并扩展至哲学、科学、工程、生活中大大小小的境遇，从而使我们的思维能在更开阔、更自由、更包容的角度、深度、维度、层次上进行理解和领悟，引导开启生命中丰盛如活水的本然创造力。

一、引论

就创造力 C=StEP 模型揭示的有关人的真相而言，具有创造力的生命本质上是人在一生经历中的自然而然的体验、本然合一的流露和表达。事实上，人在真实的处境中能够敏锐地感受、体验和反思周围的环境、人的情绪、真实的问题、他人的观点、自己内心的细微反应等，并能够在真实的境况中调动直觉和理性进行明辨和判断，并在经历这些真实的境遇、真实的问题、真实的体验和反思的过程中促进自我内在心智成长和自我认知更新，使内在思维意识更加深刻和单纯、开放和包容、自由和自律、丰富和清楚，这就是人的生命具有的本然创造力。

这也是本书一直在探索并逐步逼近的，接近人类自己生命真相的核心问题：如果人天然具备这样的创造力，那么人的创造力是如何失去的呢？人的创造力应该如何被正确开启呢？人到底该如何学习才有助于促进创造力，而不是扼杀创造力呢？人该如何思考呢？如何避免被白板呢？如何明辨呢？如何反思呢？心智如何茁壮成长呢？认知如何有效提升呢？人的理解力和领悟力如何持续突破呢？自我如何更新呢？人的宝贵生命如何更加单纯、自然、真实和丰富呢？

二、创造力的达·芬奇密码：OK–Its–Dr

基于前面章节探讨的有关创造力的知识、概念、理论、要点等，作者采用元素法将开启人的创造力的重要认知简单地表达为“原知心意反偏一”，简写为“OK–Its–Dr”，我们将其称为创造力的达·芬奇密码。其中的字母的含义如下：

（1）**字母“O”**：指向“模糊原点 VS 第一性对象”的概念，用 origin 的首字母代表。

（2）**字母“K”**：指向“知识是第三者”的论述，用 knowledge 的首字母代表。

（3）**字母“I”**：指向“意识的意向性结构”思维模型，用 intentionality 的首字母代表。

（4）**字母“t”**：指向“心智的成长功能”这个指向人的本质需求，用 thinking 的首字母代表。

（5）**字母“s”**：指向“第一性学习 VS 第二性学习”的警惕和提示，用 study 的首字母代表。

（6）**字母“D”**：指向“两类偏离：动机偏移和对象偏移”的分析和揭示，用 deviation 的首字母代表。

（7）**字母“r”**：指向“意识的反思性结构”笛卡尔的洞见，用 reflection 的首字母代表。

该创造力的达·芬奇密码模型，可以把本书中有关思维力和创造力的重要概念理论、需要认知更新的知识理论、需要警惕关注的思维偏移等内容进行系统性表达，可以清晰地帮助我们在每天的学习生活中进行感受、体验和反思。这个模型表达的深刻含义是，一个有创造力的人，即指向更新的具有自我创造生命力的“是其所不是”的人才是真正的“希博士”。

三、创造力金三角

基于前面对创造力 C=StEP 模型的分析，作者把人的心智成长的认知更新的内在创造力启发模型表达为“创造力金三角”，如图 9-1 所示。

图 9-1 创造力金三角

(1) 第一金角：来自各种第一性和第二性的启发与领悟，照亮自己的思维前见，为突破原有思维框架提供“看见力”。

(2) 第二金角：启动先验理性，激活自己内心的模糊原点，调动天生的直觉理性进行思考。

(3) 第三金角：经历感受和体验各式各样的对象文本，积极地与第一性对象互动对话和沟通交流。

这三个金角之间客观真实地存在着张力勾连、撕扯突破、往返重复、交融互动，并持续动态地凝聚成了金三角“结晶体”，即表达力。创造力就是表达力，它凝练地表达了人在启示里看见的智慧灵性光芒，鲜明地揭示出人内在的模糊原点直觉理性的丰富宝藏，同时融合彰显了人在一生经历中真实体验的经验理性和认知突围与更新。在这样的创造力金三角模型里，人的内在认知、理解、领悟和更新的看见力、思维力和经验力交互碰撞，自然而然地融合为自我突破、拓展、穿越和超越的表达力。

（一）看见力

看见力意味着内在认知的“眼睛”是睁开的，只有这样才具有看见的能力和眼光。试想一个“盲人”如何会有看见力呢？这里的“盲人”是指自我认知的客观状态，包括“不知道自己是盲人”的盲人和“知道自己是盲人”的盲人的生命状态，就如在第一章的约哈里窗口模型揭示的自我认知真相。人的认知只有被光照或启示（enlightened）以后，人的洞察力和看见力才会被开启，若是人对此启示亮光的“意识的意向性”很单纯、不偏移，看见力就会越来越敏锐，越来越强健。

这里的启示与领悟泛指各式各样的第一性书籍、第二性书籍、第一性学习、第二性学习、知识、经历、体验、对话、交流、反思等或特殊或普遍的所有的启示，只要能够照亮人原有的思维前见和盲点的启示，均属此列。这些启示构成了我们对自己、他人和世界经验理解与领悟的指南、引导和眼光，即意识的意向性的聚焦和拓展方向。但是，若没有第一性实践，没有第一性对象，没有第一性书籍，不进行第一性学习，人就无法获得真正的启示和光照，即便有强大的先天直觉理性能力和丰富的后天经验，也很可能因为缺乏由启示带来的人生经历的指南、引导和聚焦功能而无法真正认识和理解这个世界、自己和他人。

（二）经验力

按照伽达默尔的观点，我们可以把整个世界看作是一个包罗万象、丰富多彩、充满神奇创造的一个作品或文本，用这样的眼光看待世界实在是非常有趣。世界原本客观屹立在这里，我们出生后与世界相遇就好像与一件作品相遇。作品（世界）作为文本就会与我们说话，也可以认为是作品的作者借着世界与我们说话，当然是通过类比式语言与我们说话。事实上，人所有的思考与言说不仅是在先天的“类比式语言”里进行，也是在人对世界的后天经历的体验与反思的经验理性里进行。

如此看来，我们在此生里经历的每件事情又何尝不是以事件的形式成了一个个有待我们理解与领悟的文本呢？整个世界以及我们在世界中经历中的每一个事件都是一个个用“类比式语言”与我们说话的文本。说什么呢？别忘了我们自己也是世界的一部分，客观上我们从来不可能把自己从这个世界中分离、割裂出去，我们生命存留的一呼一吸都和这个世界息息相关，须臾不可分开。这些事件也用“类比式语言”向我们表达，激发我们对经历中的他人、自己、世界和事情的重复往返的情感体验、认识、理解和领悟。

如果我们采用一元认知的媒介结构思维感受和体验人生的所有经历，那么认识世界，理解他人，认识和理解我们自己便同时发生。人的经验理性的基本方法，即人根据先验理性对后天经验进行体验与反思也是在类比式语言里进行的，它具有一种先天的意向性思维结构，使我们的反思在指向自己的同时也指向世界的本原。

（三）表达力

基于启示、理性和经验启动的具有创造力的生命是内在丰富饱满的生命，是活力满溢热爱分享的生命，是享受交流对话的生命，也一定是充满表达力的生命。表达力是对我们看见力、思维力、经验力的浓缩融合后展现的能力，其表达形式实在是丰富多彩，可以是图像式、框架式、导演式、浸入式、对话式、直觉式、视域式等。正如第 6 章表达的“创造力就是‘表达力’”。这里作者想要说，表达的意识意向性本身就确定了表达力就是创造力。表达力可以表达为显性的、人人都可以看到的产品、发明、知识、理论，也可以表达为隐而未现的、随时随地能与真实对象互动的真实深刻的能力，更可以表达为深层次的生命的单纯与丰盛。一个人的表达力“显性地”彰显和揭示了其持久、深刻、隐性、强大、向无限敞开的自我更新力和生命力。

四、“第一性”三原理

我们可以采用结构性思维模式将自我创造的心智成长模型描述为“理解

和自我理解”的学习模型，即表达为，学习（认知更新）＝模糊原点＋对象＋知识。基于该模型，我们揭示生命本然创造力开启的三个“第一性原理”，即第一性学习、第一性对象和第一性反思。

（一）第一性学习

这里的学习是指内在的自我成长、自我创造型的学习，是人的内在心智成长型和认知更新型的广义学习。它不仅仅是指在学校里或教育培训机构里进行的基于课本知识的第二性学习，更是涵盖了更本质意义上的学习，即个人在一生境遇中、在真实环境中、面对真实的问题时的经历体验和启发反思意义上的第一性学习，是克服了主客二元论分裂异化型思维模式的真正学习。

因此，第一性的学习至少要在两个方面具有创造力：① 不断地启发和激活人内在的模糊原点，使人的先验学习能力不断更新和增强。这里的“模糊原点”是指人的先天理性，也是柏拉图倡导的先验理性，也是指笛卡尔“我思故我在”确定的那个“人之为人”的内在模模糊糊的东西。这个“模糊原点”包含好奇心、求知欲、理性思维、求善、求真、求美的自由意志和意愿等与人的先验理性直接关联的部分。② 与后天的经验对象之间具有亲密的融合能力，是媒介结构型的经历和学习过程，是天人合一的境界。具有跨时空学习、欣赏、感受、体验、理解和领悟各种知识的好奇和认知能力。通过第一性学习而激发创造力爆棚的例子很多，作者以弗雷德里克·泰勒（1856年～1915年）为实例说明第一性学习对创造力的至关重要性。

泰勒是美国著名的发明家和古典管理学家，科学管理的创始人，被尊称为“科学管理之父”。你会不会认为他是管理专业科班出身的人物呢？按照我们原来的思维模式，这是一个合理的推测。可是事实上，最初泰勒作为一个没有大学毕业的学徒工，他的第一性学习起步于机械加工实践。他从提出“如何确定机械加工的合理工时”这个问题开始，尝试通过机械切削试验对该问题进行探索。他自己也许从来不曾想到，这个原本认为很快就可以结束的实验整整持续了26年。在这个过程中，他发现了高速钢、切削液、刀具角度合理范围、刀具寿命评估公式等一系列新材料、新原理和新工艺方法，极大地提高了生产效率。此后泰勒出版了《金属切割艺术》论著，这是他人生中的第一本书，该书对该第一性的学习实践过程进行了详细的陈述。同时，在此过程中又有很多第一性问题不断产生，持续地激发了泰勒的链条式第一性思维和第一性学习和探索的热忱，由此产生的创造力将泰勒的研究带向了更多、更广阔的管理学领域。

泰勒的经历总是让人激动和感动，泰勒用一生的经历完美地诠释了：什么是真正的第一性学习？什么是真正的第一性思考？什么是被第一性对象紧紧抓住？什么是问题悬置而不预设答案？如何突破思维的边界？如何面对必要知识储备的匮乏？如何在跨领域的学习中自由自在地思考和探索？相对于泰勒取得的学术成就和行业贡献，他的认知更新能力和天然的生命创造力才是这一切的源泉和根由。

（二）第一性对象

在本书的语境中，作者将“对象”宽松地界定为人好奇、关注、追求、体验的一个客观存在的“事件文本”，是一个很宽泛的囊括天地万物的概念。它可以是一个人的经历、一个故事、一本书、一幅画、一首歌、一部电影、一场音乐会、一个特别的场景、一次活动、一个仪式、一次内心感动、点点滴滴的回忆等。它可以是第一性对象，也可以是第二性对象，只要与人的后天经历中、经验理性里的好奇对象有关就可以。但是根据前面表达的概念，只有好奇第一性对象才能激发出人内在的真正创造力，这与克服人的认知二元分裂的异化相关。

事实上，人的所有分裂都可以归结到二元论分裂，诸如心身分裂、主客分裂、物我分裂、意识与行动的分裂、理想与现实的分裂、信心与行为的分裂、愿望与能力的分裂等，所有的分裂都可以归因为人的某种程度的异化。人原本是与环境融为一体、密不可分的，但是人出生的瞬间就开始脱离了。虽然脱离只是分离而已，但是久而久之就可能走向分裂。分离还意味着不断地、顽强地重新与这个世界融合。分离是融合的前设条件，因为有了分离，使“作为名词”的融合消失了，却使“作为动词”的融合成为可能。因此一个潜在的、动态的融合，从融合由名词演变为动词开始，也是新生命更新的开始。于是潜在的、顽强的、不断的融合就成了心智成长和生命更新的本质。不断地由分离到融合，由融合到分离，再到融合，就是生命的成长过程，也是人与第一性对象不断交联互动的过程。融合是主体从原点出发与第一性对象的融合，是主体意向性向着对象的执着、顽强、不偏移的回归，就是单纯的好奇心的聚焦，是强烈的求知的冲动，是求知与好奇成为生命的意志，人原本的生命样式也因此回归到如孩童般本真天然的模样，充满了好奇心和创造力。

从这个意义上而言，创造力就是人的“模糊原点”与第一性对象重新融合的能力。在每一次重新融合中，人原本的禀赋，包括看见与行动合二为一的能力，重新得以显露。与第一性对象失去了融合的欲望和能力的主体就是一个异化的主体、分裂的主体、一个与第一性对象断裂的主体、刚硬僵化的主体。而一个具有本然创造力的“是其所不是”的生命就是一个不断地与第一性对象不断联结互动更新的生命。人在每一次回归和融合的行动中都以“分离”（却不分裂）作为自己的预设立场，即我们的原点是“自己的所是”。每一次生命回归都是对分离的否定和超越，都是对“是”说不，都是天然创造力进行自然而然开启和流露的过程。

（三）第一性反思

第一性学习模型中的“知识”是广泛意义上的对人的思维、思想、意识、想法等内心认知有影响的各种知识。这些知识还包括人类在经验理性里，基于先天认知能力和后天实践经验，通过对大自然与历史现象的观察和体验，不断积累和传承各类有关世界和人类自身的经验与知识，当然还包括人类跨时空传承下来的启发、启示、理解和领悟。因此，这里指的知识不仅包括经验常识、科学技术、哲学艺术、建筑设计、文学作品、历史文化等确定的文本，也包括宗教神学和神话传说等流传在人间的各种知识载体，还包括个人对历史记载和现实生活中发生的各种事件如战争、疾病、死亡等的直接与间接体验与反思，以及对各种民族信仰、人文思想等的了解和思考。

若用历史进步的眼光看，各民族、时代的传统、前见和知识里充斥了太多的谬误和偏见，但是人类知识是在历史长河里的沉淀与积累，是通过不断探索和纠错而向前发展的。除了传达前人的谬误与偏见以外，这些知识也跨时空地传达前人对真理的领悟与洞察。那么具有创造力的人就必须具备甄别、判断、洞悉知识的谬误性和真理性的能力，具有可以借助知识的真理性、超越知识的谬误性直达第一性对象的能力，并在这个过程中使心中模糊的辨别和鉴赏真假知识的思辨力更加单纯和清晰。我们称之为人的第一性思维，即对现有知识要有质疑精神和反思能力，善于在看似没有问题的地方、已经有完美答案的地方、所有出路都堵住的地方识别、洞悉真实的问题并提出。

事实上，提出好问题、真问题就已经是第一性思维意向性的“看见”了。然后，我们要牢牢地抓住自己原有的思维意识，让这个真问题、这个“看见”协助我们冲破知识的重重迷雾，使我们不盲从、不崇拜，客观理性地辨别虚假知识，甄别和领会真理性知识，在对悬置问题的探索和互动过程中直达第一性对象，调动我们内心的“模糊原点”和经历体验中的经验理性，进行单纯、直接、自问自答式的链式互动思维。我们称之为第一性反思，即能在悬置问题的意识意向性带动下，穿越知识这一第三者的重重遮蔽的迷雾，直接进入外界第一性对象和内在第一性对象（内心模糊原点），并能够单纯地调动自己的经历和体验，进行清零式的第一性直观思考。

五、自我思维前见三警惕

自我创造式的思维和学习具有真实问题导向型特征，是一层层逐步逼近真问题的思维意识和学习意向性。因此，我们要时刻警惕自己“抓答案”的思维惯性和学习欲望，拒绝没有第一性思维、思考和思辨的标准答案。同时，为了克服我们原有的思维惯性和思维盲区，单纯地培养第一性的学习和思维意识习惯，我们至少还需要对惯性的思维前见提高警惕，这些思维前见包括：脉冲式思维、白板式思维、伪批判思维、挑选式思维、急于应用思维、主客二元分裂思维。作者称之为自我思维前见三警惕，并在这里尝试把本书已经讨论过的这 3 个思维惯性和思维盲区进行再表达。

（一）脉冲式思维

基于我们提出的思维力矢量模型，脉冲式思维是指“掐头去尾型”的中间段思维，这种思维对应的问题的起点和终点通常都是清晰表达和明确规定了的，只需要进行思维中间段的清晰理性思辨和推进，是具有明显因果关系的“解题式”的思维。而在思维的起点，即在理性思辨还没开始时人是有直觉的，就是朦胧模糊原点，很多有趣的张力是在模糊原点里被发现的，而不是在思辨时被发现的。我们在应试教育系统中进行的清晰思维模式训练对我们的思维具有客观深刻的影响，使我们渐渐失去发现和觉察能力。

脉冲式思维典型的表现就是思维片面、僵化、单线、极端、短暂，而且要求思维表达要清晰、精准，思维边界固化封闭，不容易松动开放。因此，具有这种思维模式的人在面对生活中纷繁复杂的实际问题时，就会陷入茫然不知所措的思维困境，无法突破和超越。通过这个课程的学习我们已经看到和感受到了自己的思维短板和盲区，那么在我们今后的学习生活中就要时刻警惕该思维惯性，有意识地进行纠偏，多参加实践实习，面对实际问题，使我们的思维回归到完整的思维力矢量模式，进而可以形成具有链条式的创造力。

（二）白板式思维

白板式思维就是典型的答案导向思维，提问也是冲着答案而去的，我们称这种思维意识的意向性为“抓果子”的生命向度。经过应试教育训练的思维往往具有白板式思维意识的倾向，因此我们需要特别警惕这种白板式思维。那么我们该如何提醒自己和警惕这种白板式的思维倾向呢？在此作者提出如下5点建议：① 学着欣赏问题，并提高对好问题的鉴赏力。因为提出好问题就已经是难能可贵的第一性看见和洞察，所以不要急于给出答案，尝试让第一性问题（看见）抓住我们的思维，即思维要注重疑问，而不是陈述。② 不要只追求知识和理论，而要关注思维启发方法和思维被点亮的经历和体验，不要太关注宾语，即答案和结果，而要关注谓语，即探索和求问过程。③ 思维展开和推进不要仅仅采用严格的定义方法，还要尝试结合宽松灵动的要素法，使思维不仅可以单纯聚焦，还可以跳跃和多维度展开。④ 思维要不断尝试突破现有的观点、道理和答案的拘禁，把问题的终点重新当作起点进行思维推进和拓展，坚持超越和穿越各种“道理”的拦阻，获得新的看见和领悟。⑤ 不要急于应用。这是从小到大教育过程塑造和引发的思维惯性：这有什么用呢？注意力要关注“问题”本身，问题思考和推进的过程，克服只关注问题推导出的“结论”“结果”“理论”，及其应用效果和实践。首先关注“what”的问题，然后关注“how”的问题。

（三）伪批判性思维

我们把所有指向别人思维漏洞和局限的外向型批判性思维称为“伪装的批判思维”，因为这种思维并不是反思自我、更新自我认知的真正批判性思维。真正意义上的批判思维的聚焦点并不是批判，而是尝试进入他人的思维视域，通过反思看到自己的认知盲区和思维暗区，进而可以拓展自我的思维疆域，更新自我认知、理解和悟性，在理解别人的同时更加理解自我。在认识别人的同时更加认识自我。

六、丰盛的生命

（一）处境与体验

处境(plight)是一个非常宽泛的概念。从大的方面看，处境就是人的生存和生活的环境构成了创造力发生(事件性)的时空和人文背景。从小的方面看，就是人的思维的意向性对象。我们还将 plight 翻译为困境，是想说明创造力主体与处境之间总存在着某种客观真实的、适度的张力关系，比如急中生智、绝处逢生等。但是我们也不必过分强调这种张力关系，因为大多数情形中人的真正创造力的自由流出似乎更需要一个轻松、愉悦和自由的，但同时又有需求与压力的对话处境。

创造力的主体与处境之间的交互形式通常是对话或谈话。但是，无论是有张力的对话，还是轻松愉快的谈话，都表明了其中的交互是一种人与人之间的交联互动和交流，涵盖了关注、询问、探索、激励、压力、需求、努力等要素。这里的"人"是我们理想中的有思维力、有感受力、有经验力、有表达力的敏感、敏锐的人，而不是只对功利感兴趣的、对世界和他人麻木的、严重异化的人。因此，我们认为抵抗异化是使生命具有的创造力重归的唯一道路。

可以把一个人独处时沉思默想看作一个人在内心里与自己对话。一个人读书可以看作是一个人与书本的作者对话。一个人参与团队合作，就是与团队中的每一个人对话。参与项目研讨会，就是与项目共同体的所有成员对话。因此，在对话中产生灵感，是创造力的基本存在方式。事实上，创造力是一种个人体验，就好比游泳或骑自行车时产生的一种体验一样。"谈话"也是一个非常生动的体验创造力的例子。事实上，我们对创造力的体验与一场轻松愉悦自由的谈话的体验非常接近，因此可以说创造力就是普通人的日常体验。在英文里，体验与经验可以是同一个单词，都是"经验(experience)"。这说明我们对创造力的学习也只有在经验中获得，特别是通过正反馈的方式、有意识地学习和加强。这里需要强调的是，创造力并不神秘，也不特殊，人人都可以在处境和体验里开启自己真实内在的创造力。

体验这个关键词区别于那种对"第三者"知识的认知。事实上，道理都是知识，只有穿越了道理层面才能够进入真实的场景或真相，这才是体验。例如，今天我们在一起面对面学习，我们就可以体验很多东西，与讲道理没关系。我们要尝试这样体验和学习。作者很喜欢这样一句话：生活不在别处，当下就是全部。这也是为什么作者特别强调处境和体验的原因。

从现在开始，让我们尝试在我们生活中的每一个最细小具体的经历里，用诚实、谦卑、敏锐、纯粹的心灵感受和体验生活处境中的真实张力。在我们对此生的所有体验中，坚持意识的意向性不被外在世界牵引，而是始终转向并聚焦在我们内在的认知张力里。准确地说，这里的体验是对由各种新的、未知的启示引出的、对我们来说是前所未有的一个全新张力体验。我们可以将之称为"有限的人生"与"无限的未知"之间的张力体验。作者认为，在各种处境的体验学习中，人之为人的诚实、敏锐和纯粹很重要。这是因为在真实处境中，人不诚实就会因为“自欺”而无法进入真实的张力体验，“不谦卑”就会因为自以为正确而拒绝进入真实的张力体验，生命无法松动和更新。当我们对所在的环境、周围的人和世界上发生的事情变得敏锐时，我们的思维就活泼起来了，我们就开始用心灵感受和体验张力的真实，而不单单是用头脑去思考和推理。我们开始变得敏锐、单纯、直接、真实，就会摒弃很多算计和狡猾，意识的意向性就会纯粹集中，不会被各种诱惑左右或牵引。

（二）进入真实的人生处境

进入真实的生活处境是开启创造力的不二选择和必由之路。在真实的处境中，我们需要调动直觉以察觉、识别和发现人生真实的问题和生存张力。人的直觉就是“模糊原点”，很多张力是在其中被觉察、被捕捉、被感受到的，而不是在清晰的思维里得到的论证和揭示。你也许从来没有经历和体验过，从来没有遇见过这样的处境和困局，即使遇到过，你的意识里也可能从来没有把这种经历和体验当真过。在你过往的诸多生活经历里，你也许在认真面对准备考试知识点层面、做学问层面、讲道理层面。事实上，这种知识层面的当真都是表面的和肤浅的，而不是进入到人生命深层次的真实感受和体验里。我们正是在直觉里发现，在真实的处境里我们的直觉是敞开的，清晰显明的思维反而是遮蔽的。这里指的体验都是人非常本质的恐惧、忧愁、欲望、盼望、快乐和幸福的真实感受。我们用“在直觉里看见张力”表达人在真实处境中的感受和体验，这揭示了我们实际生存经验的巨大真相。对此我们无法真正理解，只有“看见”和“体验”。而没有对这个张力“真相”的看见和体验，我们此生的人生经历和经验就是虚妄的，所有其他的看见和体验仅仅构成了我们对影子和空洞知识的体验而已。这个体验不局限于客观认真的理性追问，而是打破主客二元认知模式的一种全新认知模式。主客二元认知模式还是道理认知模式，现在进入体验的模式，已经开始进入伽达默尔和海德格尔的哲学概念和自我认知体验。这是不同于笛卡尔理论导向的主客二元分裂的理性认知模式。

我们的这个体验是向全部人生敞开，向全世界敞开，而不仅仅只向那些零碎“第三者”敞开。这个体验过程是可以把我们从麻木的人变成敏感敏锐的活人，从此生的“有限经历”进入人类思维思想的“无限体验”，从被遮蔽的假象中突围、突破、超越一层层进入真实和真相的过程。体验在这个过程当中不是仅热衷于学习一些知识、理论、结果或结论，而是进入这个处境，进入这个场景，进入第一性对象，进入真实的世界，进入真实的人生。这才是人一生真正的具有本然创造力的学习模式。这个学习可以发生在旅游中、对话中、僵持中、困难时刻、开心瞬间，每时每刻我们都能敏锐地体验人生，体验自己的心思意念，体验我们所遭遇的世界上的一切人和事，而不是主客二元分裂式地学习知识。知识学习也有体验，学生是在课堂里体验，下课就不体验了；考试时体验，考试结束就清零了。

这里所说的体验式学习模式是我们全方位地向世界打开，同时全宇宙也都向我们打开，体验人生的种种真实，种种强烈的人生体验。这种体验是全部宇宙、全部世界、全部经历、全部启示和知识都进入我们的人生张力里。不要仅仅让这个张力局限在你的工作中，我们要尝试扩大体验的领域。事实上，人的体验本来就可以不断扩大，例如看电影、看小说、看画展、听音乐、听故事、旅游、运动、交朋友等，我们可以跨越时空地体验和感受他人经历过的东西。假如我们学会了体验式学习模式，我们就不会局限在原来非常狭小的、有限的、局促的个人体验里。我们看书也会高效，我们看电影时也能够体验各种角色的情感，看时事政治时也会明白了。我们甚至可以通过同理心去体验贪官落马、坐牢后有多后悔，体会那些有麻烦的企业家有多烦恼，而不需要自己到监狱里去体验，也不需要自己创办企业才能体会。这种进入真实人生的体验学习模式会让我们的人生很丰富，很安静，也很享受。我们的生命和认知面向整个宇宙和人生全过程，我们把它当作舞台，在每个日常的具体境遇里体验人之为人的真实张力和认知，在这个体验中感受并进入真实的世界，进入和体验真实的人生。

（三）真实的交联互动

我们的人生环境和这个世界往往是由海量信息掩藏、扭曲或者遮蔽真实的处境，这使我们看不到、感受不到、更进入不了真实的处境，接近不了真实的对象，发现不了真实的问题。很有可能大部分的时间都游离在真相之外，认知无法更新，生命会越来越虚假和僵化，创造力也会枯萎。那么如何进入真实的处境？如何体验真实的张力呢？这就需要我们体验创造力的达·芬奇密码、创造力金三角和“第一性”三原理，要调动意识的意向性去穿越对于事情的表面和肤浅的理解，尝试进入深层思维：一层层地去遮蔽，一层层地进入第一性对象；发现和识别真实环境中的张力，借助思维力矢量模型，具象与抽象分析等“第三者”知识工具，坚持与处境互动。真实地感受我们与处境之间的张力、需求和压力，并且要尝试面对压力，面对责任，不逃跑。然后，体验和感受解决问题的过程和解决问题后的轻松和自由。

这里作者举一个工程设计和制造领域真实互动的案例：仿生设计和制造。人类所处的自然界充满了奥秘，借助现代发展的先进工具技术使人类“看见”了越来越多原本超越我们能力、我们看不到的东西，例如，非常微观的纳米原子世界，非常大的浩瀚太空，非常快速的动物行动，非常慢速的花朵绽放，非常简单、性能优良的自然材料。当工程师带着自己悬而未决的工程问题把注意力转向自然界时，山川河流、花草树木、寒暑交替、各种生物的奇异存在，这个真正的第一性对象自然而然地激发了真正的第一性思考和第一性学习，当工程师与这些客观、真实的对象进行真实的互动时，这些事物着实给他们带来了无限的灵感、看见力、想象力、思维力和创造力，因而发展出了新的仿生设计和仿生制造学科。它是以自然界万事万物的形态、色彩、音频、功能、结构、表面肌理、质感、意象、美感、原理等为第一性研究对象，并将其应用于科技、工程、产品的设计开发制造，大大地拓展了设计制造领域的新思想、新原理、新方法和新途径。

春秋战国时期的鲁国匠人鲁班受飞鸟的启发研制能飞的木鸟，并且他从一种能划破皮肤的带齿的草叶得到启示而发明了锯子。英国科学家、空气动力学的创始人之一凯利，模仿鳟鱼和山鹬形态的纺锤形找到了阻力小的流线型结构，并模仿鸟翅设计了一种机翼曲线，该曲线对航空技术的诞生起到了很大的促进作用。同一时期，法国生理学家马雷对鸟的飞行进行了仔细的研究，在他的著作《动物的机器》一书中，他介绍了鸟类的体重与翅膀面积的关系。德国人亥姆霍兹也从研究飞行动物中，发现飞行动物的体重与身体的线度的立方成正比。人们通过对鸟类飞行器官的详细研究和认真的模仿，根据鸟类飞行机构的原理，终于制造了能够载人飞行的滑翔机。现代的潜水艇是模仿鱼类的鱼鳔制成的；防毒面具是模仿野猪的鼻子制成的；太空防尘服是模仿荷叶的脱附结构制成的。事实上，智能机器人、雷达、声呐、人工脏器、自动控制器、自动导航器、电子蛙眼等都是仿生设计产品。这也是人类和自然界真实互动得来的看见力、洞察力和创造力的“显性”表达。

借用文学的手法，作者尝试再表达一次具有创造力的生命是一个什么样的存在：

(1) 这是一个流光溢彩的充满正能量和散发光热的生命，可以照亮周围的人。

(2) 这是一个硕果累累散发馨香之气的生命，可以影响、造就别人的丰盛的生命。

(3) 这是一个内心活水长流滋润、温暖他人和谦卑的生命。

思考题

1. 这里的创造力的达·芬奇密码包含哪些重要的思维元素呢？

2. 什么是创造力金三角呢？

3. 什么是第一性学习呢？你在生活中体验过第一性学习的经历吗？请描述那是什么样的感受。

4. 什么是第一性对象呢？你能举出一些生活学习中的第一性对象吗？

5. 什么是第一性思维呢？在生活中你是如何理解和应用第一性思维的呢？

6. 什么是脉冲式思维呢？脉冲式思维有哪些典型的表现？你体验过吗？

7. 什么是白板式思维呢？你是否觉察过自己的思维模式是白板式思维呢？试着举例说明一下自己的反思历程。

8. 什么是伪批判思维呢？你是否体验过伪批判思维呢？你还能否回想起当时的体验和感受呢？

9. 什么是处境呢？什么是在真实处境中的体验呢？

10. 你是否有过无论如何也进入不了当下处境的体验呢？试用元素法分析一下阻碍你进入当下处境的因素有哪些以及你是如何克服的。

11. 请分享你在人生经历中的精彩的体验，即你觉得当时自己非常有创造力的体验。

12. 在过往的学习生活经历中，你曾经与真实的处境、第一性对象互动过吗？请分享这个经历和感受。

13. 你曾有过无论如何也进入不了真实处境和真实问题的体验吗？你当时有什么感受？可能的原因是什么呢？

14. 你认为自己是有创造力的人吗？为什么？

15. 你想成为一个有创造力的人吗？你想精彩地度过人生吗？目前为止你想实现这些愿望的具体要素是什么？请用元素法表达。你该如何做才能实现这些愿望呢？

16. 你认为人生可以类比为游戏吗？两者之间有真实的、深层的类比关系吗？请用元素法探索你自己的表达模型。

17. 在目前信息碎片化的手机网络时代，我们的思维该如何脱去越来越多的缠累和重压，清零前行呢？

18. 在当前的快速脉冲思维模式下，如何拯救我们的思维脱离混乱和欺骗，使之进入重大、深刻、系统和永恒主题的思考呢？

19. 是什么促使你具有了创造力呢？你的创造力与他人有关吗？

20. 自我认知与认识他人、认识人类历史以及认识诸多未知领域有何本质的联系和启示呢？

21. 基于思维力与创造力课程的基本理念，谈谈你是如何认识陶行知对老师、学生和教育的认知：千教万教，教人求真；千学万学，学做真人。

参考文献

[1] 叔本华. 作为意志与表象的世界[M]. 石冲白,译. 北京：商务印书馆,2018.

[2] 笛卡尔. 探求真理的指导原则[M]. 管震湖,译. 北京：商务印书馆,2013.

[3] 霍普・梅. 苏格拉底[M]. 瞿旭彤,译. 北京：中华书局,2014.

[4] 孔子. 论语[M]. 杨伯峻、杨逢彬,注译. 长沙：岳麓书社,2018.

[5] 约翰・杜威. 我们如何思维[M]. 伍中友,译. 北京：新华出版社,2015.

[6] 维克多・维拉德-梅欧. 胡塞尔[M]. 杨富斌,译. 北京：中华书局,2014.

[7] 加勒特・汤姆森. 笛卡尔[M]. 王军,译. 北京：中华书局,2014.

[8] 罗伯特・B. 塔利斯. 杜威[M]. 彭国华,译. 北京：中华书局,2014.

[9] 马斯洛. 哲人咖啡厅：马斯洛人本哲学[M]. 成明,编译. 北京：九州出版社,2017.

[10] 帕特里夏・奥坦伯德・约翰逊. 海德格尔[M]. 张祥龙、林丹、朱刚,译. 北京：中华书局,2014.

[11] 帕特里夏・奥坦伯德・约翰逊. 伽达默尔[M]. 何卫平,译. 北京：中华书局,2014.

[12] 孙隆基. 中国文化的深层结构[M]. 北京：中信出版社,2018.

[13] 笛卡尔. 哲人咖啡厅：笛卡尔思辨哲学[M]. 尚新建,等译. 北京：九州出版社,2014.

[14] 汉斯-格奥尔格・伽达默尔. 诠释学：真理与方法[M]. 洪汉鼎,译. 北京：商务印书馆,2019.

[15] 凯斯・桑斯坦. 信息乌托邦：众人如何生产知识[M]. 毕竟悦,译. 北京：法律出版社,2000.

[16] 侯世达,桑德尔. 表象与本质：类比,思考之源和思维之火[M]. 刘健,胡海,陈祺,译. 杭州：浙江人民出版社,2019.
[17] 理查德·E. 梅耶. 应用学习科学：心理学大师给教师的建议[M]. 盛群力,丁旭,钟丽佳,译. 北京：中国轻工业出版社,2019.
[18] 罗伯特·J. 斯滕伯格. 心理学：探索人类的心灵[M]. 李锐,译. 南京：江苏教育出版社,2005.
[19] 亚当·斯密. 国富论[M]. 孙善春,李春长,译. 开封：河南大学出版社,2020.
[20] 欧几里得. 几何原本[M]. 燕晓东,译. 南京：江苏人民出版社,2011.
[21] 王蜀,和一亮. 绘画创作中的情感表达探析[J]. 美与时代(中旬刊). 美术学学刊,2020(1)：48－49.
[22] 郭飞燕. 飞机数字量装配协调技术研究. 西安：西北工业大学博士论文,2015.
[23] 查理德·保罗,琳达·埃尔德. 批判性思维工具[M]. 侯玉波,姜佟琳,译. 北京：机械工业出版社,2019.
[24] 布鲁克·诺埃尔·摩尔,理查德·帕克. 批判性思维[M]. 朱素梅,译. 北京：机械工业出版社,2020.
[25] 托马斯·L. 萨蒂. 创造性思维[M]. 石勇,李兴森,译. 北京：机械工业出版社,2017.
[26] 北京大学哲学系外国哲学史教研室编译. 西方哲学原著选读[M]. 北京：商务印书馆,2003.
[27] 约翰·洛克. 人类理解论[M]. 孙平华,韩宁,译. 沈阳：辽宁人民出版社,2017.
[28] 埃里克·斯坦哈特. 尼采[M]. 朱晖,译. 北京：中华书局,2014.
[29] 莫提默·J. 艾德勒,查尔斯·范多伦. 如何阅读一本书[M]. 郝明义,朱衣,译. 北京：商务印书馆,2004.
[30] 乔治·奥威尔. 一九八四[M]. 傅霞,译. 长春：时代文艺出版社,2018.
[31] 约翰·英格利斯. 阿奎那[M]. 刘中民,译. 北京：中华书局,2014.

[32] 埃德德蒙・胡塞尔. 纯粹现象学通论：纯粹现象学和现象学哲学的概念(第Ⅰ卷)[M]. 李幼蒸，译. 北京：中国人民大学出版社，2014.
[33] C. S.路易斯. 返璞归真[M]. 汪咏梅，译. 上海：华东师范大学出版社，2018.
[34] 王琳，朱文浩. 结构性思维[M]. 北京：中信出版集团，2016.
[35] 迈克尔・桑德尔. 公正[M]. 朱慧玲，译. 北京：中信出版社，2020.
[36] 石黑一雄. 长日将尽[M]. 冯涛，译. 上海：上海译文出版社，2018.
[37] 福冈神一. 生物和非生物之间[M]. 曹逸冰，译. 海口：南海出版社，2017.
[38] 约翰・D. 卡普托. 真理[M]. 贝小戎，译. 上海：上海文艺出版社，2016.
[39] 圣-埃克苏佩里. 小王子[M]. 梅思繁，译. 沈阳：辽宁少年儿童出版社，2017.
[40] 乔良，王湘穗. 超限战[M]. 武汉：长江文艺出版社，2016.
[41] 古斯塔夫・勒庞. 乌合之众：大众心理研究[M]. 马晓佳，译. 北京：民主与建设出版社，2018.
[42] 石黑一雄. 无可慰藉[M]. 郭国良，李杨，译. 上海：上海译文出版社，2013.
[43] 威尔・杜兰特，阿里尔・杜兰特. 历史的教训[M]. 倪玉平，张闶，译. 成都：四川人民出版社，2015.
[44] 塞缪尔・亨廷顿. 文明的冲突[M]. 周琪等，译. 北京：新华出版社，2017.
[45] 萨特. 存在与虚无[M]. 陈宣良，等译. 北京：生活・读书・新知三联书店，2014.
[46] 劳埃德・斯宾塞. 启蒙运动[M]. 盛韵，译. 北京：生活・读书・新知三联书店，2016.
[47] R.比尔斯克尔. 荣格[M]. 周艳辉，译. 北京：中华书局，2014.
[48] 约翰・E. 彼得曼. 柏拉图[M]. 胡自信，译. 北京：中华书局，2014.
[49] 加勒特・汤姆森，马歇尔・米斯纳. 亚里士多德[M]. 张晓林，译. 北京：中华书局，2014.
[50] 苏珊・李・安德森. 克尔凯郭尔[M]. 瞿旭彤，译. 北京：中华书局，2014.

[51] 海德格尔. 存在与时间[M]. 陈嘉映,王庆节,译. 北京: 商务印书馆,2015.

[52] 彼得·哈里森. 圣经、新教与自然科学的兴起[M]. 张卜天,译. 北京: 商务印书馆,2019.

[53] 吉恩·莱文,加里·普利斯特. 神奇的眼睛体操 3D 训练[M]. 刘萌,译. 哈尔滨: 北方文艺出版社,2021.